Semiconductor Manufacturing Process Technology

반도체제조공정 기술

우종창 저

복두책

Prologue

최근 반도체 기술은 새 정부가 들어서면서 '제2의 반도체' 산업으로 육성하겠다는 의지를 갖추고 글로벌 중심 국가로 도약하기 위해 기업지원을 강화하기로 했다. 2024년 정부가 반도체 산업 경쟁력을 강화하기 위해 정책금융과 민간 펀드 등을 재원으로 10조원 이상의 지원 프로그램을 마련하여 소재·부품·장비(소부장), 팹리스, 제조시설 등 반도체 전 분야의 설비투자 및 R&D을 지원하겠다는 계획을 발표하였다. 지원 분야는 제조시설 및 후공정 등 반도체 전 분야가 될 것이고 특히, 반도체 후공정 분야에 투자를 집중하겠다고 강조했다.

이에 본 교재는 현장에서 사용되는 공정 기술에 대한 이해도를 높이고 단위공정을 활용하여 실제 반도체제조공정이 어떻게 이루어지는지에 자세히 다루었다. 또한, 개념적으로 접근하여야 할 내용들은 요약하였고, 꼭 필요한 내용들만을 집약하여 집필하였다.

반도체를 처음 접하는 학생이거나 초심자들에게는 생소한 반도체 용어와 영어가 익숙하지 않아 이해하기에는 힘들 것이지만, 지속해서 읽고 이해하려 한다면 충분히 머릿속에 정리가 될 것으로 판단된다. 본 저서는 초보자나 학생들에게 반도체제조공정에 대한 가이드 역할이 될 것이고, 중급자에게는 필요할 때 찾아볼 수 있는 지침서 역할이 될 것이다.

제1장에서는 반도체 제조공정이 이루어지는 현장에 대한 간략한 내용들과 반도체 산업안전과 실험실 운영이 무엇인지를 알고 공부할 수 있도록 설명하고 있으며, 제2장부터 반도체제조공정의 각 단위공정에 대해 자세히 설명하였다. 본 저서의 주요 내용들은 기본적인 개념을 시작으로 응용 기술에 이르기까지 설명하고 있으며, 각 장들에 마지막 단원들은 엔지니어가 해야 할 역할과 관리에 관한 내용들을 다루었다. 제11장은 반도체 단위공정들을 이해하고 실습하였을 때, 결과 정리를 어떻게 하는 것이, 좋은지 방법을 제시함으로써 실습에 활용하면 좋을 것으로 판단된다.

저자는 다년간 반도체 연구와 강의를 하면서 언제나 처음 반도체라는 것을 접하면, "왜 반도체는 어려운 학문이라 생각할까?"라는 의문을 스스로에게 던지면서, 항상 저자는 "어려운 학문은 맞다. 그러나 꾸준한 노력이 있으면 충분히 이해될 것이다." 라고 스스로에게 답을 주고 연구하면서 계속 "ing"하면서 달려가고 있다.

이 저서가 반도체제조공정 기술을 배우는 학생들이 선택해 반도체제조공정에 대한 이론과 실습을 터득하여 대한민국 반도체 산업의 유능한 인재가 되는데 밑거름이 된다면, 저자의 작은 소망은 본 교재가 조금이라도 도움이 되길 기대해 본다.

2024년 8월
새벽녘 어두운 연구실 안에서 집필을 마무리하며
저자 씀

CONTENTS

CHAPTER 01

반도체 산업안전

1.1 실험실 용어

[1] 실험실 용어

반도체 실험실이란 분지 입자의 크기에 따라 분진 수를 측정하여 청정도, 즉 클래스(Class)를 등급별 규격을 정하여 체계화한 공간을 말하며, 클린룸(Clean Room)이라고도 한다.

1. 클린룸

반도체 공정이 수행되는 곳으로 공기의 온도, 습도 및 먼지 입자 등이 작업환경에 적합하게 조절하여 관리하는 공간을 말한다.

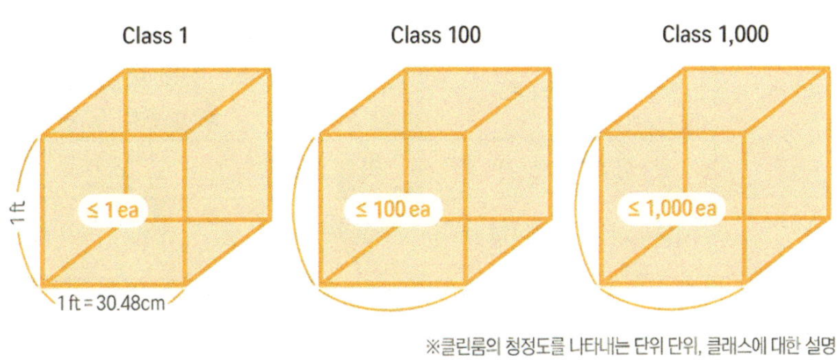

※클린룸의 청정도를 나타내는 단위 단위, 클래스에 대한 설명

[그림 1-1] 청정도 규격(클래스)

2. 청정도

클린룸에 관한 규격. 미국 연방 규격이 현재 가장 널리 쓰이고 있다. 청정도를 입자경 및 누적 입자수에 의해 클래스 분류하고, 그 밖에 온도, 습도, 압력, 기류, 환기 횟수, 조도를 규정하고 있다. 공기 청정도의 기준은 일반적으로 미국 연방 규격, US Federal Standard 209b, 209d를 기준으로 하고 있다. 청정도 Class의 호칭은 0.5 ㎛ 이상의 입자의 $1ft^3$ 당의 수치로 표현한다. 즉 Class 100은 100개/ft^3을 말한다. 여기서, $1ft^3$=28.3 liters.

3. Air Shower

반도체 공정 및 장비 유지보수를 위해 작업자의 몸이나 의복에 남아 있는 입자들의 오염물질을 청정 된 공기를 통해 강제적으로 불어 날려서 제거하기 위한 장치를 말한다.

4. Pass Box

청정도 수준이 다른 청정구역과 다른 실과의 사이에 작은 부품, 기기 등을 반입, 반출할 수 있도록 하는 장치를 말한다.

5. 청정실 복장

반도체 공정 및 장비 유지보수를 위해 작업자의 몸이나 의복에 남아 있는 입자들의 오염물질을 청정된 공기를 통해 강제적으로 불어 날려서 제거하기 위한 장치를 말한다.

복 장	종 류	재 질	모양/착용
무진복	일체형 무진복	폴리에스터	상 · 하의 일체형
	모자	폴리에스터	머리를 다 덮을 수 있는 것
	마스크	폴리에스터	코까지 덮는 위생용 마스크
	작업화	고무 또는 인조피혁	굽이 없고 홈이 패인 곳이 없는 것
	장갑(필요시)	라텍스	-

[그림 1-2] 청정실 복장

2 클린룸 종류

클린룸의 기류 방식은 크게 난류와 층류 방식으로 구분되며, 층류 방식은 다시 여러 가지 형태의 클린룸 방식으로 구분한다.

1. 층류형 클린룸

클린룸 안에서 필터를 통하여 여과된 공기가 일정한 방향으로 평행하게 흐르면서 난류 영역을 최소화하는 유동 형태의 클린룸으로 천정에서 바닥 면으로 흐르는 수직 층류형과 마주 보는 벽면으로 흐르는 수평 층류형의 2가지 형식이 있다.

2. 난류형 클린룸

클린룸에서 필터를 통하여 여과된 공기가 난류 형태로 흐르면서 불균일하고 변칙적인 기류 분포를 가지는 유동 형태의 클린룸이다. 파티클과 기판의 표면 전위차의 변경으로 알칼리성 pH에 의해 저거를 하는 것으로 음 전위차는 음전하의 향상을 도와 입자와 전하를 생성하여 기판 사이의 Zeta 전위차를 동일 극성으로 만들어 제거되게 만드는 것이다.

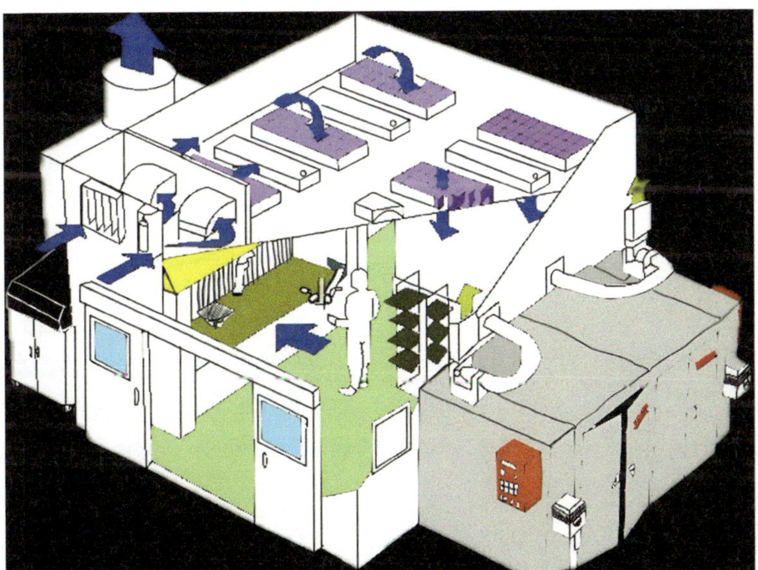

[그림 1-3] 클린룸 공조 시스템

1.2 반도체 산업안전

1 산업안전

1. 산업안전 용어

반도체 클린룸 안에서 안전은 매우 중요한 것이다. 이에 꼭 필요한 용어들은 숙지하고 정리하여 이해하도록 해야 한다.

(가) 안전

활동하는 공간이 편안하고 쾌적하여 위험한 요소들이 없는 상태를 이야기할 수 있다.

(나) 산업안전

근로자가 일하는 현장에 산업재해를 유발하는 위험 유해 요소를 제거하고 근로자에게 쾌적한 환경을 만들어주는 것을 의미한다.

(다) 산업재해

근로자가 업무에 관계되는 건설물, 설비, 재료, 가스, 분진 등등에 의해 작업, 업무에 적용하여 사망, 부상 또는 질병에 발생하는 것을 의미한다.

(라) 안전사고

일어나지 않을 일이 돌발적으로 발생하는 것을 의미한다.

2. 산업안전관리

사람이 힘에만 의존하던 기술의 발전을 통해 생산설비의 고도화, 자동화, 대형화됨에 따라 시대는 고도의 산업사회를 이룩할 수 있었다, 풍요한 생활은 많은 이들에게 주었지만, 반면 에너지의 통제를 위한 정의가 미흡하여 많은 안전사고가 많이 발생하였다. 이에 안전관리는 중요한 정의로 대두되고 있다.

특히 각종 유독가스와 Chemical, 전기 등을 사용하는 청정실에서 안전은 더욱 중요하며, 한 건의 사고는 인명과 재산에 피해를 주어 기업경영에 크게 영향을 주고 재해자에게는 가정곤란에 피해가 발생할 수 있어서 매우 강조해도 지나침이 없을 것이다. 그러므로 안전관리는 인명과 재산을 보호하여 근로자에게 가치창조에 기여하고 기업에는 생산성 향상을 주는 매우 중요한 의미가 될 것이다.

3. 안전의 필요성

생산설비의 고도화, 자동화, 대형화됨에 따라 개인, 기업 등에 가장 필요한 요소가 되는 세 가지로 정의하여 보았다.

(가) 개인의 자아실현

정신, 유체, 환경 등에 건강이 보호되어야 스스로 자신 삶의 목표를 위해 활동할 수 있다.

(나) 기업의 이익 창출

안전이 보장되지 않는다면 기업의 생산활동이 낮아질 것이고 인력과 장비의 손실이 일어날 것이기 때문에 안전이 중요 요소이다.

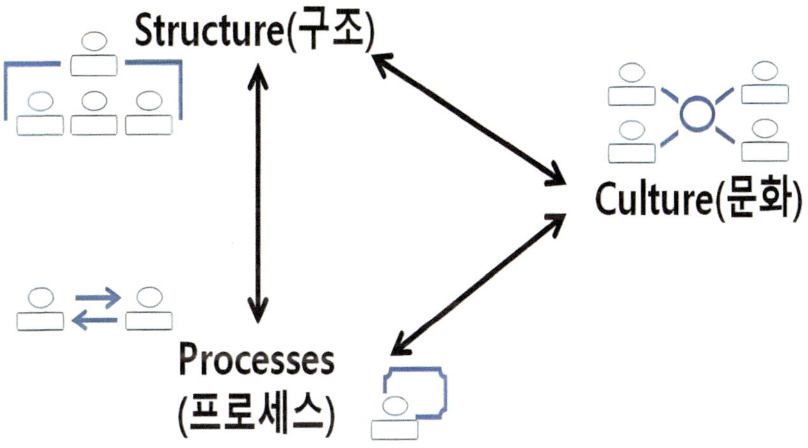

[그림 1-4] 안전의 관계성

4. 안전관리 운영

반도체 생산설비의 중요한 기준이 되는 안전관리의 구성이 보편적으로 아래와 같이 구성할 수 있다.

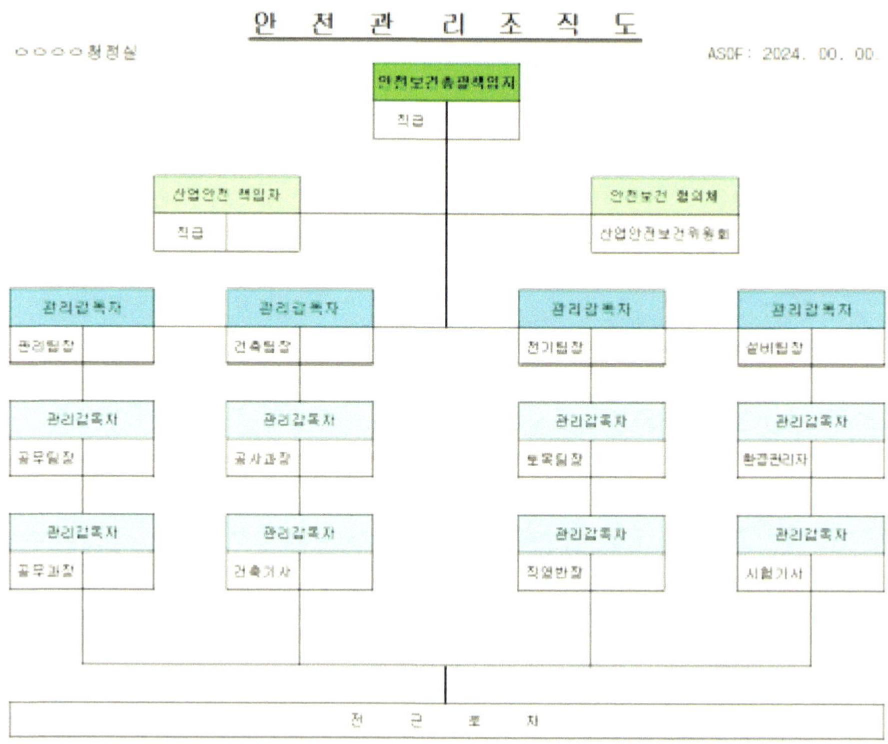

[그림 1-5] 반도체 클린룸에서 안전관리 구성도

5. 안전보건 교육

반도체 클린룸과 같은 생산설비를 운영하는 곳에서는 안전 보건 교육이 의무적으로 실시하게 되어 있다. 이런 내용들은 아래에 정의된 것을 기반으로 교육 시간이 정의되고 있다.

(가) 신규 채용 시 교육

신입으로 회사에 입사하게 되면, 최소 8시간 이상의 안전보건교육을 시행하도록 하고 있다.

(나) 정기 안전 보건 교육

지속적인 근무를 하는 경우 근무지에 따라 생산직은 월 2시간 이상 실시하고 사무직에는 월 1시간 이상의 안전보건교육을 시행하도록 하고 있다.

(다) 관리 감독자 교육

생산설비를 관리 감독하는 직원에게는 최소 2시간 이상의 안전보건교육을 시행하도록 하고 있다.

(라) 작업환경 및 내용 변경 시 교육

지속적인 근무를 하면서도 새로운 설비나 작업 내용이 변경될 때 최소 8시간 이상의 안전보건교육을 시행하도록 하고 있다.

(마) 특별 안전 보건 교육

지속적인 근무를 하면서도 특별하게 문제가 발생하거나 새로운 일들이 일어날 때 최소 16시간 이상의 안전보건교육을 시행하도록 하고 있다.

1.3 실험실 안전수칙

1 실험실 안전수칙

반도체 실험실에서 사용되는 많은 화학약품은 위험한 물질로, 실습이나 공정을 진행함에서 있어서 안전 수칙을 소홀히 할 때 큰 사고가 발생할 수 있으며, 실습 전 다음의 수칙을 준수하여야 한다.

① 모든 화공약품(유기약품, 산/염기)과 독성가스를 사용하는 공정의 진행자는 반도체 연구원으로부터 안전교육을 받아야 하며, 안전 수칙을 숙지하여야 한다.
② 반도체 실험실에 입실하기 전에 규정된 복장을 착용하여야 한다.

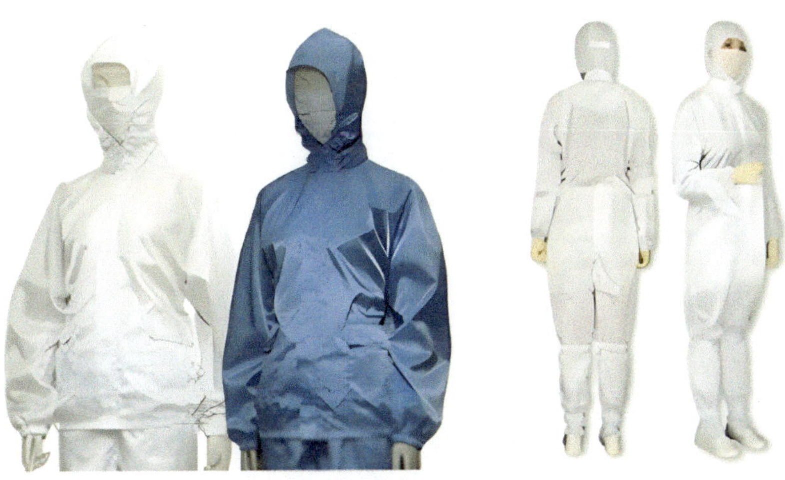

[그림 1-6] 방진복

③ 작업 도구 및 기구는 보관 장소를 지정해 사용한 후 사용하지 않으면 지정 장소에 보관하여야 한다.
④ 응급조치 도구(비상구, 소화기, 세면기, 가스 마스크 등)가 있는 곳을 숙지하여야 한다.
⑤ 모든 화공약품(유기약품, 산/염기)과 (구) 독성가스를 사용하는 공간이나 모든 화공약품 용기에는 표지를 부착하여 구분해야 한다.
⑥ 확인되지 않은 액체에 대해서는 절대로 사용하지 않아야 한다.
⑦ 모든 화공약품은 통풍이 잘되는 후드나 화공약품만을 따로 보관할 수 있는 장에 넣어두어야 한다.
⑧ 이상한 냄새나 징후가 나타나면 즉시 관리자에게 통보한다.
⑨ 안전 보호구(고무장갑과 실험복)에는 자신도 모르는 사이에 화공약품이 묻을 수 있으므로 항상 주의하도록 해야 한다.
⑩ 후드, 화공약품 저장 용기와 비커 등을 맨손으로 만지면 안 된다.
⑪ 안전 보호구를 착용한 채, 얼굴이나 몸을 만지면 안 된다.
⑫ 산(Acid)에 물을 넣으면 급격히 열을 발생하면서 폭발할 수 있으므로 산을 희석하고자 할 때 반드시 물에 산을 서서히 부으면서 저어 주어야 한다.
⑬ 화공약품 취급 시 적당한 비커나 테플론 용기를 사용하여야 한다. (불산은 유리 비커를 사용할 때 유리가 부식될 수 있으므로 테플론 용기를 사용할 것)

[그림 1-7] 반도체 공정 화공약품 케비넷

[그림 1-8] 반도체 공정 화공약품

2 클린룸 출입 시 주의 사항

반도체 클린룸 내에는 독성의 화공약품과 독가스 등의 위험 요소가 있으므로 방심은 금물이며, 실험실 내외를 정리 정돈하여 재해 예방에 주의해야 한다.

① 실험 공정 중에는 항상 Poly-glove를 착용해야 한다.
② 온도가 고온인 곳은 석면 장갑을 착용하여 화상에 주의해야 한다.
③ 수십 Å 이상의 고전류가 흐름으로 노출된 전극을 절대로 만지면 안 된다.
④ 화공약품의 폐기 시 폐기 통의 라벨을 반드시 확인하여 폐기해야 한다.
⑤ 실험실 출입일지 기록을 철저히 해야 한다.
⑥ 먼지 발생, 대형사고 가능성이 있는 실험실에서 장난은 금지해야 한다.
⑦ 마스크를 착용하여 개인의 건강을 스스로 지켜야 한다.
⑧ 실험실 전용 복장과 신발을 신고 외부 출입하는 일이 없도록 해야 한다.
⑨ 담당 조교의 지시에 따라야 한다.
⑩ 사고의 위험이 있으므로 스스로 주의하도록 해야 한다.

1.4 실험실 운영

1 실험실 운영

일반적으로 유지관리의 의미는 초기 상태의 조건을 유지하기 위한 모든 행동을 말한다. 지정된 공간의 환경조건과 그 환경을 유지하기 위한 주변 장비, 그리고 환경을 이용하는 사람들의 행동 규칙까지 포함되어야 한다.

1. 청정도 오염 물질 구분

분류	오염물질	발생원	불량내용
Acid 산성 가스	이산화황(SO_2) 일산화질소(NO) 이산화질소(NO_2) 염화수소(HCl) 염소(Cl_2) 불화수소(HF)	대기오염 대기오염(자동차 배기가스) 대기오염 약품(세정액) 약품(세정액)	Al/Cu배선·땜납 이상 디바이스 저항값 저하 부식
Bases 염기성 가스	암모니아(NH_3)	외기(농지), 인간, 건재, 약품	화학 증폭형 레지스트의 선 폭 불량 렌즈의 흐림(리소그래피) 기판표면을 친유성으로 한다
	아민류(HMDS)	웨이퍼 표면처리제	
Candensable 유기물	실록산류(D3-D6)	실리콘 실재	기판표면을 친유성으로 한다(유기물 부착)
	프탈산 에스테르류(DOP, DBP)	가소게, 리크 시험 미스트, 염비, 고무	산화막의 내압 특성 열화
	인산 에스테르류(TBP, TEP, TCEP)	난연제	전기 특성(Vth) 영향
	BHT	우레탄, 고무 계통의 산화방지제	기판표면의 유기오염
Dopants (도펀트)	붕소(B)-BF_3 $B(CH)_3$ 인(P)	글라스 섬유 필터(HF와 반응) 난연제	전기 특성(Vth) 영향
기타	나트륨(Na) 황화수소(H_2S)	바다 소금 입자, 땀 대기오염	전기 특성(Vth) 영향, 리크 발생 금속표면 변색, 패키지 불량

[그림 1-9] 오염 물질 구분

2. ISO 청정도 클래스와 최대 허용 입자 농도

ISO	지름별 최대 허용입자 농도 (개/m³)					
클래스 (N)	0.1μm	0.2μm	0.3μm	0.5μm	1μm	5μm
1	10	2				
2	100	24	10	4		
3	1,000	237	102	35	8	
4	10,000	2,370	1,020	352	83	
5	100,000	23,700	10,200	3,520	832	29
6	1,000,000	237,000	102,000	35,200	8,320	293
7				352,000	83,200	2,930
8				3,520,000	832,000	29,300
9				35,200,000	8,320,000	293,000

[그림 1-10] 오염 물질 구분

1.5 반도체 제조 공정

1 Fabrication 공정

반도체 제조 공정은 Fabrication(FAB)과 Package 공정으로 구분하여 설명될 수 있다. FAB 공정은 회로 설계가 끝나고 트랜지스터(Transistor)와 금속 배선을 통해 실리콘 웨이퍼 위에 가공된 칩(Die)을 만드는 공정이다. 이는 FAB은 웨이퍼를 가공 제조하는 라인을 말하며, 설계 기술팀에서 완성된 회로를 기반으로 각 공정 기술팀은 공정을 진행하는 것이다. 단위 공정인 포토, 식각, 증착, 세정, 평탄화 등의 공정들이 대략 300~600개 단위 공정을 진행하고 제조되는 것이다.

반도체의 직무도 이런 역할에 따라 나뉜다. 보통 반도체 칩을 짓는 이 가공 과정은 보통 2~3달의 정도의 소요 시간이 걸리는 복잡하고 긴 인내의 시간을 가진다. 하나의 반도체 제품이 나오는 데 수많은 장비, 재료가 사용되며 고도의 기술이 적용된 수많은 과정을 거쳐 완성된다.

1. 소자 구조와 Layout

반도체 소자에서 MOSFET은 Metal Oxide Semiconductor Field Effect Transistor의 약어로 이를 풀면 전계효과를 사용하는 금속 산화막 반도체이다. 이 말은 즉, 스위치 역할을 하는 소자라 할 수 있는데 의미는 원하면 전기를 흐르고, 원치 않으면 흐르지 않게 하는 것이다. 전기의 흐름은 물과 같은데 수도꼭지 손잡이를 틀면 물이 나오고 잠그면 안 나오는 것을 생각하면 될 것이다. 반도체 소자도 역시 수도꼭지의 구조로 만들어주는데, 어떠한 작업이 안 된 Bare Wafer에 전자가 흐르도록 영역을 만들고 자유롭게 전기를 흐르지 않게 하는 벽(Oxide)과 전자가 이동하는 문(Gate)을 만들어 스위치 역할을 하게 하는 것으로 이를 우리는 트랜지스터라고 한다. 트랜지스터를 그린 Layout을 통해 그린 단면도는 [그림 1-11]에서 보는 것과 같으며, 평면도는 실제 공정을 진행하다 보면 확인되는 것이고 단면도는 공정 진행 후, 형성된 최종 결과물이다.

Source는 전자의 근원이란 뜻이며 Drain은 전자가 나가는 곳이라는 뜻이고 Gate는 전자가 이동하는 문의 뜻으로 명칭이 설정되고 불리고 있다. Gate에서 ON과 OFF의 동작을 정확히 해주는 것이 중요해진다. ON일 때는 정확히 전류가 흘러야 하고, OFF일 때는 Leakage(누수)가 발생하지 않게 만들어야 한다.

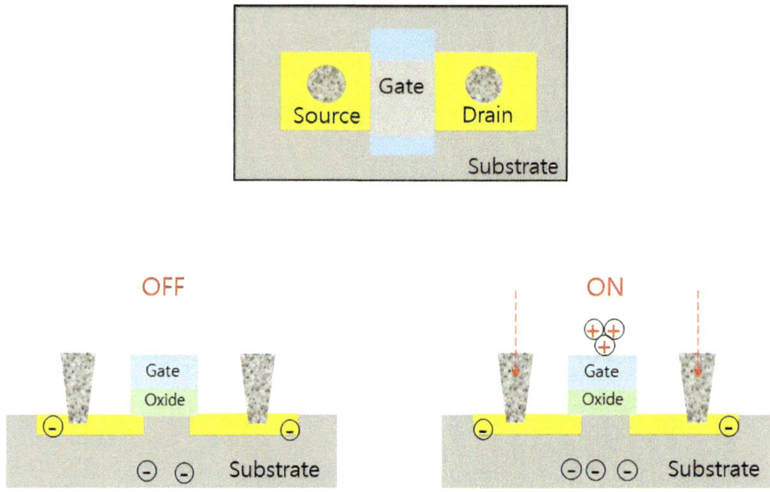

[그림 1-11] 평면도와 Layout

2. 공정 흐름(Process Flow)

Metal Oxide Semiconductor(MOS)는 Gate를 구성하는 물질로 금속을 사용하였기에 쓰인 것이고 현재는 폴리실리콘(Poly-Silicon)을 사용하는데 많은 책자와 검색 정보에 MOS라 표현하다 보니 계속 쓰이고 있다. [그림 1-12]에서 보는 바와 같이 [그림 1-11]에서의 트랜지스터 평면도처럼 설계하여 웨이퍼에 공정을 진행하는 과정을 나타내었고 이를 공정 흐름도라 사용한다.

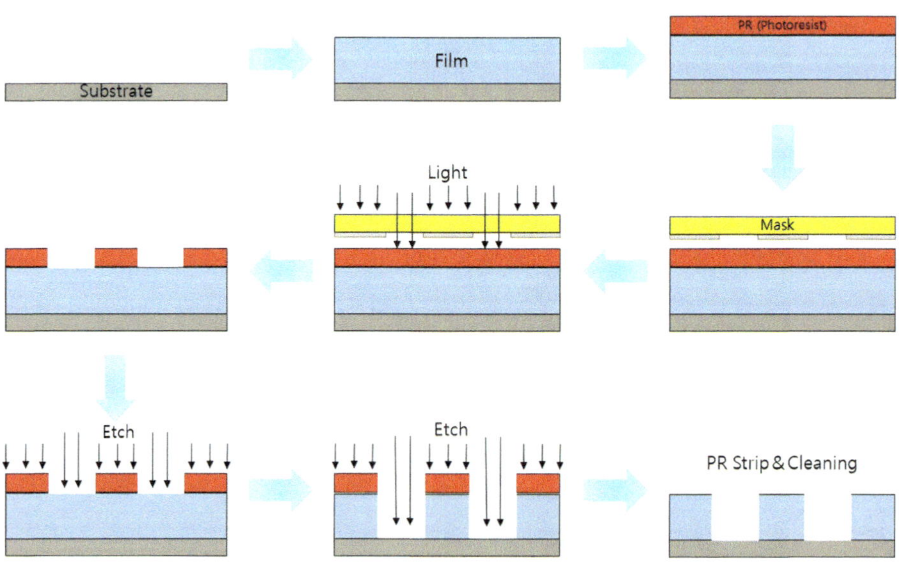

[그림 1-12] MOS 공정 흐름도

CHAPTER 02

세정(Cleaning) 공정

2.1 세정 공정

1 개요

세정 공정은 반도체 공정 과정에서는 각종 오염물질을 제거하는 것을 의미한다. 웨이퍼를 통해 반도체 공정을 진행하게 되는데 세정공정, 산화 공정, 이온 주입 공정, 포토 공정, 식각 공정, 박막 증착 공정, CMP 공정 등 많은 공정으로 이루어진다. 이러한 공정 중 세정 공정은 산화 공정, 식각 공정, CMP 공정 등 각 공정 사이에서 진행된다. 미세화되고 있는 반도체 공정이 고밀도, 고집적, 고성능화 등이 되면서 웨이퍼 표면이 오염되면 오염물들은 반도체 소자의 생산 수율을 저하와 품질 신뢰성에 영향을 준다. 반도체 오염 물질들은 [그림 2-1]에서 보는 것과 같이, Native Oxide, Absorbed Molecules, Organic Materials, Inorganic Materials, Cation Metal, Particle 등이 있는데 클린룸 공정 진행 중에 방해 요소가 되는 것들이다.

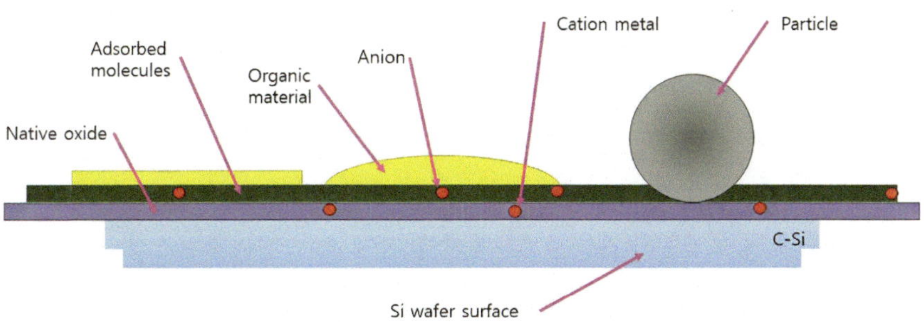

[그림 2-1] 반도체 오염 물질의 종류

따라서, 반도체 공정에서 세정 공정은 화학적, 물리적 방법을 사용하여 오염 물질들을 제거하는 공정이라고 정의할 수 있으며, 공정의 방식으로는 습식 세정과 건식 세정으로 나눌 수 있다. 습식 세정은 Chemical(화합물)을 사용하여 오염 물질을 제거하는 것으로 초순수(DI Water)로 린스(Rinse) 후 건조를 진행하는 것이다. 이러한 방법의 장점은 초순수로 린스가 가능하고 건조 후 오염 잔류물이 적게 나타나는 것과 오염 물질에 따라서 다양한 Chemical을 사용하기 때문에 신뢰성 및 재현성이 우수하다고 할 수 있다. 그러나 많은 양은 Chemical이 소모되고 사용된 폐액이 발생하여 사용하는 Chemical을 주기적인 교체를 하지 않으면 같은 불순물에 오염이 노출될 수 있는 것이 단점이다. 건식 세정은 플라즈마나 불산(HF)/암모늄(NH_3) 등의 가스를 이용하여 웨이퍼의 오염 물질을 제거하는 것을 말한다. 습식과는 다르게 초순수 린스와 건조를 할 필요가 없으며, Chemical 폐액을 발생하지 않기 때문에 이것이 가장 큰 장점이다. 단점으로는 웨이퍼 뒷면 세정이 불가능하여, 경금속을 제거하기에는 역부족이다. 세정공정을 진행하기 위한 장비는 [그림 2-2]에서 보는 것처럼 습식과 건식으로 구분할 수 있다.

세정 장비 종류	Batch Type	Single Type	Scrubber Type	Dry Clean Type
세정 방식	습식 세정			건식 세정
Type별 Image				
공정 진행 방식	침지 방식(Dip)	스프레이 분사 방식 (Spray)	스프레이 분사 방식 (Spray)	Gas 흡착 방식
공정 진행 Image	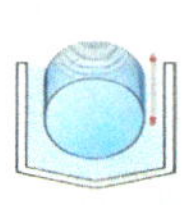	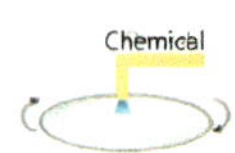	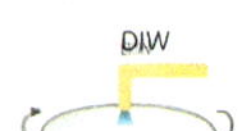	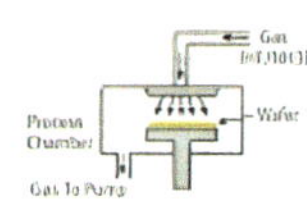

[그림 2-2] 반도체 세정 공정 장비 방식에 따른 분류

습식 세정은 Chemical을 어떻게 처리하는 것에 따라 디핑(Dipping)과 스프레이(Spray) 방식으로 분류한다. 디핑은 여러 장의 웨이퍼를 일괄적으로 Batch 처리하는 것이다. 여러 장을 일괄적으로 진행하기 때문에 생산성은 높으나 세정 진행 시 제거 능력이 부족하거나 Chemical Batch 안에 오염물이 재흡착이 될 수 있는 단점이 있다. 스프레이는 디핑의 단점을 보완하기 위해 개발되어 웨이퍼에 Chemical을 분사하여 불순물을 제거하는 것으로 한 장씩 공정을 진행한다. 디핑에 비해 오염물의 재흡착 및 세정 능력이 최근 미세화되는 공정에 비중이 커지고 있다. 그러나 웨이퍼에 Chemical을 분사하여 진행하다 보니 사용량이 많은 것이 단점이다. 건식 세정은 일반적인 액체의 Chemical을 사용하지 않고 가스인 기체 상태인 것을 사용한다.

이에 건식 세정에는 방식에 따라 사용되고 있는데 세정액을 증발시키는 기상 세정(Vapor Phase Cleaning), 플라즈마를 이용하는 세정, 외부에 가해진 열에너지를 기판과 주입된 가스를 통해 진행하는 열강화 세정(Thermally Enhanced Cleaning)이 있다. [그림 2-3]을 참고하도록 하면 좋을 것이다.

[그림 2-3] 반도체 세정 공정 방식에 따른 분류

지금까지 이야기된 세정공정을 정리해보면 표면으로부터 Particle이나 Chemical Impurity 등의 오염 물질들을 제거하는 것이다. 이를 운영하고 유지하려면 Chemical 관리, 장비 유지관리가 철저하게 되어야 하며, Chemical의 상태, 농도, 유량, 온도 등에 의해서 공정의 결과가 다를 수 있다. 따라서, 반도체 제조 공정이 이루어지는 곳에서는 Chemical과 장비를 관리 항목으로 설정하여 철저하게 관리되고 있다.

2.2 세정 공정의 특징

1 반도체 세정공정의 종류

1. 유기물 제거

높은 pH 또는 자외선 등을 통해 OH와 반응하여, CO_2, H_2O 등으로 분해된 산화 유기 분자로부터 전자가 제거되는 것이다. 전자는 H_2SO_4, HCl, HNO_3 등 및 ORP(Oxidation Reduction Potential) 해법에 제거하는 것이다.

2. 파티클 제거

파티클과 기판의 표면 전위차의 변경으로 알칼리성 pH에 의해 저거를 하는 것으로 음 전위차는 음전하의 향상을 도와 입자와 전하를 생성하여 기판 사이의 Zeta 전위차를 동일 극성으로 만들어 제거되게 만드는 것이다.

3. 금속 제거

금속은 산성과 산화 해법에 따라 제거되는 것이다.

2 반도체 세정공정의 재료 분류 및 특성

반도체 세정공정에서는 세정액을 이용한 방법과 기타 다양한 공정을 통해서 세정이 이루어진다. 또한, 세정액의 성질, 용도, 및 보관 시의 주의 등으로 정의 할 수 있다.

1. RCA 세정: SC-1(Standard Clean 1) & SC-2(Standard Clean 2 or HPM)

보통 웨이퍼의 세정에서 많이 이용되고 있다. RCA 세정은 황산과 과산화수소의 혼합액을 120~150℃로 가열해서 이용하거나, 암모니아와 과산화수소의 혼합액을 60~80℃로 가열해서 사용하는 세정이다.

(1) SC-1(Standard Clean 1)

암모니아수 및 과산화수소, 초순수(DI water)의 혼합액을 사용하여 고온에서 진행하는 세정공정이다. 미국 RCA 사에서 개발하여 현재까지 사용하고 있는 SC1 약액의 가장 중요한 역할은 파티클과 같은 입자의 염의 제거에 있으며 다른 약액에 비해서 높은 효율을 가진다. 비율은 암모니아수(NH_4OH) : 과산화수소(H_2O_2) : 초순수 = 1:1:5 또는 1:4:20 정도로 혼합하여 사용하고 있으며 회사마다 온도와 비율은 다르게 적용하고 있다.

(2) SC-2(Standard Clean 2)

염산 및 과산화수소, 초순수(DI water)의 혼합액을 사용하여 알칼리 이온 및 금속 오염물을 제거하는 데 사용한다. SC-2 또는 HPM은 금속 오염 제거를 위해서 사용되며 염산(HCl) : 과산화수소(H_2O_2) : 초순수 = 1:1:6으로 혼합하여 사용한다. HPM 용액에서는 HCl과 H_2O_2의 혼합액에서 ClO_4^-와 같은 강 산화 물질을 생성하여 금속 오염과 유기 오염 제거에 사용된다.

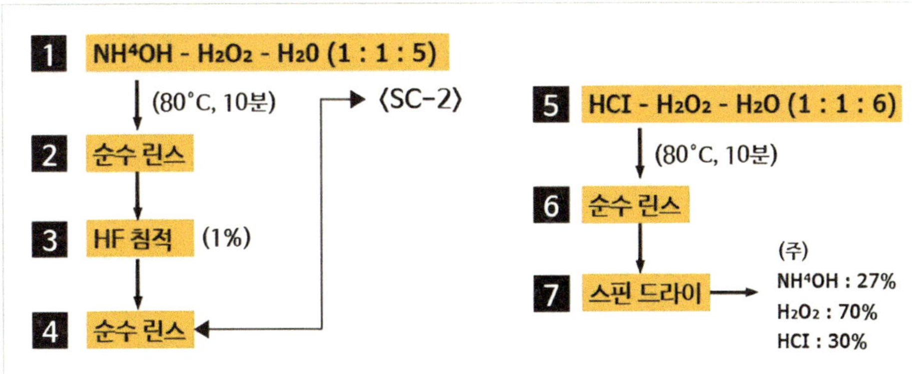

[그림 2-4] RCA 세정 구성

[표 2-1] 반도체 공정에서 사용하는 주요 세정액

명칭	약액	용도
RCA(SC-1, 2)	$NH_4OH/H_2O_2/H_2O$	파티클 제거
SPM	H_2SO_4/H_2O_2	유기물 제거
DHF	HF/H_2O	자연 산화막 제거
BOE	$NH_4F/HF/H_2O$	산화막 제거, 식각

2. SPM(Sulfuric Acid Peroxide Mixture) 세정

SPM은 황산(H_2SO_4)과 과산화수소(H_2O_2)를 혼합하여 세정공정을 진행하는 것으로 식각 후에 생기는 폴리머 및 감광액 등의 유기 또는 금속 불순물을 제거하는 데 이용된다. 이는 강한 반응성으로 인해 Piranha 세정이라고도 한다.

[그림 2-5] SPM 세정 구성

반도체 제조 공정에서 유기 불순물이 제거가 안 될 경우, 웨이퍼를 불산으로 식각 시 남아 있는 불순물 부분은 식각이 전혀 되지 않기 때문에 표면이 불균일하게 나타날 것이다. 이러한 불균일한 표면은 미세 패턴을 형성하는 공정에서는 반도체 특성을 저하되는 요인일 것이다. 유기물을 제거되게 하는 반응식으로는 〈식 2-1〉과 같다. 황산이 과산화수소와 반응하면 발열반응이 일어나면서 H_2SO_5(Caro's Acid)를 생성하여 유기물 산화를 통해 제거된다. 금속물의 경우는 〈식 2-2〉와 같이 염을 통해 녹여서 제거되도록 하고 있다.

$$H_2SO_4 + H_2O_2 \rightarrow H_2SO_5 + H_2O \quad \langle 식\ 2\text{-}1 \rangle$$

$$2CeO_2 + H_2O_2 + 3H_2SO_4 \rightarrow Ce(SO_4)_3 + O_2 + 4H_2O \quad \langle 식\ 2\text{-}2 \rangle$$

또한, SPM 세정공정을 진행하다 노출된 막질에 따라 황산과 과산화수소의 비율을 다르게 사용될 수 있으며 이러한 공정은 주로 폴리머를 제거하는 데 사용된다.

SPM 세정은 황산과 과산화수소가 반응하면서 100~130℃ 안에서 발열이 발생하게 되는데, 이러한 높은 온도에 의해서 많은 문제점이 생긴다. 이는 세정 효과는 뛰어나지만, 100℃ 이상에서 과산화수소가 분해된다는 것이기 때문에 일정한 농도를 유지하기 위해서는 지속적인 공급이 필요한 것이다. 그리고 이 말은 즉, 용액에 관한 수명주기가 짧다는 것으로 대략 8~12h 정도라고 알려져 있다. 따라서 공정을 진행하기 전에 혼합하고, 일정하게 유지하기 위해 혼합 방식에 주의해야 할 중요한 요소로 정의된다.

SPM 세정은 황산과 과산화수소가 반응을 시작하면 높은 온도로 인해 황산 가스가 발생하게 되고 이는 웨이퍼 표면에 흡착 후 응축된 형태로 있어서 시간이 지남에 따라 수분과 반응하여 흄(Fume)이 발생하게 된다. 이를 제거하기 위해 수분의 유입을 막고 흄을 세정 하는 것, 그리고 세정 후 나오는 환경오염을 일으키는 폐황산의 제거하기 위해 오존수(O_3)을 주입하여 사용하고 있다. 이러한 반응은 〈식 2-3a〉와 〈식 2-3b〉을 참조하면 될 것이다.

$$\text{-C-} + 2O_3 \rightarrow CO_2 + 2O_2 \quad \langle 식\ 2\text{-}3a \rangle$$

$$\text{-CH}_2\text{-} + 3O_3 \rightarrow CO_2 + 3O_2 + H_2O \quad \langle 식\ 2\text{-}3b \rangle$$

3. APM(Ammonium Hydroxide and Hydro-Peroxide Mixture) 세정

APM은 암모니아(NH_4OH), 과산화수소(H_2O_2)와 초순수(DI-Water)를 혼합하여 세정공정을 진행하는 것으로 주로 Particle 제거에 쓰인다. 이는 사용되는 농도 및 온도에 따라 세정 이름이 다르게 불리며, 대표적인 세정 공정은 아래와 같은 비율로 사용하는 것이다.

암모니아 : 과산화수소 : 초순수 = 1 : 4 : 20

이러한 APM은 반도체 제조 공정에서의 주로 제거하는 Particle은 대기 중의 먼지, 장비, 사람 등 여러 가지 요인에 의해서 발생하는데, 이런 Particle이 웨이퍼에 있으면 반도체 소자의 전기적 특성과 패턴 브리지를 발생하여 회로 단락이 될 수 있다.

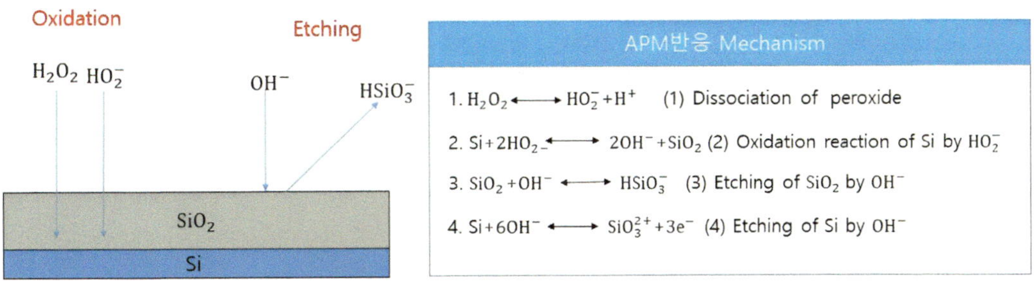

[그림 2-6] APM 세정에서 반응 Mechanism

APM 세정은 Particle 및 유기물질을 과산화수소가 H_2O + O_2로 분리되어 강한 산화 작용이 일어나 웨이퍼 표면에서 산화되는 것으로 [그림 2-6]에서 보는 것처럼 APM 반응에 대한 메커니즘(Mechanism)으로 일어나는 것이다. 이렇게 산화된 Particle은 암모니아의 용해 및 식각을 통해 제거되고 표면에 금속 불순물이 있다면 식각되는 것이다.

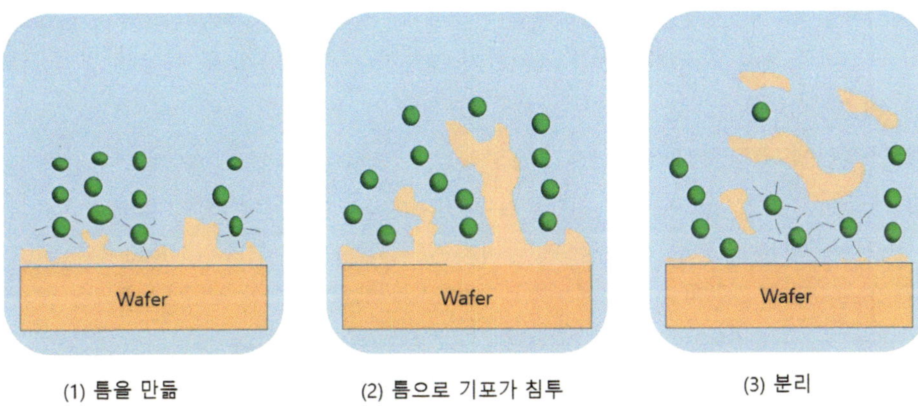

[그림 2-7] 메가소닉을 통한 Particle 제거 반응

APM 세정은 80℃ 이상의 온도에서 Particle 제거에 가장 효율이 우수하다고 알려져 있으나, 온도가 증가함에 식각속도(Etch Rate)가 높아져 안정적으로 공정을 하기 힘들다. Particle 제거는 평균적으로 상온이나 70℃에서 진행하는 되는 것이 바람직하다고 한다. 또한, 물리적으로 어떠한 힘을 가하여 Particle 제거에 도움을 주는 것은 메가소닉(Mega-sonic)으로 이는 [그림 2-7]에서 보는 것처럼 초음파 진동을 통해 캐비테이션(Cavitation) 거품이 압력을 통해 충격이 발생하게 해서 Particle을 제거하는 것이다. 메가소닉은 주파수와 출력에 따라 다르다. 여기서 주파수는 1초에 몇 번 진도하고, 출력일 것은 오염물에 얼마나 힘이 가해지는가를 의미한다.

4. DHF(Dilute Hydrogen Fluoride 세정 & BOE(Buffered Oxide Etchant) 세정

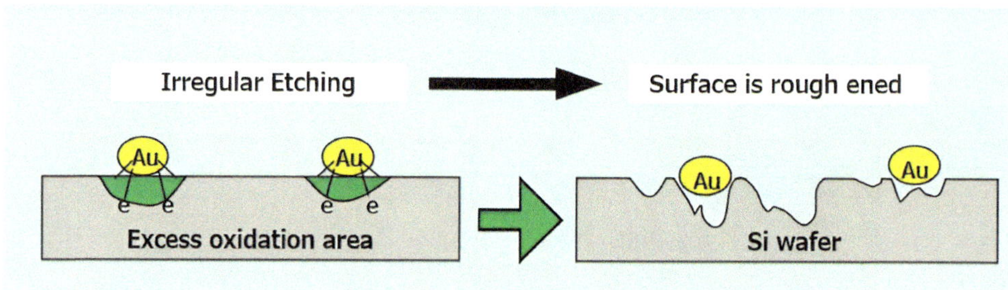

[그림 2-8] DHF 세정 공정 기본 원리

DHF 세정은 불산(HF, Hydrogen Fluoride) 49% 원액에 초순수를 희석하여 주로 SiO_2, 자연 산화막, 금속 불순물 제거에 이용되며, 박막 증착 전이나 SiO_2 식각 공정에서 많이 사용되고 있다. 여기서 자연 산화막이란 실리콘이 대기에서 산소와 반응해 만들어지는 것을 의미하는데, 이를 제거하지 않으면 각종 불량이나 품질에 문제가 될 수 있다. 그리고 금속 불순물은 다른 용액이나 장비 등에서 발생하여 이를 제거하지 않으면 전류의 유실 등 다양한 전기적 특성에 문제가 될 수 있다.

BOE는 불산에 NH_4F와 계면활성제를 혼합시킨 용액으로 주로 두꺼운 패턴의 산화막, 자연 산화막 제거용으로 쓰인다. 산화막 식각공정과 PR Strip 후 진행되는 세정공정에 주로 사용되고 있다. 여기서 PR Strip은 식각 공정 후 남겨져 있는 감광액(PR, Photo Resist)을 세정 전에 산소 플라즈마를 활용하여 연소하게 한 후 제거하는 것을 말한다. 두꺼운 패턴일 것은 컨택 홀(Contact Hole)을 이야기하는데 이는 작고 깊은 구멍의 모양을 말한다.

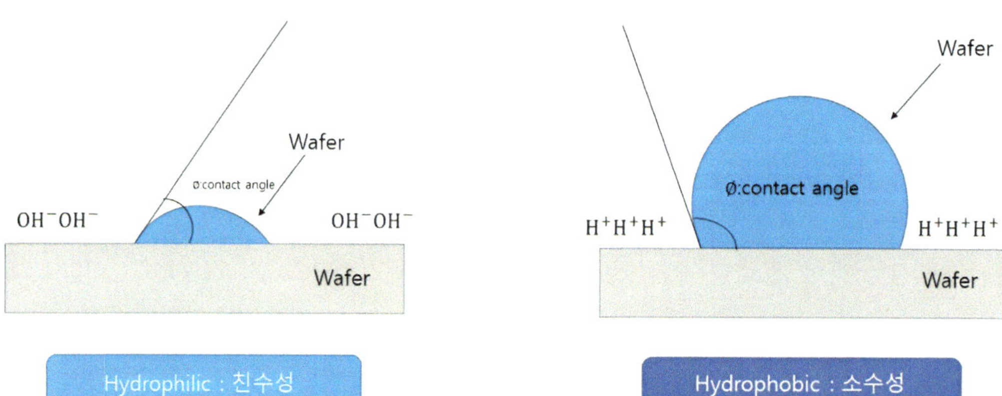

[그림 2-9] 친수성과 소수성의 차이

불산만을 이용한 DHF는 컨택 홀 표면이 소수성화되어 용액이 깊은 부분까지 침투되지 않는데, BOE는 계면활성제를 혼합하고 있어서 표면에서의 소수성을 낮춰주어 깊게 침투할 수 있다. 즉, BOE는 컨택 홀과 서로 다른 박막에 대한 식각 선택비 차이를 좋게 할 수 있다. DHF와 BOE 세정은 웨이퍼 표면 박막의 화학적 성질에 영향을 주기 때문에 박막의 종류에 따라 이용되는데 여기서 화학 반응으로 [그림 2-9]에서 보는 것처럼 친수성과 소수성으로 바뀌기도 하기 한다. 따라서 본 세정 한 후에는 친수성일 때는 아이소프로필알코올(IPA, Isopropyl Alcohol), 오존, APM 등으로 세정해서 보완될 수 있게 한다. 또한, DHF나 BOE 세정은 금속 오염 제거에 유리하므로 종합적으로 선택하여 사용되어야 할 것이다.

5. 인산(H_3PO_4, Phosphoric Acid) 세정

인산은 무수물로서 인을 충분한 공기 또는 산소 속에서 연소시킬 때 생기는 흰색 결정성 가루가 물과 결합한 화학 용액으로 산의 대표 격이다.

$$H_3PO_4 : \text{DI Water} = 86 : 14\ [\%]$$

비율에 온도 160℃, 농도(85±0.5 wt%)로 만들어 사용한다. 이러한 화학 용액은 웨이퍼의 질화막(Si_3N_4)을 제거하는 데 이용된다. 가장 대표적인 공정으로는 산화막을 보호하면서 질화막만을 제거할 때 이용되고 있다. 이에 맞는 반응 메커니즘은 [그림 2-10]에서 보는 것처럼 확인할 수 있다.

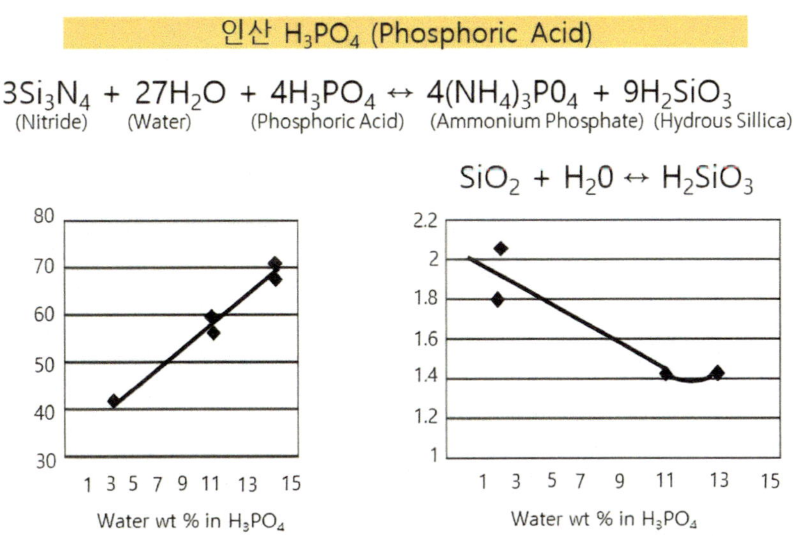

[그림 2-10] 인산의 반응 메커니즘

인산 세정에 있어서 가장 중요한 것은 선택적으로 Strip을 진행해야 하는데 이는 질화막이 아닌 다른 박막을 제거하면 안 되기 때문에 이를 정교하게 사용하므로 고선택비가 필요시 사용되고 있으나 Srtip된 질화막이 인산과 계속 반응하면 산화막이 재성장될 수 있어서 주기적인 인산의 농도를 관리해 주어야 한다.

6. 오존(O_3, Ozone) 세정

오존 세정은 공기 중의 산소나 순수 산소 가스를 액체에 녹여 세정액으로 이용하는 방법으로 액체에 녹아 있는 오존은 상태가 불안정한 상태이기 때문에 쉽게 분리가 되며, 분해 시 HO 라디칼이 생성되어 오존 자체보다 높은 전위차를 가지고 있어서 유기물을 빠르게 산화시킨다. 이러한 높은 전위차로 유기물 및 PR의 탄소성 물질을 빠르게 산화시켜 제거한다. 따라서 오존 공정에서의 HO 라디칼을 생성하는 양은 농도에의 의한 것으로 관리가 중요하다. 오존에서 HO 라디칼을 만들어 내는 반응식은 〈식 2-4〉에서 보는 바와 같다.

$$H_2O + O_3 \rightarrow HO + HO_2 + O_2 \qquad \langle 식\ 2\text{-}4 \rangle$$

그러므로 유기성 오염 물질과 탄소가 포함된 물질을 제거하는데 황산과 과산화수소를 혼합한 SPM 용액을 이용하는데 이는 PR과 같이 유기성 오염 물질을 제거하고 기판에 화학적 산화물을 형성시켜 웨이퍼 표면을 친수성으로 만들어 세정을 진행하는데 세정 후 황산 잔류물이 남아 있거나 탄소성 물질이 일부 있어서 이렇게 문제를 해결하기 위해 오존 세정이 쓰이고 있다.

오존 세정은 오존 가스를 초순수에 고농도로 녹여야 하는 작업이 이루어져야 한다. 불안전한 오존 가스는 주로 방전 때문에 생성되므로 오존수의 생성을 위해서 방전 장치가 필요하다. 이러한 장비 모듈은 [그림 2-11]에서 보는 것처럼 구성되어 있다.

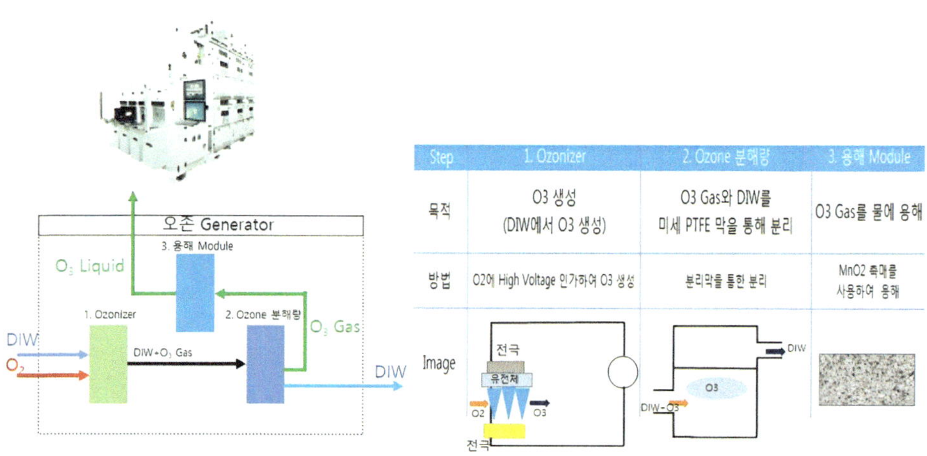

[그림 2-11] 오존 발생 장치 모식도

3 건식 세정공정 분류 및 특성

1. 자외선(UV) 세정

자외선 세정은 자외선 자체의 에너지가 469.8 KJ/mole, 644.3 KJ/mole로 C-C, C-O, Si-D, SiC, C-H, C-N, O-O, O-H 결합보다 높아 화학결합 원자 간에 직접 작용하여 결합을 끊거나 자외선과 산소가 반응하여 발생한 오존이 -OH 라디칼을 형성하여 이 라디칼이 유기 오염물질과 직접 반응하여 오염된 유기물을 휘발성물질로 변화시켜 제거한다.

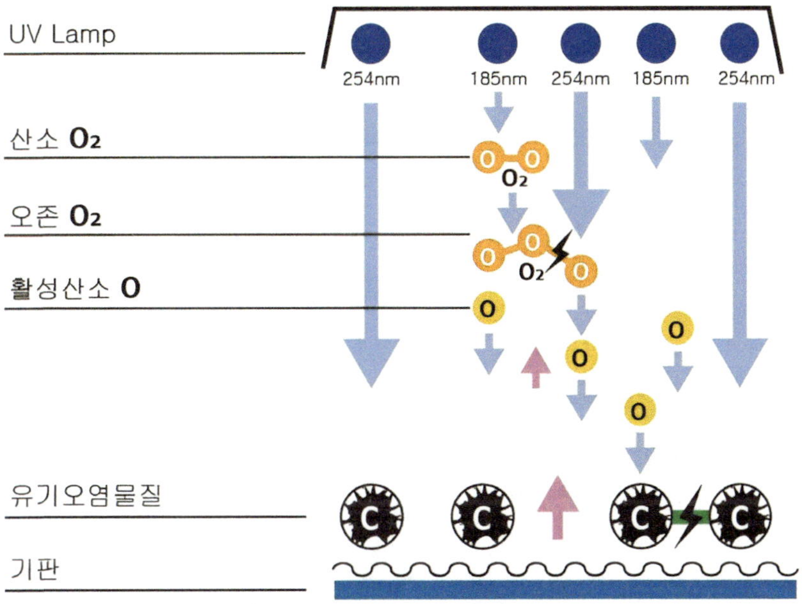

[그림 2-12] 자외선 세정공정 기본 원리

2. 레이저 세정

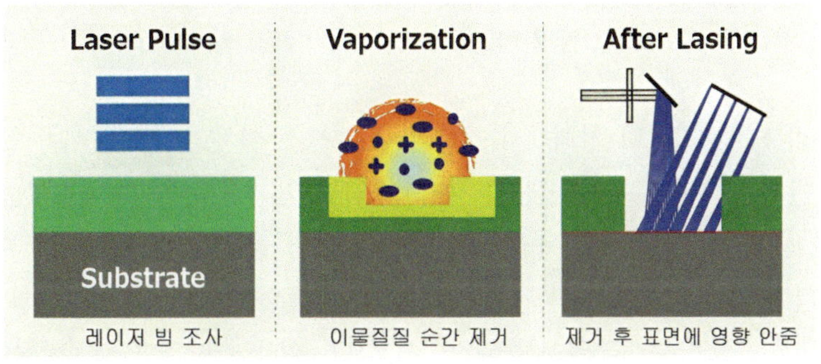

[그림 2-13] 레이저 세정공정 기본 원리

레이저 빔을 조사하여 표면 위에 존재하는 오염 물질을 제거하는 공정 기술로써 강력한 에너지를 가진 단파장의 빛으로 환경에 해가 없고 정밀한 세정이 가능하다. 레이저 세정의 특징은 단색을 띄고 있어 오염 물질만의 선택적 제거가 가능하고 극히 짧은 펄스를 사용하기 때문에 정밀한 오염 층 제거가 가능하다. 공정 방식은 비접촉식 방식으로 접촉 마모가 발생하지 않는다. 레이저에 의한 순간적 고온은 표면에 존재하는 유기물 박멸에 의한 표면 살균 효과가 있다. 레이저 세정은 레이저의 단색, 극히 짧은 펄스, 비접촉식 공정, 레이저에 의한 순간적 고온을 특징으로 가지고 있어야 한다. 이러한 특징 들은 오염물질만의 선택적 제거, 정밀한 오염층 제거, 접촉 마모가 발생하면 안 된다.

3. 플라즈마 세정

플라즈마 세정은 플라즈마를 이용하여 표면에 존재하는 오염 물질을 제거하는 것을 마하며 화학적인 방법과 물리적인 방법으로 나눌 수 있다. 화학적인 방법은 [그림 2-14]와 같이 표면의 오염 물질을 플라즈마 내에 존재하는 활성종과 반응시켜 제거하는 방법으로 주로 유기물이 대상이며 방전 가스로는 산소를 사용한다.

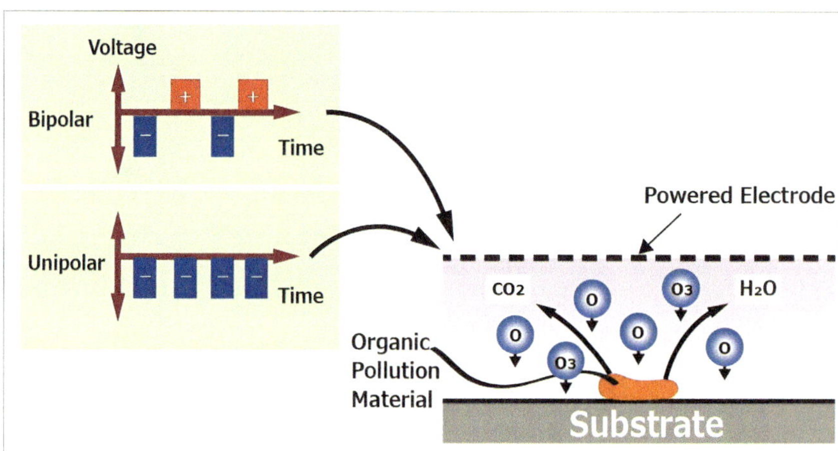

[그림 2-14] 화학적 플라즈마 세정 원리

이 경우 유기물은 플라즈마 상태에서 결합이 깨진 산소 원자, 오존 및 여기 입자들이 유기물과 반응하여 기체 상태인 수분과 이산화탄소의 형태로 제거된다. 물리적인 방법은 [그림 2-15]와 같이 표면에 고에너지 이온을 충돌시켜 표면의 오염 물질을 제거하는 데 이 방법은 표면 개질 효과도 함께 얻을 수 있으며 무기물 제거에도 사용할 수 있다. 만약 이온의 입사 에너지가 과다하면 표면에 손상을 줄 수 있어 주의하여야 한다. 실제 플라즈마 세정공정에서는 두 가지 효과가 동시에 작용하며 적용 대상 및 고정에 따라 적절한 방법을 사용하여야 한다.

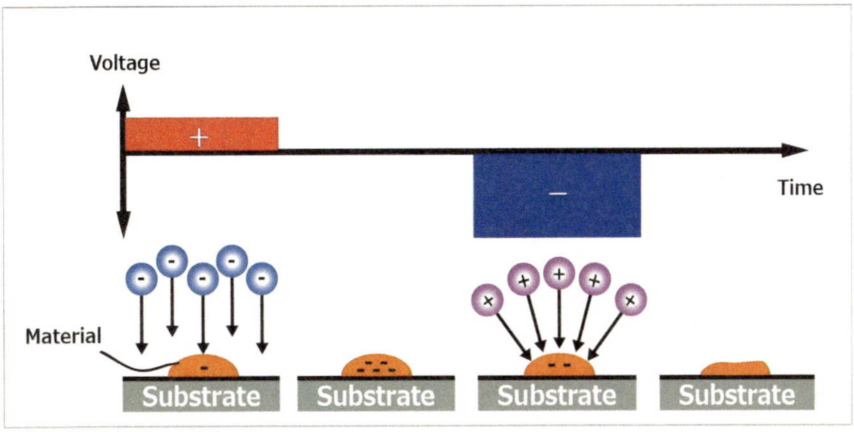

[그림 2-15] 물리적 플라즈마 세정 원리

플라즈마 세정은 표면에 존재하는 오염 물질을 제거하는 것으로 화학이나 물리적인 방법이 있다. 화학적 방법은 플라즈마 내에 활성종과 반응시켜 표면 오염 물질을 제거하는 방법이고, 물리적인 방법은 높은 에너지 이온을 통해 충돌하게 하여 표면 오염 물질을 제거하는 것이다. 이 방법은 표면 개질 효과에도 좋아 무기물 제거에도 이용된다.

7. CO_2 세정

드라이아이스의 기화되는 특성을 이용하여 제품에 손상을 주지 않고 미세 입자 및 파티클 제거가 가능하며, Water나 Chemical에 의한 2차 오염이 발생하지 않는 장점이 있다. 드라이아이스 입자는 압축공기와 분사되어 표면 이물에 충돌하여 드라이아이스와의 경도가 약해져 이물에 기체로 승화되어 제거되는 것이다.

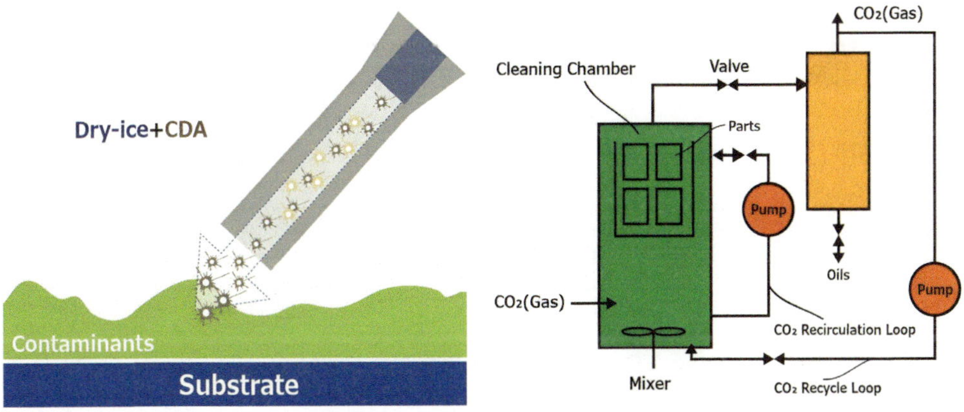

[그림 2-16] 드라이 파티클 세정공정 흐름

열 충격은 -78.5℃의 승화열에 의해 이물질은 수축하여 균열 발생으로 인해 모든 물질은 수축 팽창률이 다르므로 경계면이 생성되어 팽창을 이르러 자기 부피의 800배로 팽창하여 고속 압축공기의 바람 압력에 의해 제거되는 것이다.

CO_2 세정은 다시 CO_2 형태에 따라 액상, 고체상, 초임계 세정으로 구분할 수 있다. 액상 CO_2 세정은 고압 하에서 액체로 된 CO_2 용액에 피세정물을 침적시켜 오염물을 씻는 방법으로 지문, 탄화수소, 유분, 가공 유체 등의 유기성 오염물 제거에는 효과적이지만 무기성 오염물 제거에는 비효율적이다. 그리고 사용 후의 오염된 액상 CO_2는 다른 탱크로 보내어 압력을 낮추면 CO_2에 용해된 오염물만 잔류 되고 CO_2는 가스상으로 바뀌어 압축펌프로 재순환된다. 고체상 CO_2 세정은 액상 또는 기상의 CO_2를 노즐에 이용하여 분사시키면 일정 속도를 가진 입자형 CO_2가 만들어진다.

2.3 세정 공정 장비의 특징

1 습식 세정 장비

1. 배치(Batch Type) 장비

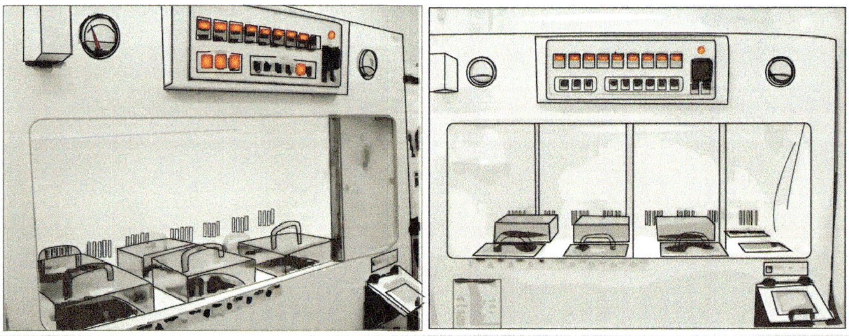

[그림 2-17] 세정 장비 구성도

배치 타입 세정 장비는 화학 용액을 이용하여 웨이퍼의 오염물질을 제거하는 습식 세정으로 여러 장을 동시에 공정을 진행하는 것을 의미한다. 대부분 반도체 제조 공정을 운영하는 라인에서는 웨이퍼 25매를 1 Lot으로 정의하고, 1 Lot을 기본 단위로 묶어서 공정을 진행한다.

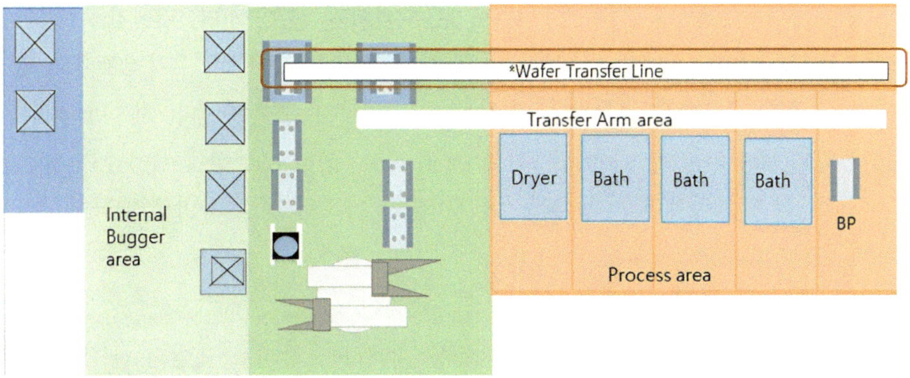

[그림 2-18] Wet Batch 장비 구성도

또한, 자동화를 이용하는 장비의 구성은 [그림 2-18]에서 보는 것처럼 크게 버퍼(Buffer) 영역, 도크(Dock) 영역, 공정(Process) 영역으로 크게 구성할 수 있다. 버퍼 영역은 웨이퍼 1 Lot이 담긴 캐리어가 투입, 반출, 이동, 보관하는 영역이고 도크 영역은 투입된 캐리어에서 꺼낸 웨이퍼를 공정 진행이 가능하도록 반송 해주는 영역이다. 공정 영역은 화학 용액이 담겨 있는 배스(Bath)와 공정이 끝난 웨이퍼를 건조하기 위한 드라이어(Dryer)가 있는 영역이다. 여기서 공정 영역은 씻기 위한 화학 용액과 화학 용액을 제거하기 위한 초순수로 하나의 모듈로 구성되어 있다. 각 공정에 따라 박막의 화학 용액을 SC-1, SC-2, DHF, BOE, Solvent, IPA 등 다양한 화학 용액으로 사용한다.

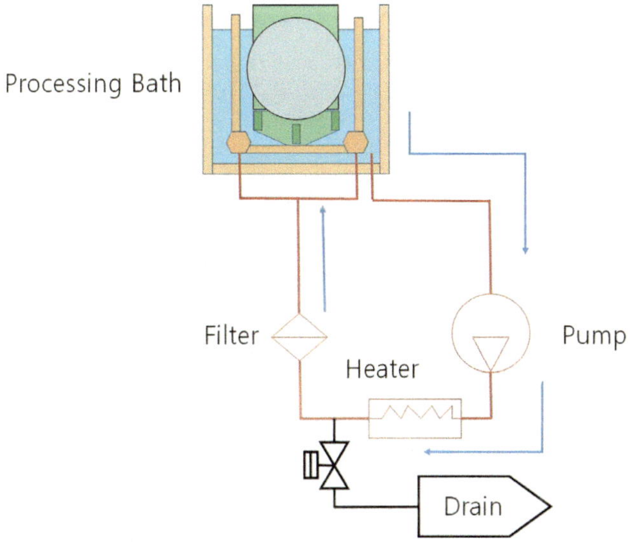

[그림 2-19] 화학 용액 Bath 순환 구성도

화학 용액 배스의 구성은 [그림 2-19]에서 보는 것처럼 펌프, 히터, 필터로 구성되어 화학 용액을 순환하고 온도를 유지하며, 필터를 통해 오염 물질을 제거한다. 유량계를 통해 필요량을 감지하여 설정하고, 농도계를 이용하여 일정한 농도를 항시 유지 시킨다. 하지만, 배치 장비의 경우 많은 양의 웨이퍼를 한 번에 진행하여 최근 20nm 이하의 공정에서는 좁은 패턴 사이의 세정 저하 및 건조 불량에 디펙트(Defect) 제어하기 어려워 싱글 장비로 바꾸어 가고 있다.

2. 싱글(Single Type) 장비

화학 용액을 이용하여 웨이퍼의 오염 물질을 제거하는 장비로 웨이퍼 한 장씩 세정하는 것을 말한다. 1 Lot을 동시에 하는 배치에 반해 한 장씩 진행하다 보니 생산성에서는 낮아지는 경향이 있지만, 최근 20나노 이하 공정에서와 좁은 패턴 사이의 세정 효과는 우수하다고 한다. 그리고 습식 배치의 고질적 문제인 Particle과 상호 오염 이슈를 해결되기 때문에 많이들 사용되고 있다.

싱글 타입 세정 장비의 구성은 [그림 2-20]에서 보는 것처럼 배치 타입과 다르게 웨이퍼를 이동하기 위한 챔버 안에서 이동된다. 장비 사양에 따라서 8~16의 챔버로 구성되어 한 챔버에서 한 장씩 공정이 동시에 이루어진다. 챔버에 웨이퍼가 이동하게 되면 여러 개의 노즐로 구성된 화학 용액에 공정을 진행하게 된다. 이러한 구성은 한정된 공간에 많은 세정과 기능을 할 수 있도록 하다 보니 유지보수 및 정비에 제약이 따르는 것이 단점이다.

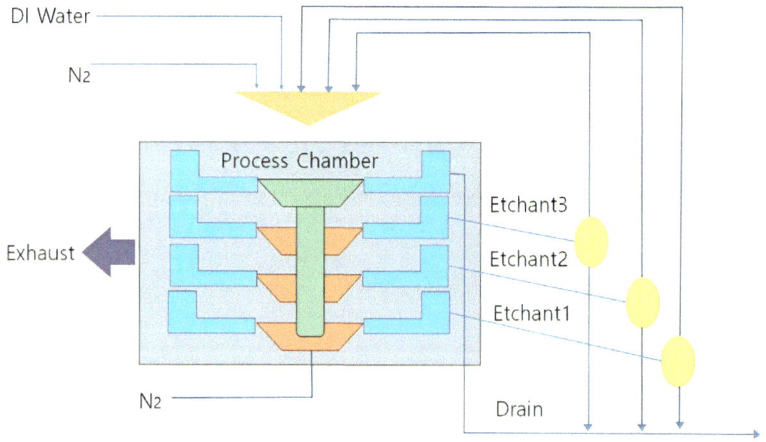

[그림 2-20] 싱글 타입 세정 장비 구성도

반도체 기술이 점점 미세화 공정으로 바뀌면서 장비 그리고 챔버 간 도일한 성능이 대두되고 있다. 싱글 타입의 경우 Chemical이 노즐을 통해 조정하고 동작하기 때문에 Chemical의 유량이나 노즐의 작동에 크게 불안정한 요소가 되기도 한다.

2 건식 세정 장비

1. 싱글(Single Type) 장비

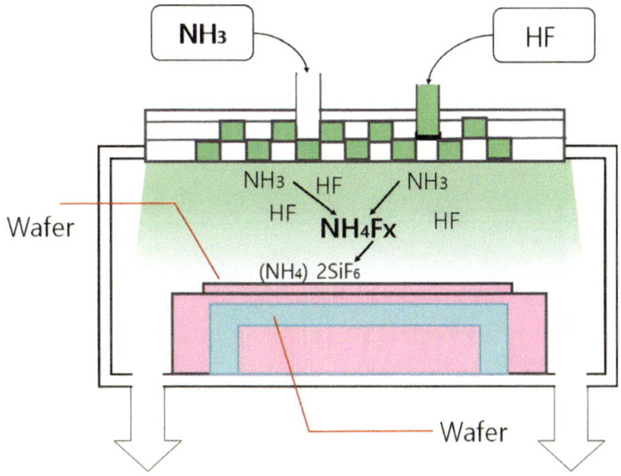

[그림 2-21] 건식 세정 장비 구성도

건식 싱글 유형 세정 장비는 화학 용액을 이용하여 웨이퍼의 오염물질을 제거하는 습식 세정과는 다르게 HF or NF_3와 같은 유독가스를 사용하여 제거하고자 하는 박막과 웨이퍼 표면의 불순물 세정을 의미한다. [그림 2-21]에서 보는 것처럼, 유독가스를 통해 산화막을 식각하는 것과 [그림 2-22]에서 보는 것처럼 식각이 되면서 만들어지는 불순물을 높은 온도에서 제거하는 공정(Anneal Step)으로 구성하고 있다. 식각과 Anneal Step을 한 챔버 혹은 두 개의 챔버로 구성하는 것에 따라서 다르게 공정을 진행한다. 그리고 습식 세정과는 다르게 유독가스를 배출하기 위해서 드라이 펌프를 이용하는데 이는 공정 챔버와 연결하여 진공 상태를 만들어 펌프 내부에 모터가 회전하여 진공을 유지하게 만든다. 펌프 후단은 배기 장비로 연결하여 안전하게 정화해 외부로 빠져나가게 한다.

반도체 제조 공정이 점점 미세 패턴으로 바뀌어 가면서 습식 세정에서의 문제점인 패턴끼리 붙어버리는 Leaning 현상과 Chemical로 패턴이 무너지는 현상이 많이 발생하여 이런 문제점 때문에 건식 세정으로 바뀌는 추세이다. 하지만, 건식 세정 장비가 장점만을 보유하고 있는 것은 아니다 웨이퍼에 따른 어떠한 공정을 진행하느냐에 따라 가스를 분사시켜서 진행하므로 습식 세정에서는 쉽게 되지만 건식에서는 큰 불순물은 제거하기 어려운 것이 단점이다. 또한, 각 웨이퍼로 공정을 진행하므로 시간도 길어서 생산성으로 보면 단점이다. 이에 건식 세정 장비에 챔버의 상태의 압력, 온도, 가스 유량 등을 변화시켜 관찰하므로 정확도를 올리기 위해 다양한 방법을 다변화하는 중이다.

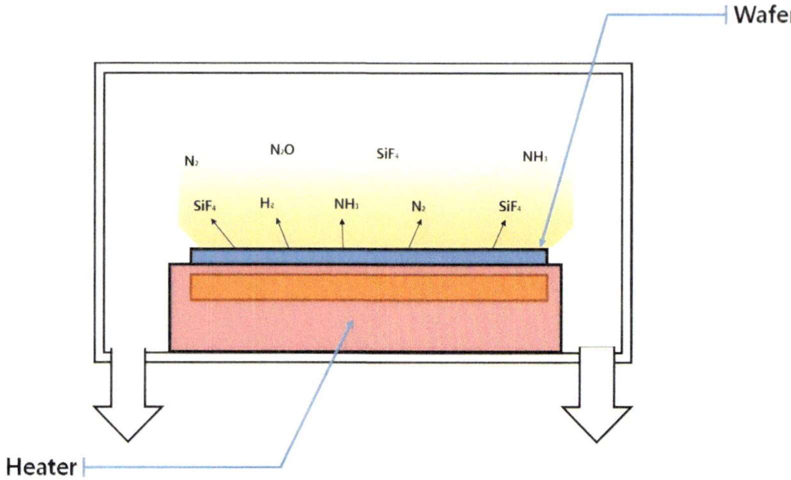

[그림 2-22] 건식 세정 장비 구성도

2. 스크러버(Scrubber) 장비

스크러버 세정 장비는 Brush, 나노 스프레이를 활용하여 웨이퍼 표면의 Particle을 제거하는 것으로 웨이퍼 직접적으로 접촉하여 공정을 진행하는 것으로 공정이 진행된 특히 패턴이 형성된 후에는 사용이 안 되고 공정이 시작되기 전에 많은 활용하는 것이다. 이는 초순수와 N_2 가스를 이용하여 Particle을 제거하는 것으로 Brush을 사용하는 것은 직접 닦아내는 방식이고 스프레이는 압력을 통해 분사하여 진행하는 것이다. 이에 최근 미세화되어 가는 추세에 이는 Particle 제거가 중요한 요소이기 때문에 계속하여 발전되어 가는 추세이다.

2.4 세정공정 정리

1 반도체 세정 공정 정리

1. Defect

Defect의 사전적 의미는 결점이나 결함을 의미하는데 공정에서 Defect는 세정공정에서 보았을 때, 선 진행된 공정에서 Particle이나 반응성 잔여물, 패턴 불량 등으로 이를 제거하는 것을 말한다. 그리고 세정공정 진행에서 유발되는 건조 불량은 초순수 헹굼과 건조 과정에서 불량이 발생하는데 이는 세부 조건을 변경하여 개선하여 나가고 있다. 그러나 공정 특성상 완벽하게 제거는 불가능하여 이를 개선하는 것이 수율 향상에 이바지할 것으로 보고 있다.

2. Uniformity (산포)

Uniformity의 의미는 중심점을 벗어난 정도를 의미하는데 공정에서 Uniformity는 세정공정에서 보았을 때, 공정에 따라 변화는 두께(Thickness), 깊이(Depth) 등을 의미하며, 식각 시 Chemical이나 가스로 인한 웨이퍼 간의 차이(Wafer to Wafer), 웨이퍼 내의 차이(Lot to Wafer), 시간에 따른 변화(Lot to Lot) 등이 주된 세정공정에서 의미이다.

3. Contamination (오염)

오염은 여러 가지의 방법에 따라서 발생하는데, 전공정과 후공정과의 관계나 장비 상태에 따라 발생하기도 한다. 결국은 웨이퍼가 어떤 환경에 노출되어 있는지가 중요하다. 세정공정에서는 웨이퍼 노출 환경에서 기인하기 때문에 최적의 환경을 만들어 주는 것이 중요한 요소이며, 대표적으로 오염에 주된 원인은 흄에 의한 오염을 들을 수 있다.

4. Fume (흄)

Fume은 Chemical을 사용하는 공정 진행 후에 발생하는 것으로 웨이퍼 보관 상자나 FOUP(Front Opening Unified Pod)에 의해 미세하게 존재하는 것을 의미한다. 이는 이용하는 화학 용액이나 가스 등 공정의 목적에 따라 다양한 성분으로 나타나며 이전 공정의 조건과 진행 중인 조건에 따라 다양한 종류의 흄이 생성될 가능성이 크다.

5. Selectivity (선택비)

선택비는 서로 다른 물질이 플라즈마나 화학 용액을 통해서 식각 공정을 진행한 후, 각각의 물질에 대한 식각속도의 비율을 의미한다. 이는 반도체에서 식각을 통해 구조 형성하는 공정 및 원하는 물질만 식각하고 다른 물질은 유지하는 공정이 많아서 중요한 요소이다.

6. Leaning

Leaning은 습식 세정 진행 후 남아 있는 Chemical 및 초순수를 제거하는 건조 단계에서 발생하는 패턴 스트레스에 의해 무너지는 현상을 말한다. 웨이퍼 건조 불량의 하나로 후속 공정의 패터닝 불량과 특성 불량으로 이어져 관리가 중요하다.

7. Flow Rate (유량)

Flow Rate는 유체의 흐름 중 단면을 단위 시간 동안 통과하는 부피 또는 질량을 의미하며, 어느 시간 동안 어느 정도의 액체가 이동되었는지 나타내는 것을 의미한다. 세정공정에서는 액체와 기체 Chemical을 사용하여 웨이퍼 표면의 불순물 제거와 사용 후 잔류 Chemical을 건조하는 데 쓰이는 양을 의미한다. 기준이 벗어난 유량이 나타나면 웨이퍼 Defect가 발생할 수 있어서 공정에서 중요하게 결정하는 것이다.

8. Temperature (온도)

온도는 물질의 뜨겁고 차가움을 알려주는 물리적 변수로 설정한 온도의 기준에 의해 온도계에서 측정되는 값을 의미한다. 온도는 일반적으로 절대온도(K)와 섭씨온도(℃)와 같은 단위를 사용한다. 세정공정에서 온도 관리가 중요한 것은 Chemical의 반응성에 영향을 주기 때문에 중요한 요소이다. 제조에 있어서 온도와 Uniformity를 상시 유지관리하여 장비 안에서 순환계, 공급계, 회수계 형태로 설치되어 운영되며, 문제 발생 시 바로 조치 될 수 있도록 하고 있다.

9. Concentration (농도)

농도의 의미는 사전적으로 일정량의 영역이나 용액 안에 존재하는 물질의 비율이나 양을 의미한다. 농도는 혼합물이라면 적용되어 Chemical에서는 용액에서 있는 용질의 상대적 양을 말한다. 용질의 농도는 질량, 물, 수, 부피 등을 말하며 단위로는 퍼센트(%), 몰(mol/L), 규정 농도(N) 등이 많이 사용된다. 세정 공정 장비의 농도 표시의 단위는 wt%(weight percent) 단위를 사용한다.

10. Exhaust (배기)

공정 장비의 모든 구간에서 공정을 하다 보면 흄에 의한 Defect 발생의 원인이 된다. 챔버 안에 SPM 같은 공정을 진행한다고 하면 작은 입자의 흄이 웨이퍼에 재흡착 없이 배기에서 층 형태로 나타날 수 있어서 반출 라인이라 생각하면 된다.

11. Pressure (압력)

압력이라는 것은 단위 면적당 영향을 주는 힘을 의미한다. 같은 힘을 주어도 면적이 따라 좁고 넓음에 압력이 많이 받거나 적게 받는다. 세정 공정은 Chemical을 사용하기 때문에 Chemical 공급 장치에서 배관을 통해 챔버까지 압력으로 유체를 정상적으로 보내야 한다. 압력에 따라 배관의 크기와 유속을 생각하여 공급 배관을 조건에 부합되도록 해야 한다.

CHAPTER 03

Oxidation(산화) 공정

3.1 산화 공정

1 개요

실리콘 웨이퍼는 전기가 통하지 않는 부도체로써 웨이퍼가 반도체의 성질을 갖게 하려면 불순물을 통해 전기적 성질을 지니도록 해 주어야 한다. 이런 웨이퍼에 목적을 가지고 여러 물질을 증착 또는 주입해 제품을 만들어 내는 것이다. 이런 제품을 만들기 위해서는 우선 제일 먼저 진행되는 것이 산화 공정을 진행한다. 산화막은 보호막과 절연막의 역할을 하며, 절연막은 만드는 회로들의 누설 전류를 차단하기 위함이다. 이는 미세한 반도체 제조 공정에서는 집적된 회로에 치명적인 영향을 주기 때문이다. 산화막은 다음 장에서 배울 이온 주입(Ion Implant) 공정에서 이온의 확산을 방지하는 역할을 하고, 다음에 배울 식각 공정에서는 식각이 안 되길 원하는 부분의 보호막 역할을 한다. 또한, 실리콘 웨이퍼에 불순물이 결합하는 것을 보호하는 것도 역시 산화막의 역할이다. 즉, 정리하여 보면 누설 전류 방지, 소자 간 분리, 불순물 확산 방지로 정의할 수 있다.

산화 공정은 열 산화(Thermal Oxidation), 화학 기상 증착 산화(Chemical Vapor Oxidation)로 분류할 수 있으며, 주로 사용하는 것은 열 산화를 이용하고 있다. [그림 3-1]에서 보는 것처럼 산화 공정을 분류하여 정리하여 보았다.

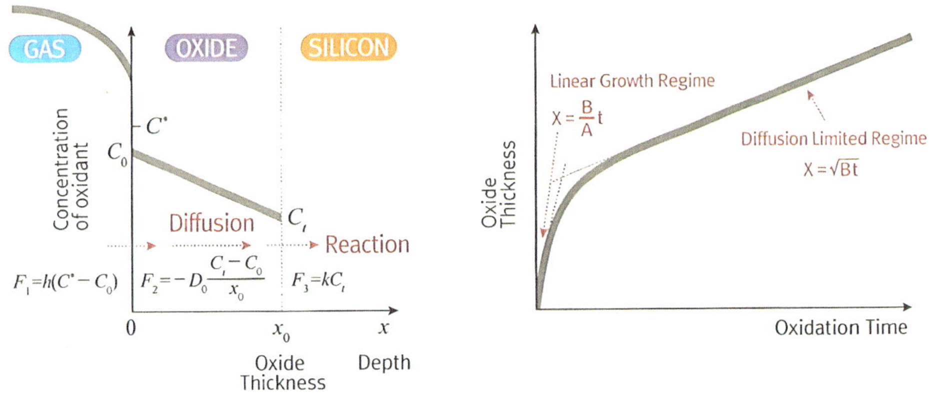

[그림 3-4] Deal-Grove Model

$$x = \frac{B}{A}t \qquad \langle 식\ 3\text{-}1 \rangle$$

$$x = \sqrt{Bt} \qquad \langle 식\ 3\text{-}2 \rangle$$

C_G : 벌크가스 중의 산소농도, C_S : 산화막 표면 산소농도(가스),
C_O : 산화막 표면 산소농도, C_i : 경계면 산소농도
D : 확산계수 $[s/m^2]$, K_s : 표면 반응 계수, $A = 2D/ks$, $B = 2DC_s/C_i$

[그림 3-4]에서 나타내어 있는 것처럼 Lineal Growth Regime에서는 ⟨식 3-1⟩에서 보는 것처럼 실리콘과 산소의 반응 속도가 곧 성장 속도를 결정하기 때문에 산화 시간이 적으면 산화 두께가 얇게 성장하기에 공급하는 가스의 농도에 의해 나타난다는 것을 알 수 있다. Diffusion -Limited Regime은 실리콘 위에 산화막이 형성되는 영역이다. 이 영역은 산소가 실리콘과 반응을 위해 산화막을 거쳐서 확산하여지는데 도달하는 시간이 산소가 실리콘과 반응하는데 걸리는 시간이 오랜 시간이 지나게 된다. 따라서 해당 영역에서의 산화막 도달 속도가 전반적인 산화 속도를 좌우한다.

또한, 여기서 우리는 알아야 할 것이 있다. 산화와 증착의 개념에 관해서 이야기하고 넘어가야 할 것이다. 산화(Oxidation)는 실리콘에 온도와 가스를 사용하여 성장시키는 것이고, 증착(Deposition)은 온도, 압력, 가스를 사용하여 박막을 쌓는 것으로 말한다. 이에 대한 개념은 [그림 3-5]에서 보면 충분히 이해될 것이다. 따라서 실리콘이 웨이퍼에서 재료인지 실리콘 계열의 가스나 소스로부터의 재료인지에 따라 다르게 표현한다고 생각하면 될 것이다. 습식 산화는 산소와 수증기를 모두 사용이 가능하여 두꺼운 막을 형성할 때 많이 활용되고 있다. 동일한 조건에서의 온도와 시간을 통해 공정을 진행하였을 때를 보면 습식 산화 방법을 진행할 때 형성된 산화막의 두께는 건식 산화 방법으로 진행하였을 때보다 약 5~10배 정도 더 두껍게 형성되는 것을 알 수 있다.

지금까지 실리콘 산화막 형성에 대한 전반적인 내용을 정의하여 보았다. 그러나, 실리콘 산화막에 있어서 중요한 성질과 역할에 대한 설명이 여기서 정의하도록 하겠다. 반도체 제조 공정에서 기초가 되는 실리콘 산화막은 값이 싸고 쉽게 접할 수 있는 물질이면서 어떻게 만들어 지는 것에 따라 많은 정보량을 집적할 수 있기 때문이다. 실리콘 산화막(Dielectric Constant)의 유전상수는 3.6~3.9의 값을 지니고 있으며, 항복 강도(Breakdown Strength)는 10MV/cm 이상의 고전압에도 막의 변위가 발생하지 않는 내전 특성이 있고 비저항 1,020Ω.cm 이상한 절연 특성(Band Gap - 9eV)과 실리콘 표면 형상에 Conformal한 성장이 가능한 장점이 있다. 산화막은 반도체 제조 공정에서 트랜지스터의 게이트 산화막, 커패시터의 Dielectric, Insulation, 스트레스 버퍼층, Masking Layer, 이온 주입 시 스크린 산화막, Passivation으로 다양하게 활용되고 있다. [그림 3-6]에서 보는 것처럼 건식과 습식산화에서 성장하는 실리콘 산화막에 대한 물성값을 참고하면 될 것이다.

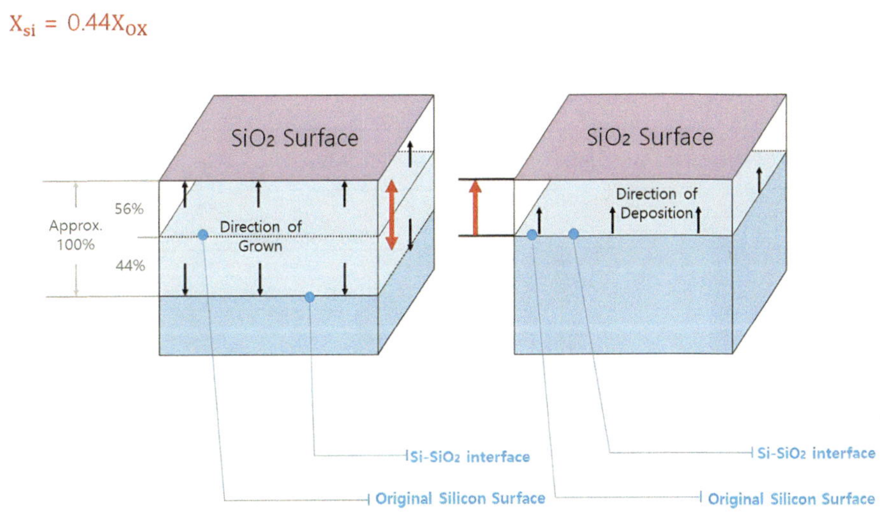

[그림 3-5] 산화와 증착의 개념

(1) 습식 산화 방법

습식이라는 말처럼 알 수 있듯이 물 또는 수증기라는 것을 생각할 수 있다. 따라서, 수증기와 반응하여 산화막을 형성되도록 하는 것이다. 건식 산화와 비교했을 때, SiO_2에서의 H_2O의 용해도 면에서 산소 가스인 O_2보다 약 1,000배 정도 막에 질이 우수하다고들 정의되고 있다. 이는 아마도 반응 속도에 의해서 성장하여 건식 산화보다는 빠르다는 것이 장점으로 알려졌지만, 산화막의 질은 건식 산화에 비해 그렇게 좋다고 여기지 않고 있다는 것이 단점을 갖고 있다.

(2) 건식 산화 방법

산소 가스인 O_2만으로 실리콘을 산화시키는 방법으로 산화막 성장 속도가 느리지만 막질로 보면 우수하고 얇은 막을 성장할 때 사용되고 있다. 주로 집적도가 우수한 MOSFET에서 Gate 산화막으로 이용되고 있다. 산화 성장 속도에 영향을 주는 파라미터는 웨이퍼 결정 방향, 표면 상태, 도핑 농도, 위치, 압력, 온도, 시간으로 정의할 수 있다. 우선 첫 번째로 영향을 주는 것은 온도, 시간, 그리고 가스량으로 온도가 설정한 정위치 도달되지 않거나 시간에 그 위치에서 진행되지 않거나 가스량이 설정한 값에 흐르지 않으면 후에 미치는 웨이퍼 결정 방향, 도펀트(Dopant), 막의 스트레스(Stress), 웨이퍼 Vapor 등이다.

Density	Dry (g/cm$^{3)}$	2.27
	Wet (g/cm^{3})	2.18
Thermal Expansion Coefficient	μm/K	0.56
Thermal Conductivity	W/cm*K	0.0032
Dielectric Constant		3.7~3.9
Dielectric Strength	MVcm	10
Band Gap	eV	8
Index of Refraction		1.5

[그림 3-6] 실리콘 산화막의 물성

2. 라디칼(Radical) 산화

Radical 산화 방법은 고온에서 일정한 압력과 H_2/O_2 비율에서 다수의 O- Radical이 발생하는데, O- Radical 들을 실리콘과 반응하게 하여 실리콘 산화막을 형성하는 것을 말한다. [그림 3-7]에서 반응 메커니즘에 대한 것으로, 산화막 형성이 어떻게 되는지 이해할 수 있을 것이다. 주로 산화막의 Stress가 포집된 곳은 코너 라운딩, 산화막의 신뢰성 향상, 산화의 실리콘 결정 방향의 의존 감소할 때 이용되며, Si_3N_4 박막 산화에 많이 이용된다.

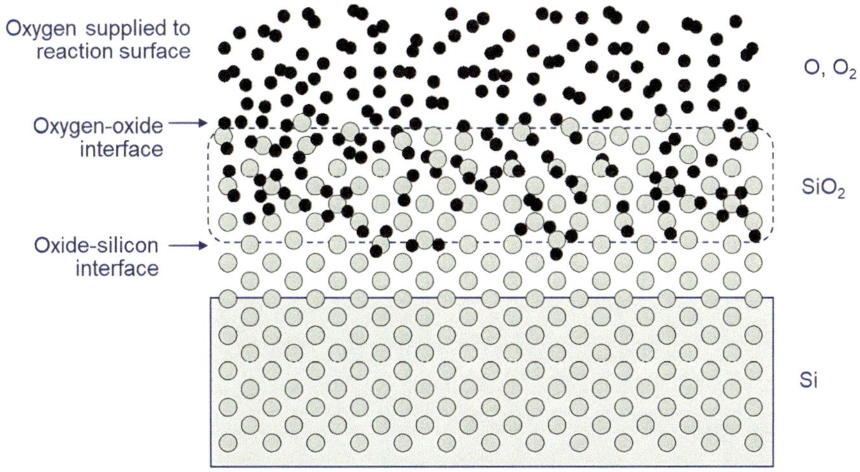

[그림 3-7] 라디칼 산화 반응 메커니즘

여기서 Radical에 대한 의미를 알고 가야 할 것으로 판단된다. 홀 전자를 가진 원자 또는 분자이며, Radical 또는 Free Radical이라 부른다. 예를 들어 염소(Cl_2) 가스가 Cl-Cl 로 공유 결합 상태로 되어 있다. 이 결합이 균일하게 분배 과정을 행하게 되면 Cl-+Cl- 각각의 원자는 홀전자를 갖게 되면서 이 원자를 우리는 Radical이라고 한다. 일반적으로 서로 다른 스핀을 가진 전자 두 개가 상으로 되어야 안정적이지만 Radical은 전자가 홀로 존재하기 때문에 이는 불안정해서 반응성이 우수한 것이다.

3.3 산화 공정 장비의 특징

1 Furnace 장비

반도체 산화 공정에 쓰이는 장비는 Batch와 Single(=Chamber) Type으로 구분할 수 있다. [그림 3-8]에서 이를 구분하여 나타내었다. 여기서 보는 것처럼 Batch 장비의 가장 큰 장점은 한 번에 공정을 많이 진행할 수 있어서 우수한 생산성을 가지고 있다는 것이다. 증착 위치에 따른 균일도 및 품질이 우수하며, 복잡한 구조 표면 위에 고르게 덮을 수 있는 우수한 Step Coverage를 갖는다. 또한, 클린룸 내 장비 공간 활용이 좋고 싱글(Single) 장비보다는 투자비가 저렴한 장점이 있다. 그러나 반대로 기판에만 증착되어야 하는데 Tube 내부에도 전체적으로 증착이 되기 때문에 향후 파티클로 떨어져 공정 중 박막의 오염을 유발할 수 있다. 따라서 주기적인 세정 및 부품 교체 작업이 필수적이다. 또한, Defect 이슈 발생 시 큰 손실이 유발되는 단점을 가지고 있어서 계속 모니터링이 필요하다.

Type	Batch	Chamber
Loadlock수	Transfer Stage 1/2개	Vaccum Loadlock 2개
Boat / Chamber	1개 (Boat)	2개 (Chamber)
Boat / Chamber Loading 수	25~175장	1~6장
Heater Type	Mid-Temp	Lamp/Plate

[그림 3-8] Batch와 Chamber Type 분류

Batch Type에서는 열전도가 되는 Heater를 이용하며, Single(=Chamber) Type에서는 온도가 빠르게 올라가고 내려갈 수 있는 AlN Heater를 사용한다.

1. 배치(Batch) 장비

배치 타입은 주로 수직(Vertical) Furnace Batch 장비를 이용하고 있다. 이는 [그림 3-9]에서 보면 장비의 구성에 관해 이해할 수 있을 것이다.

장비 구성에 중요한 부분이 많이 있으나, 대표적으로 펌프, 터보 펌프, MFC(Mass Flow Controllers), 진공 게이지(Vacuum Gauge)에 대해서는 [그림 3-9]에서 보는 것처럼 정리하여 보았다. 또한 이에 따른 자세한 설명은 차차 설명될 것이다.

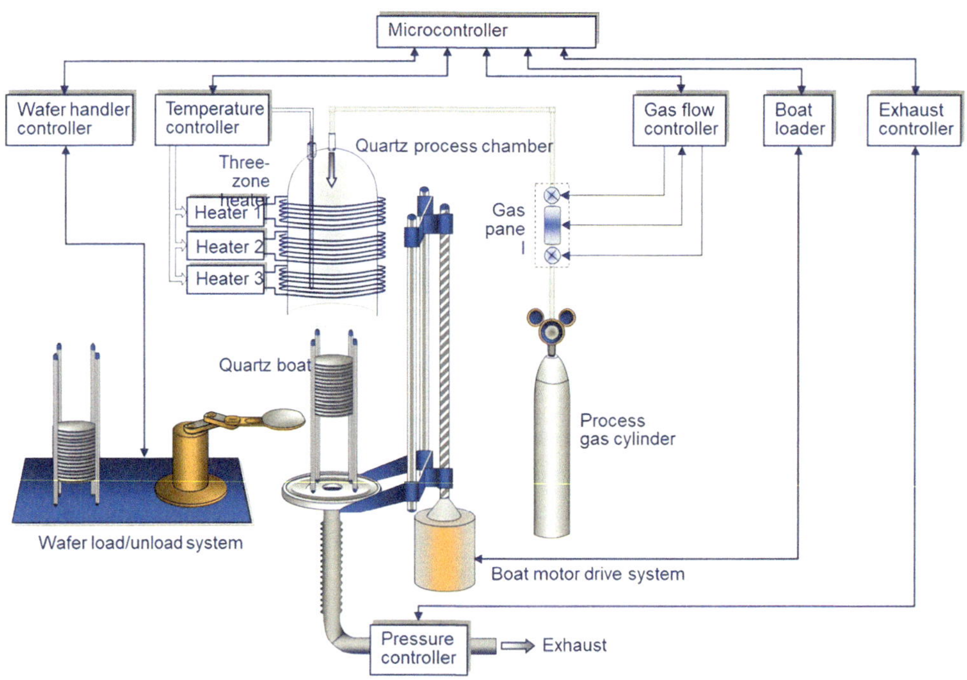

[그림 3-9] 장비 구조 명칭

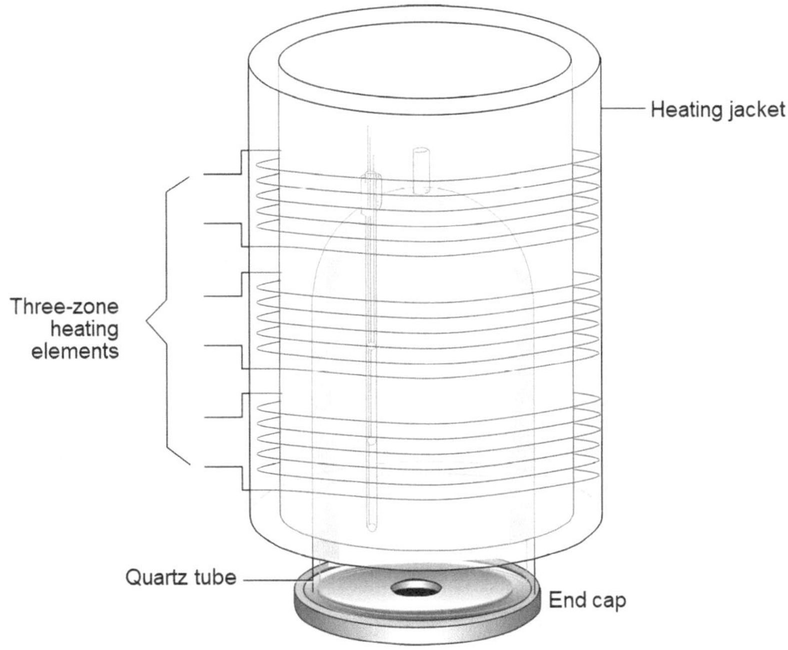

[그림 3-10] Furnace Batch 장비의 요소 이해

배치 장비는 [그림 3-9]과 같이 산화(Oxidation)과 LPCVD 공정 장비로 구별하여 이용되고 있다. 기본적인 구조는 Inner Tube와 Outer Tube 사이에 Thermocouple(T/C)로 온도를 구분하여 공정 온도를 내부의 T/C로 확인 및 조절하여 산화 및 증착을 진행하고 있다. 산화 공정 장비에서는 H_2와 O_2 가스가 Torch를 통해 수증기로 만들어지고 Quartz Tube(석영창)로 흐르게 된다. 이 장비는 가압 방식으로 Tube 위에서 아래로 흐르게 되는 방식으로 만들어져 있다. 산화 공정을 진행하는 장비은 오염에 취약하여 Tube와 Boat 외에 부품들에 대한 오염 관리가 매우 중요하여 미세한 오염에도 전기적 특성이 크게 영향을 준다. 그래서 습식 세정 할 때 발생하는 Carbon과 Fluorine 등의 오염에 크게 주의하여 관리되고 있다.

2. 싱글(Single) 장비

싱글 유형은 주로 실리콘 웨이퍼가 챔버(Chamber)에 Loading이 되는 것을 의미한다. [그림 3-11]에서 보는 것처럼 Load Port에 FOUP이 Loading이 되고 Equipment Front Module(EFEM)을 통해 FOUP에서 Load-lock에 웨이퍼를 이동시킨다. Load-lock은 ATM Robot과 Transfer Module(TM) 사이의 웨이퍼 이동 구간을 통해 Chamber(두 개 이상으로 구성)로 이동할 수 있다. TM은 Load-Lock과 챔버 간 웨이퍼 이동을 담당하며 평상시 진공 상태를 유지하고 있다. 공정 챔버는 증착 공정이 진행되는 곳으로 보편적으로 싱글 장비의 웨이퍼 Loading은 지금까지 설명한 것처럼 모두 비슷하다.

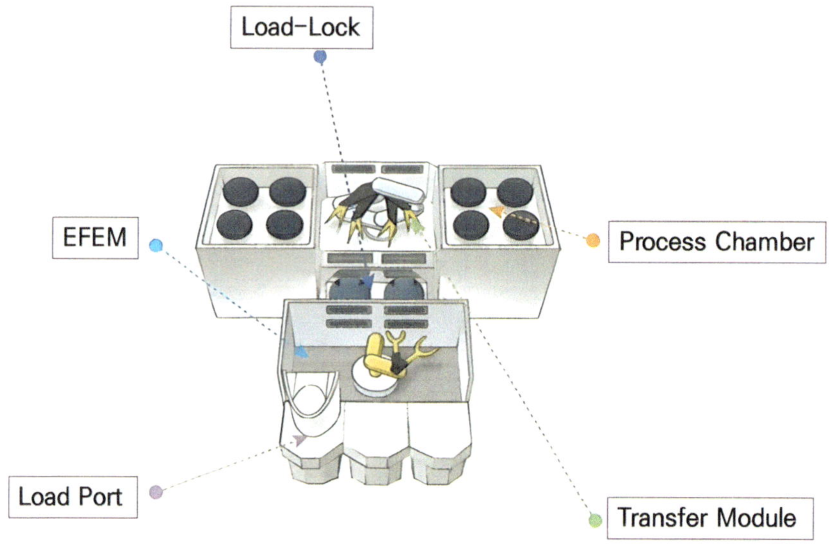

[그림 3-11] 싱글 장비의 웨이퍼 이동 이해

그러면 지금부터는 각각 장비의 구성을 이해하여 보도록 하겠다. EFEM에 대해, [그림 3-12]에 나타내어 보았다. 내부는 대기압 상태로 유지하면서 외부의 노출을 막기 위해 Fan Filter Unit(FFU)를 이용하여 내부 압력을 외부보다 높게 하여 외부의 파티클과 습도 등을 제어하고 있다. EFEM 압력은 Fan의 RPM을 제어하여 내부 압력을 1.25 Pa로 구성하였다.

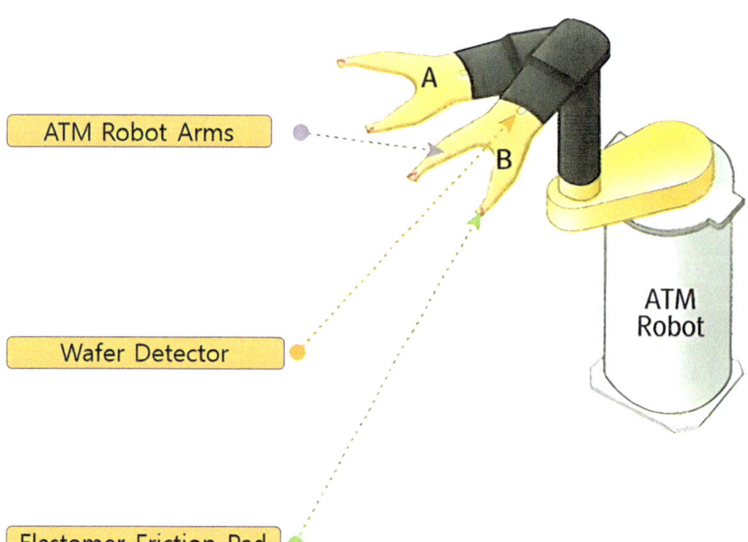

[그림 3-12] EFEM 구조 및 해석

ATM Robot ARM은 대기압 상태에서 웨이퍼를 이동시키는 역할을 하는 것이고, 웨이퍼와 접촉되는 부분은 마찰 패드 때문에 웨이퍼 슬라이딩을 방지하고 있다. Load-lock은 웨이퍼를 TM으로 이동 시 압력을 같게 하는 역할을 한다.

대기압 상태의 EFEM에서 진공 상태의 TM의 양방향 이동을 위해서 좁은 공간의 Load-lock에서 펌핑(Pumping)과 벤트(Vent)를 반복 운영한다. 또한, 웨이퍼의 온도 제어를 위해 Pre-heat와 Cooling 기능과 공정 이후 Out-Gassing을 통해 퍼지(Purge)와 펌핑을 반복한다. 장비 엔지니어들은 생산성을 높이기 위해 웨이퍼가 최소 움직임으로 이동할 수 있게 설정한다. 예를 들어 공정하기 전과 후에 웨이퍼를 넣거나 빼주는 방법이나 순서, 대기 및 이동 시간 등을 직접 설정하기 때문이다.

TM에서 이동된 웨이퍼들은 세라믹 받침(Ceramic Pedestal)으로 이동하고 Station 1과 2에서만 웨이퍼는 In/Out 되기 때문이다. Spider Transfer Mechanism[STM]에서는 Carrier Ring을 업, 다운, 및 회절을 시킬 수 있다. 이 부분은 업체들에 따라 지식재산권으로 인해 챔버 구조, 장비 부품, 증착 방법 및 사용하는 재료들이 모두 다르다.

3.4 산화 공정 관리

1 전산 시스템 활용 장비 관리

반도체 산화 공정에 쓰이는 장비는 엔지니어가 직접 동일 장비들을 관리하다 보면 잦은 실수를 범하게 되는데 이런 경우에 발생하는 손해가 매우 크기 때문에 전산 시스템을 사용하여 생산관리를 운영하고 있다. 현장에서 가장 많이 이용되고 있는 것은 Fault Detection & Classification(FDC)을 이용하고 있으며, 이것은 장비의 소스 파라미터(Source Parameter)를 실시간 감시하는 시스템이다.

① 장비의 결함을 실시간 Detecting 및 Classification
② 장비의 소스 파라미터의 변동 여부를 자동화로 디스플레이 및 Detection 하여 실시간 감시
③ Auto Processing Control(APC) 활동의 큰 의미에서의 시스템
④ 사후 관리이며 사전 예측 시스템, 장비에 대한 실시간 감시 및 트랜드(Trend) 분석 등에 FDC 시스템을 이용하고 있다.

각 모듈 담당 엔지니어는 공정 진행 시 발생하는 문제나 관리가 필요한 부분에 대해 기록을 표준화 및 활용을 지속해서 편의성을 증가하여 시스템 변경하여 가고 있다. 그러나 이러한

데이터 관리와 보관을 위한 저장공간이 필요하므로 유지 운영비가 비싸다는 단점을 지니고 있다.

2 예방 정비(Preventive Maintenance, PM)

제조 공정을 진행하다 보면 Tube나 챔버 내부에 남아서 쌓이는 것이 있어 이렇게 쌓인 것을 보면 크랙 발생이 된다. 이 상태에서 공정을 진행하다 보면 기판에 떨어져서 Defect를 발생시키게 되어 장비와 공정을 사용할 때마다 다른 결과가 나타나기 때문에 실시간 모니터링과 일정 주기로 예방 정비를 진행하고 있다.

예방 정비는 사람으로 하면 평상시 건강관리로 말할 수 있다. 사람도 역시 지속적인 건강에 대해 모니터링을 해야 장수할 수 있다. 역시 설비나 장비도 고장과 사고를 예방해야 장비의 수명을 연장할 수 있기 때문이다. 설비나 장비의 노화나 고장을 방지하기 위해서는 윤활, 정소, 점검, 교체 등 일상의 정비 활동과 계획에 맞추어진 주기적 점검, 수리, 교체 등을 해야 한다.

PM을 분류해 보면 Wet과 Dry로 분류하고 운영하고 있다. 이러한 운영은 비용과 생산성에 접근해서는 Dry PM을 운영하고, 주기적인 관점에서는 Wet PM을 운영한다. 또한, Dry PM은 단순한 노즐이나 부품을 교체하지만, Wet PM에서는 전체적으로 점검을 통해 사용 가능성 부품과 교체 부품 및 Chemical 세정을 진행하기 때문이다.

안정적인 생산성 향상을 위해 장비 운영적인 관점에서 보면 평상시 관리와 운영은 매우 중요하여 지속적인 개선 연구가 되고 있다.

CHAPTER 04

확산(Diffusion) 및 이온 주입(Ion Implant) 공정

4.1 확산 및 이온 주입 공정

1 개요

반도체 제조 공정에는 다양한 공정이 있는데 각각의 공정들은 매우 중요하다. 이번 자에서는 확산 공정에 대하여 전반적으로 이야기하려고 한다. 확산과 관련해서 알아야 할 기본 지식을 기반으로 내용은 확산 정의, 공정과 장비의 종류, 역할 그리고 박막 증착하기 위한 공정 순서 등으로 설명한 것이다. 또한, 앞에서 언급한 산화 공정에서와 많은 부분이 포함될 것이고 5장과 6장에서 배워야 할 CVD, PVD 또한 이분 증착이라는 관점에서 상당히 겹치는 것을 알 수 있다. 반도체는 [그림 4-1]에서 보면 반도체 제조 공정은 수백 번의 공정 반복을 통해 웨이퍼를 제작하여 원하는 제품을 만드는 Fabrication(Fab.) 공정 과정이다. 모두 각각 중요한 역할을 하고 자동차의 바퀴나 톱니바퀴처럼 계속 돌아 정확히 맞아야 진행이 되는 것이다.

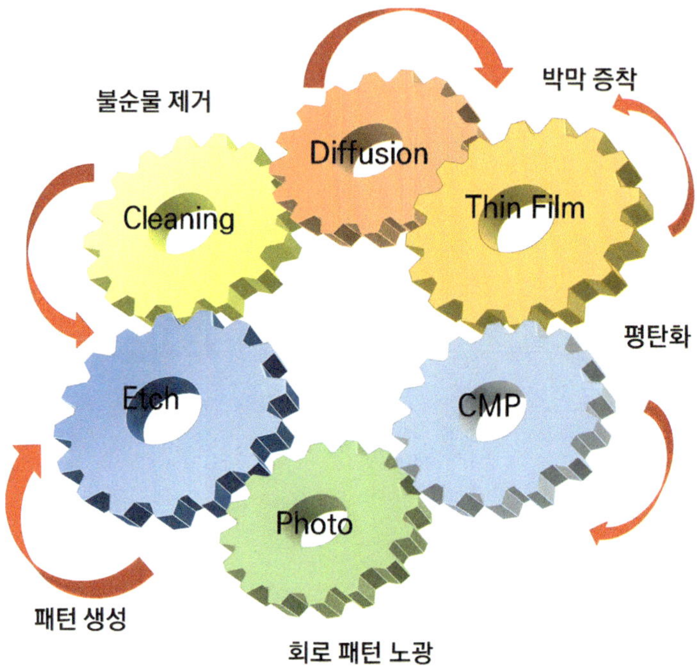

[그림 4-1] Fabrication Process Flow

1. 확산 공정

확산이라 하면 하나의 물질을 통해 이동되는 현상으로 고온에서 공정이 이루어지고 실리콘 결정격자에 의도적으로 주입되는 불순물을 이동시키는 것이다. 밀도나 농도 차이에 의해 물질을 이루고 있는 입자들이 높은 곳에서 낮은 곳으로 퍼져 가는 현상을 의미한다. 예를 들면 분무기의 노출된 부분은 공기보다 높은 농도의 기체를 가지고 있어서 노출 부분에서 멀어질수록 기체의 농도가 감소하여 분무 후 노즐에서 공기로 퍼져나가는 것이다. 액체 확산은 우리가 쉬게 알고 볼 수 있듯이 물에 물감을 한 방울 떨어졌을 때 떨어진 곳에서 멀어질수록 색의 농도가 낮아지는 것을 볼수 있을 것이다. 이를 농도의 차이 즉 확산의 개념이 될 것이다.

반도체 제조 공정에서는 소자를 형성함에 가장 필요한 부분으로 불순물을 주입하는 과정으로 확산이 이용되고 있다. 실리콘 웨이퍼 표면의 전도와 저항성을 바꾸어야 해서 고온의 Furnace에 가스 상태의 불순물을 흐르게 하여 웨이퍼 표면에 작은 두께의 증착이나 주입한 후 열처리를 통해서 내부로 원하는 깊이만큼 불순물이 확산이 도달하게 하여 일정한 영역을 만드는 공정을 의미한다. [그림 4-2]에서 보는 것처럼 확산의 공정 현상을 확인할 수 있을 것이다.

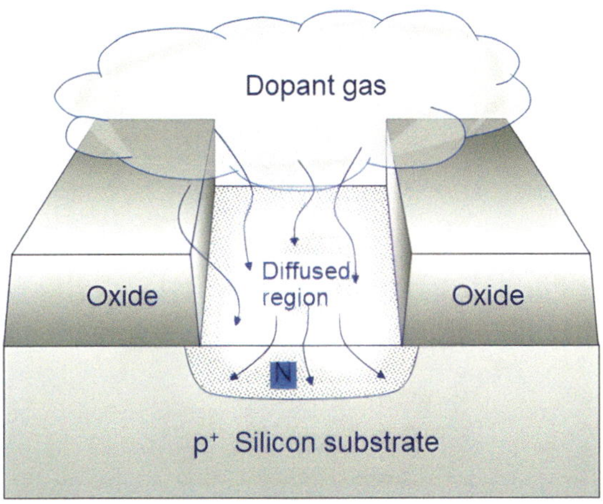

[그림 4-2] 확산 공정의 예시

2. 이온 주입 공정

이온 주입 공정이 알기 전에 우선 확산 공정을 이용한 원하는 영역의 도핑(Doping) 방법을 이해해야 한다. 도핑이란 반도체 내부에 적당한 불순물을 주입하는 공정으로 필요량, 필요 깊이를 의도적으로 선택하여 첨가할 수 있다. 도핑의 종류는 두 가지로 구분할 수 있다. 첫 번째는 확산이고 두 번째는 이온 주입이다. 확산 공정은 고온(600~1,000℃)에서 불순물을 기판 내부에 원하는 깊이와 농도로 주입하는 공정이며 대체 위치 확산과 틈새 위치 확산으로 나눌 수 있다. [그림 4-3]에서 보는 것처럼 반도체 공정 초기에는 원하는 도핑을 최소의 패터닝을 통해 영역을 정의하고 도펀트(Dopant)를 증착한 층을 원하는 영역까지 확산하도록 후속 공정인 고온의 열처리 공정을 통해 실리콘 기판 내로 확산시켰다. 하지만, 이 방법은 후속 공정인 열처리 공정에서 최대 24시간 이상의 오랫동안이 소요되고, 원하지 않는 영역에도 확산이 이루어져 이를 제어한다는 것은 어려운 선택이었다. 즉, 원하는 영역에만 선택적으로 도핑하기가 어렵다는 것을 의미한다.

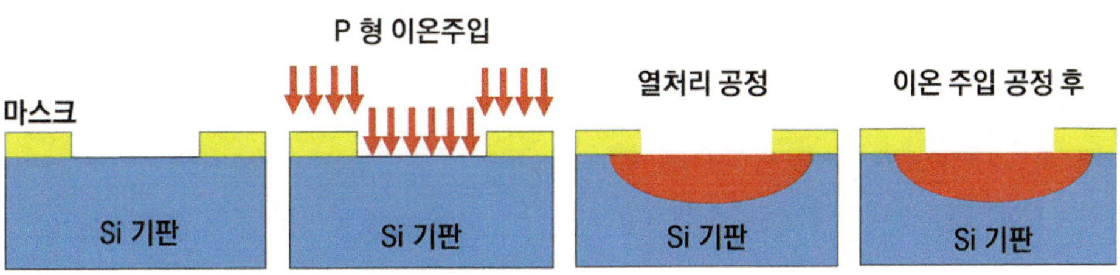

[그림 4-3] 실리콘 기판에 불순물 원자의 이온 주입 예시

이러한 문제들을 해결하고자 원하는 영역까지만 원하는 원소를 도핑하기 위해 개발된 것이 이온 주입 공정이다. 이온 주입이란 [그림 4-3]에서 보는 것처럼 원자 이온을 큰 에너지를 갖게 하여 박막 속으로 주입하는 공정을 말한다. 붕소, 인 또는 비소와 같은 이온을 주입하여 실리콘을 제작하는 것을 말하는 것이다.

이온 주입 공정이 최초로 반도체 제조 공정에 쓰이기 시작한 것은 1953년 영국을 시작으로 1954년 트랜지스터를 발명하면서 미국에서 도입되었다. 이온 주입의 특징은 정확한 이온 주입량, 이온 주입 두께, 원하는 이온의 선택이 가능하다는 것이다.

4.2 확산 및 이온 주입 공정의 특징

1 확산 공정

확산 공정으로는 불순물 접합(Junction), 산화 반응(Oxidation), 화학 기상 증착(Chemical Vapor Deposition)이 있다. [그림 4-4]에서 보는 것처럼 불순물 접합은 실리콘 웨이퍼 내 불순물 주입 후 열에 의해 실리콘 내에 확산시켜 웨이퍼 내부에 전기적으로 다른 영역의 경계 만들어주는 것을 말한다. 즉 반도체의 내부에서 전기적 성질이 다른 두 영역 간의 경계나 천이인데, 이를 동종 반도체 간에 이루어지는 접합을 동종 접합(Homo-Junction)이라 하며, 이종 반도체 간에 이루어지는 접합을 이종 접합(Hetero-Junction)이라 한다. 전도형 타입에 따라 분류하면 PN 접합, NN 접합, N+N 접합, PP 접합, Pin 접합 등 다양한 형태로 이루어지고 있다. 산화 반응은 O_2와 H_2O의 확산을 통해 실리콘 웨이퍼 표면을 산화시켜 산화막을 형성하는 것을 의미한다. 이 산화막은 공정에서 발생하는 불순물들을 실리콘 웨이퍼를 보호하고 이온 주입 시 주입되는 영역을 나타내주는 마스크 역할을 한다. 또한 전기적 흐름이 생기지 않게 차단하는 절연막 역할을 해준다.

확산은 크게 Furnace와 Implant(주입) 공정으로 분류가 된다. Furnace에서는 산화막 생성, 열처리, 화학 증착막 생성으로 주로 하는데, 주입에서는 불순물 주입, RTA, Plasma 도핑 방식을 이용한 High Dose 주입하고 있다. 확산 공정은 고체 상태의 불순물 확산은 전 증착(Pre -Deposition), 구동(Drive-in), 활성화(Activation) 순서의 단계로 진행한다. 열 확산의 경우 등방성 확산 공정으로 수직 방향뿐만 아니라 측면 방향으로도 확산이 일어난다. 이때 측면 침투는 수직 침투의 75~85%에 달한다.

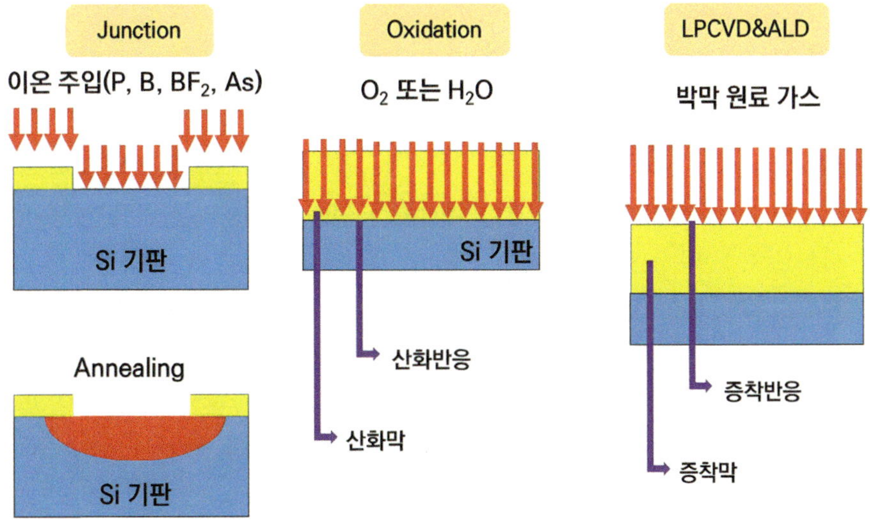

[그림 4-4] 확산 공정 이해

1. 전 증착

웨이퍼는 고온 Furnace에 적재되고 불순물 원자들이 Furnace로 유입된다. 이때 반응 Furnace의 온도는 800~1,200℃로 유지되고 30분 정도 확산이 이루어진다.

불순물은 실리콘 격자 속으로의 확산을 방해하기 위하여 표면에 형성되고 전체적인 확산 공정에서의 농도는 주입된 불순물 원자 수에 의해 결정된다. 농도 분포는 표면에서 가장 높은 표면으로부터 멀어질수록 감소하며 이를 확인하기 위한 장비로는 4-Point Probe를 통해 분포를 확인할 수 있다.

2. 구동과 활성화

증착된 불순물이 실리콘 결정을 통하여 웨이퍼에 원하는 만큼의 깊이로 이동시키기 위해 전 증착보다 높은 1,000~1,200℃의 고온 공정이 사용하므로 고온에서 산화는 불순물 원자들은 실리콘 격자 안에서 확산으로 영향을 준다. 인(P)의 경우 불순물 도펀트는 산화막에서 멀어지는데, 붕소(B)의 경우는 도펀트가 성장 산화층으로 이동하는 것을 확인할 수 있다. 이는 원자마다 Segregation Coefficient 값이 다르고 일반적으로 무거운 원자가 가벼운 원자보다는 Segregation의 이동성이 작아 Coefficient 값이 낮다. 이런 현상을 메커니즘으로 정의하여 표면으로부터 농도가 재분배되는 것이다. 활성화라는 것은 반응로 온도가 실리콘 격자 구조에서 도펀트 원자와 실리콘 원자가 결합을 위해 높은 온도에서 진행되는 것이다. 따라서 주입된 도펀트 원자가 열에너지에 의해 실리콘 원자와 Substitutional Site로 이동되어 전기적으로 활성화된다.

3. 도펀트 이동

웨이퍼 내에서 불순물 원자들의 이동 방법은 Interstitional과 Substitutional Type 두 가지 형태가 분류하고 있다.

① 금(Au), 구리(Cu), 니켈(Ni) 등과 같이 확산도가 높은 불순물은 실리콘 격자의 결정에서 공간 사이로 이동할 수 있으며 이를 Interstitional Type이라 할수 있다. 그러나 전도도에 영향을 주는 비소(As)나 인(P)은 일반적으로 도펀트들이 실리콘의 원자가 빠져 있는 곳으로 원자가 채워지는데 이를 Substitutional이라 한다. 이에 대한 이해는 [그림 4-5]에 이동 방법에 대한 설명하고 있다.
② Vacancy의 의미는 실리콘 격자 구조에서 [그림 4-5(a)]와 같이 완벽한 배열을 하지 못하고 완전한 4-4 공유 결합을 하지 못한 상태인 실리콘 원자 하나가 없는 것을 의미한다.

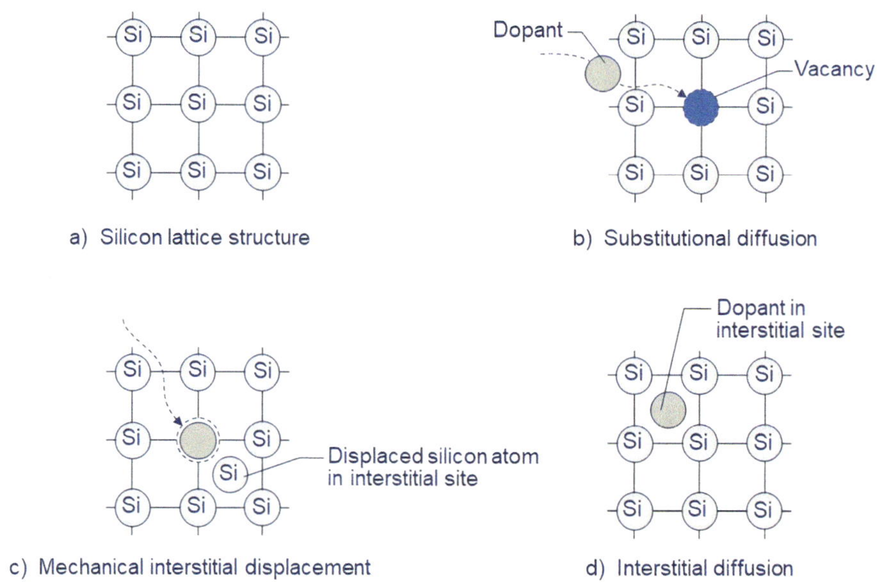

[그림 4-5] 실리콘 격자 내에서의 도펀트 확산 형태

2 이온 주입 공정

반도체 제조 공정을 통해 제작된 DRAM/NAND 제조 공정에서는 가장 기본이 되는 것이 MOSFET가 될 것이다. 이는 [그림 4-6]에서 보는 것처럼 Body, Source, Drain, Gate의 네 가지의 터널 구조를 갖는다. 이온 주입 공정을 사용하여 실리콘 기판의 깊은 위치에 Well을 형성하는 것으로 폴리실리콘(Poly-Silicon) 게이트에 도핑하기도 하는 것이다. 또한, Channel Vt의 조절, Source와 Drain의 고농도를 형성하기 위해 이용되고 있다. [그림 4-6]에서 보는

것은 폴리실리콘을 이용한 Gate와 N-Type의 nMOS을 나타내고 있다. MOSFET을 제어하기 위해 Channel 도핑까지 된 것을 보여주고 있다.

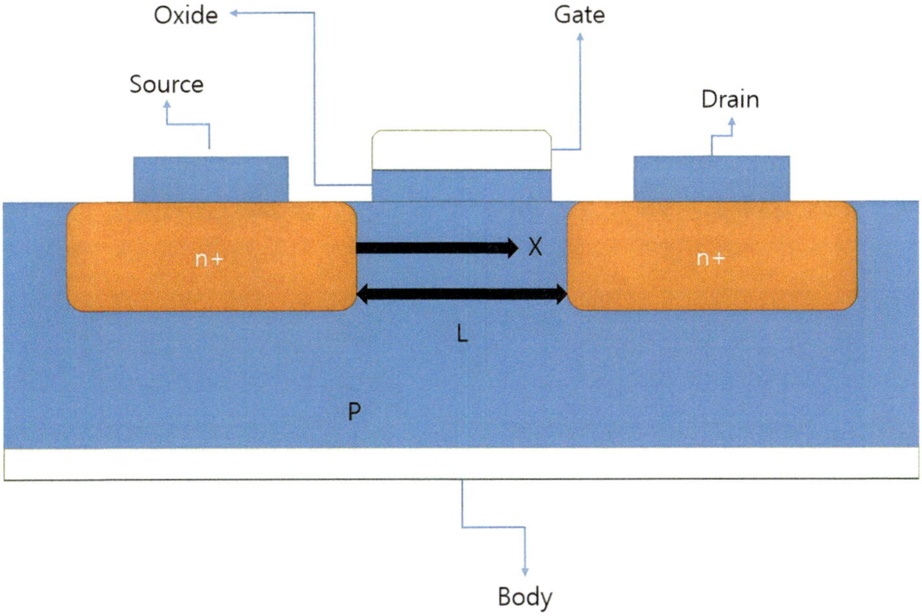

[그림 4-6] MOSFET 기본 구조

[그림 4-7]에서 보는 것처럼, 이온 주입이란 원자 이온을 큰 에너지를 갖게 하여 박막 속으로 주입하는 공정으로 붕소, 인 또는 비소 등의 이온을 주입하여 실리콘을 제작하는 것이다.

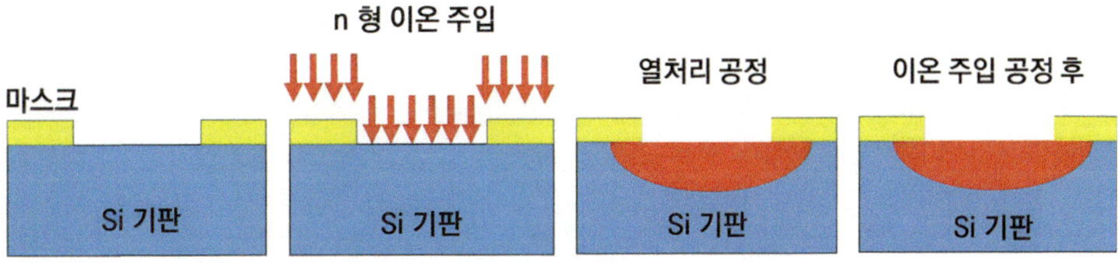

[그림 4-7] 불순물 원자의 이온 주입 공정

4.3 확산 및 이온 주입 공정 장비의 특징

1 확산 공정 장비

확산 공정 장비의 Furnace 장비는 기본적으로 Inner Tube와 Outer Tube가 있는데 Tube는 다섯 구간으로 설정하고 있다. 이 구간들의 온도는 Thermocouple(T/C)로 구분하여 공정 온도를 내부의 T/C로 확인할 수 있도록 하고 있으며, Heater를 통해 온도를 제어할 수 있다. 그리고 많은 양의 웨이퍼를 Loading 하여 한꺼번에 공정이 진행하도록 하고 있다. 그러나 많은 양의 웨이퍼를 Loading 하여 진행하다 보면 Defect 같은 이슈가 발생하기도 하여 큰 손실이 일어나기도 한다. 증착 시 유입되는 전구체(Precursor)와 가스들이 열(Thermal)에 의해 분해되고, Boat에 있는 실리콘 웨이퍼 표면에 흡착, 확산, 화학 반응을 하여 박막이 형성된다. 여기서 많은 공정이 진행되는 장비들에는 진공 상태를 기반으로 진행하므로 진공에 대한 정의가 필요할 것으로 판단된다.

우리가 사용하는 장비들은 저진공 또는 고진공 상태를 말한다. 그러기 위해서는 펌프를 이용하게 되었다.

진공(Vacuum)에 사전적 의미로는 물질이 전혀 존재하지 않는 공간을 뜻한다. 이는 일정한 공간이 주위 대기보다 적은 양의 기체들이 포함하고 있다는 것으로 대기보다 압력이 낮은 상태를 말한다. 현실적으로 입자가 전혀 없는 상태인 진공 상태를 만들기는 불가능하다. 이유는 아주 가벼운 수소나 헬륨 같은 기체들은 고성능의 펌프를 통해서 뽑아내어도 남아 있는 상태이기 때문이다. 우주도 가상 입자, 중력자 등의 입자들로 인해 1×10^{-12}~12×10^{-20}Torr 진공도를 지니고 있다고 한다. 그래서 우리가 사용하는 진공이란 대기압보다 낮은 압력 상태를 의미한다. 이런 진공의 의미는 고대 그리그에서부터 유래되어 17세기 에반젤리스타 토리첼리(Evanglista Tomicelli)의 수은관 실험으로 확립되었다. 물 대신 수은을 사용하여 시험관에 넣을 때 수은의 높이가 760mm가 되어, 시험관 내부에 진공 공간이 형성되는 것을 확인하였다. 이에 1기압 = 760mmHg = 760Torr 정의하고 있다.

단위	atm	bar	mmHg(Torr)	mmH_20	psi(lb/ft^2)	kgf/cm^2	Pa
atm	1	1.01325	760	10332.2	14.6956	1.03323	101325
bar	0.986923	1	750.06	10197.1	14.504	1.01972	100000
mmHg(Torr)	0.001316	0.001333	1	13.595	0.01934	0.00136	0.01333
mmH_20	0.000097	0.000098	0.073556	1	0.001422	0.0001	9.80669
psi(lb/ft^2)	0.068046	0.068948	51.715	703.066	1	0.070307	6894.757
kgf/cm^2	0.967841	0.980665	735.559	10000	14.2233	1	98066.5
Pa	0.00001	0.00001	0.007502	0.101971	0.000145	0.000011	1

[그림 4-8] 진공 환산표

역시 파스칼은 에반젤리스타 토리첼리의 기압에 관심을 가지게 되면서 수은 기압계를 산에 올라가 고도에 따른 수은 기둥의 높이 변화를 확인하고자 하여 그 결과 고도가 높아지면 공기의 무게 때문에 수은 기둥의 높이가 낮아지는 것으로 알고 진공이 존재함을 증명하였다. 진공의 압력은 0이라고 하면 파스칼은 대기압을 정의하면서 1기압은 101,325 Pa이라고 했다. [그림 4-8]에서 보면 진공 환산표를 나타내었다.

대기압은 1기압 = 1atm = 760mmHg = 760Torr = 101,325 Pa이며, 우리는 주로 진공 단위를 Torr, Psi, Pa 등을 사용한다. 또한, 우리가 사용하는 진공 영역에 관한 내용들은 [그림 4-9]에서 보는 것처럼 정의하고 있는데, 주로 저진공, 고진공 영역에서 사용하고 있다. 이는 박막의 균일도에서 차이가 있는 것을 확인할 수 있으며, 장비 특징과 공정에 진공도는 필요하다는 것을 알 수 있다.

진공 영역	압력(Torr)	압력(Pa)
대기압	760Torr	101,325Pa
저진공	대기압 ~ 1Torr	> 100Pa
중진공	1 ~ 10^{-3}Torr	100 ~ 0.1Pa
고진공	10^{-3} ~ 10^{-7}Torr	0.1 ~ 10Pa
초고진공	< 10^{-7}Torr	< 10μPa

[그림 4-9] 진공 영역

반도체 장비를 유지하고 운영하면서 매우 중요한 요소를 선택하라면 리크(Leak) 관리가 될 것이다. 리크는 압력이나 농도 차이에서 의해 원하지 않는 곳에서 기체 또는 유제로 흐르는 현상을 의미한다. 반도체 공정에서 안정적인 박막 제어와 파티클 관리를 위해 리크는 중요한 요소이다.

2 이온 주입 공정 장비

이온 주입 공정 장비의 정의는 현재와는 차이가 있었다. High Energy 이온 주입과 High Current 이온 주입까지 공정을 진행하였다. 각각의 영역을 진행하기 위해 이온의 깊이와 양을 조절하고 Well 영역에 형성하여 높은 에너지가 필요한 영역은 에너지를 조절하고, Source와 Drain 접합을 형성하기 위한 이온 주입의 양을 높이려는 고정은 진행 시간을 늘려 높은 도즈(Dose)로 진행하였다. 그러나 이온 주입 공정에서 모든 영역에서 공정을 한 것보다는 각각의 필요에 따라 이온 주입 장비를 분류하여 구매하고 High Energy 이온 주입과 Source에서의 공정에서는 이온 주입을 위해 Source를 대량으로 생성하는 High Current 이온 주입 장비로 공정을 진행하였다. 또한, 기술에 발전으로 최근에는 많은 양의 이온 주입이 필요한 공정과 High Energy의 이온 주입을 요구하게 되었다.

현재 이온 주입은 수백 keV에서 10MeV로 약 10,000배의 에너지를 이용할 수 있고, 이온 주입 양은 $1 \times 10^{10} \sim 1 \times 10^{17}$로 1,000배 정도의 양 조절이 가능하게 이용하고 있다. [그림 4-10]에서 보면 이온 주입 장비의 종류에 따른 에너지와 이온 주입 양에 대한 영역을 나타내었다. 이를 통해 확인할 수 있는 것은 Medium Current 이온 주입 장비로 진행할 수 있고, High Energy 이온 주입 장비로 에너지가 높은 영역에서 High Current 이온 주입 장비로 다량 이온 주입이 필요한 부분에 사용이 되고 있다.

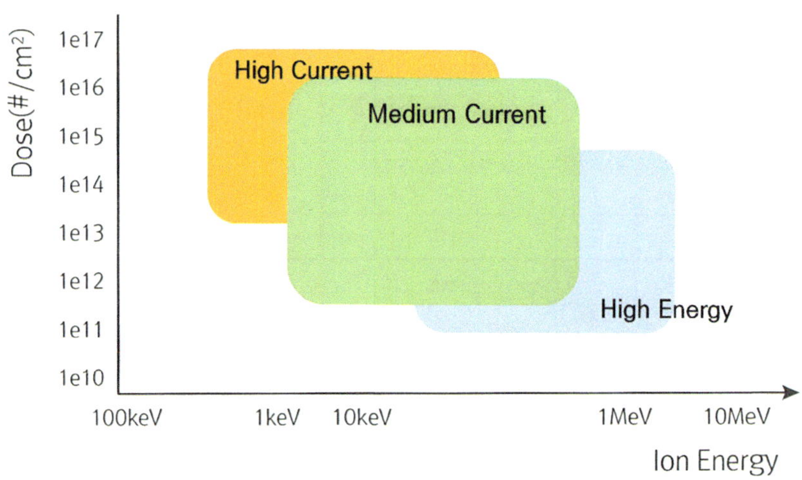

[그림 4-10] 이온 주입 영역에 따른 에너지와 양의 분류

1. 이온 주입 장비 요소

이온 주입 장비의 기본 요소는 이온을 이온화하는 Source와 이온화된 이온을 원하는 이온 주입 깊이로 도핑하는 가속하는 빔과 이온 주입이 진행되면 이온 주입의 대상이 되는 웨이퍼를 핸들링하는 위치가 있으며, 진공은 $10^{-7} \sim 10^{-5}$ Torr 영역의 고진공에서 작동한다. 장비의 시스템을 살펴보면, 이온 공급기, 오븐, 챔버 등으로 구성하고 있으며 이온 기체로는 BF_3, AsH_3, PH_3의 도핑 가스를 사용한다. 오븐이 역할은 Solid source를 가열하여 기체화한다. 챔버는 내부 필라멘트에서 방출된 전자가 금속판으로 가속되어 기체와 충돌 후 플라스마를 생성시켜, 기체 원자, 분자 종으로 분해되게 하며, 가속관(Acceleration)은 이온을 정전기적으로 고에너지로 가속하는 역할을 한다.

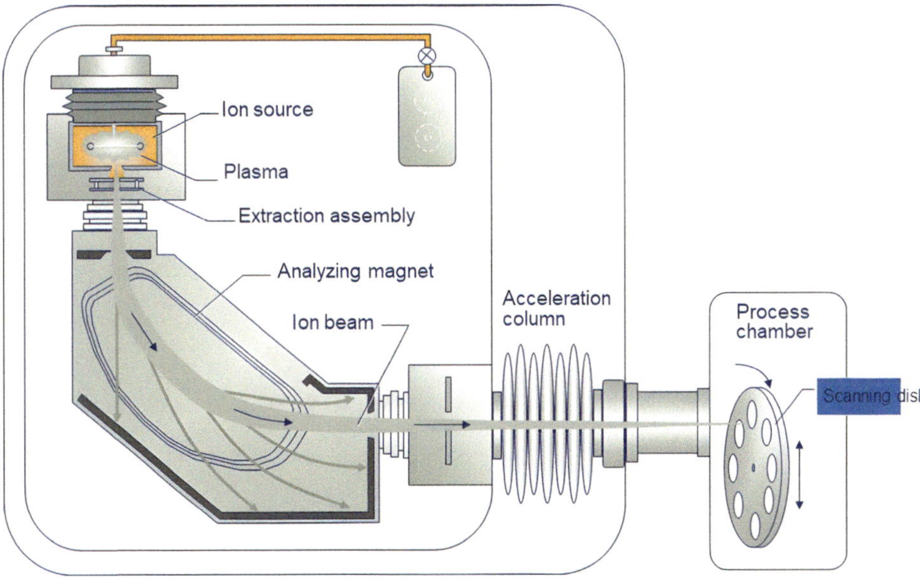

[그림 4-11] 이온 주입 장비 시스템의 단면도

2. 이온 주입 공정 응용

최근 DRAM이나 NAND 소자는 대략 40개 전후의 공정에서 이온 주입을 이용하고 있다. 각각의 공정은 필요에 따라 다르게 이용되고 있다.

(1) Well 형성

실리콘 기판 위에 제작하려고 하는 MOSFET을 설정하면 4-터미널 구조의 MOSFET을 형성하기 위해 Well을 형성한다. Well의 소스(Source), 드레인(Drain)과 채널(Channel)을 형성하기 위한 기본이 된다. 이온 주입을 이용하는 공정에서는 비교적 높은 에너지를 활용하여 실리콘 깊은 곳까지 원하는 이온이 투입될 수 있도록 하고 있다. DRAM이나 NAND에서는 같게 적용하여 CMOS 구조를 형성하고 nMOS은 ^{11}Boron으로 P-Well을 형성하고, pMOS에서는 ^{31}Phosphorous로 N-Well을 형성하는 Twin Well 구조로 각각의 Well을 위해서 포토 공정을 하여 이온 주입을 최소화하면서 깊은 N-Well 또는 Twin Well 구조가 적용되는 것이다.

(2) 문턱전압(Threshold Adjust Implant, V_t)

문턱전압(V_t) 이온 주입은 Well에 주입된 영역에 V_t 조절을 위해서 진행하는 것이다. [그림 4-12]에서 보는 것처럼 기본적으로 P-Well과 N-type Source와 Drain으로 형성되는 nMOS의 V_t 조절을 위해 p-type 도펀트를 사용하고, N-Well과 P-type Source와 Drain으로 형성되는 pMOS의 V_t 조절을 위해서 n-type 도펀트를 사용한다. 이러한 문턱전압의 이온 주입도 다양한 이유로 변화되며, 여기에 적용되는 이온 주입 조건이 실리콘 표면에 근접하게 비교적 적은 양의 이온이 도핑되고 있다. 따라서 에너지가 수십 keV에서 $1 \times 10^{12} \sim 1 \times 10^{14}$ ion/cm^{2}의 이온 주입 양이 사용되어 보편적으로 Medium Current 이온 주입 장비를 이용한다.

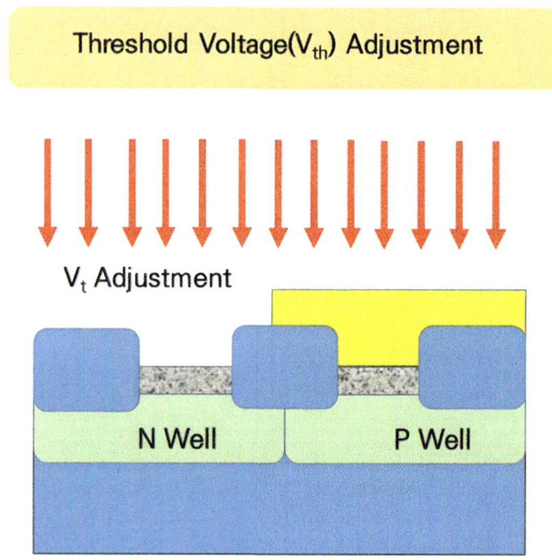

[그림 4-12] 문턱전압 이온 주입 개념도

(3) 소스와 드레인(Source & Drain Implant)

Well과 문턱전압 이온 주입 공정이 진행되고 다음으로 반도체는 게이트(Gate)를 형성하기 위한 공정을 한다.

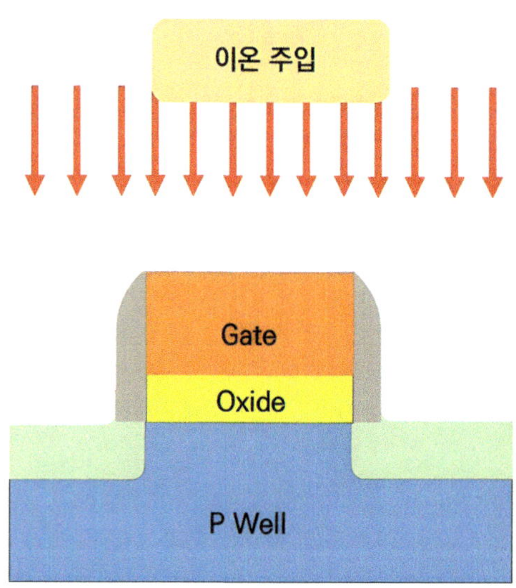

[그림 4-13] 소스와 드레인 형성 개념도

[그림 4-13]에서 보는 것처럼 게이트 형성한 후, 소스와 드레인 접합(Junction)을 형성하기 위한 이온 주입 공정을 실시한다. 여기서 사용되는 것이 바로 High Current 이온 주입 장비로 $1\times10^{14}\sim1\times10^{16}$ ion/cm^{2}의 이온 주입이 사용되어 문턱전압 조건 대비 이온 주입 양이 수백에서 수천 배까지 격차가 생기는 것이다. 이러한 높은 도즈 공정에 최적화된 이온 주입 장비를 이용한다.

3. 이온 주입 장비 구성

이온 주입 장비의 기본 구성은 주입하고자 하는 가스를 선택하고 열전자를 이용해 이온화하여 일정량의 에너지를 인가하는 것이다.

(1) 가스 구성

이온 주입을 위한 가스 관련해서 일반적인 주기율표 구성을 보며 반도체 제조 공정에서 주로 이용되는 원소라 알 수 있을 것이다. 이온 주입은 지구상의 모든 원소와 분자에 관해 주입할 수 있으나 이온화와 가속화에 발생하는 효율의 문제로 몇 가지 이온만 선택하여 이온 주입 공정에 이용하는 것으로 반도체 제조 공정에서는 초기에 3족과 5족 원소를 주로 이용하였다.

P-type 이온 주입을 위해서는 원자번호 5번인 Boron을 사용하고, N-type 이온 주입은 원자번호 15번인 Phosphorus를 사용하고 있다. 보편적으로 이용되고 있는 Boron은 [그림 4-14]에서 보는 것처럼 최외각 전자가 3개로 되어 있다. 하지만, 지구상에는 Boron의 질량으로 분류할 때 ^{10}Boron과 ^{11}Boron 있지만, 우리는 Boron 이온화하기 쉬운 ^{11}Boron 만을 사용하나 5가의 Boron은 에너지 레벨이 높아 이온화가 어려워 이온화에 따른 순도는 높으나 이온화율이 낮은 이유로 반도체 공정에서 다른 소스 가스로 3족 이온의 이온 주입 공정을 진행하고 있다.

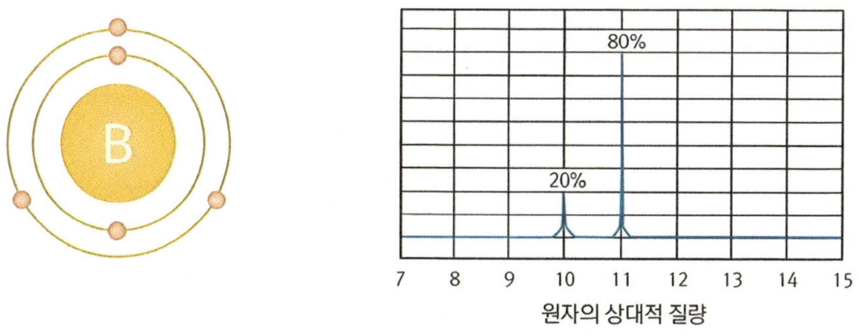

[그림 4-14] Boron의 원자 구조와 원소 구성

현재 ^{11}Boron을 대신해서 이용 중인 가스는 $^{68}BF_3$ 분자를 이용하고 있는데 이 분자를 이온화하면 극미량의 ^{1}H~$^{68}BF_3$ 이온까지 얻을 수 있다. $^{68}BF_3$ 가스에서 이온화율이 가장 높은 $^{49}BF_2$를 ^{11}Boron 이온 주입할 영역에 주로 사용하고 있다. 여기서 ^{11}Boron과 동시에 분자 형태로 이온 주입되는 ^{19}Fluorine은 불활성 가스 실리콘의 전기적인 특성을 나타내지는 못하고 있다. [그림 4-15]에서 보는 것처럼 $^{68}BF_3$ 분자를 이온화하면 아주 미세한 ^{1}Hydrogen에서 $^{68}BF_3$ 이온까지 확인할 수 있다. $^{68}BF_3$ 가스에서 이온화율이 가장 높은 $^{49}BF_2$를 ^{11}Boron과 함께 분자로 이온 주입된 ^{19}Fluorine 가스로 실리콘의 전기적인 특성이 있지 않다. 그리고 [그림 4-15]에서 ^{11}Boron 이론도 얻을 수 있어서, 반도체 공정에서 3가 P-Type으로 형성하기 위한 소스로 $^{68}BF_3$를 사용한다. 또한 N-Type에서는 ^{31}Phosphorus는 이온 주입 후 고온의 증착 공정이나 열처리 공정에 의해 자유로운 방향으로 원자가 이동하게 된다. 이러한 원자 이동은 반도체 제조 공정에서 누설 전류의 발생, 신뢰성 열화 등과 같은 현상이 발생하여 Side Effect를 유발하게 된다. 최근에는 ^{31}Phosphorus을 사용하는 것보다 질량이 2.5배 큰 ^{75}Arsenic을 사용하고 있다. 이처럼 초기에는 $^{68}BF_3$와 ^{75}Arsenic도 역시 또 다른 문제를 일어날 수 있어서 기존의 사용되었던 ^{11}Boron과 ^{31}Phosphorus로 돌아가고 있다.

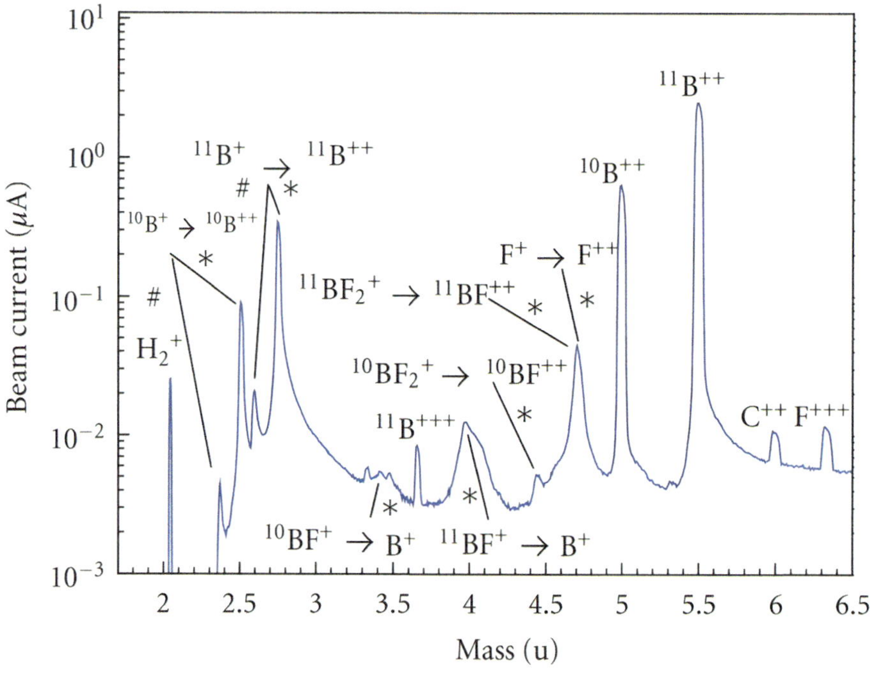

[그림 4-15] BF_3 가스의 Ionization 후의 Mass Spectrum

(2) 하드웨어의 기본 구성

이온 주입 공정에 필요한 가스를 이해하였다면 이제는 가스를 이온화시키고 원하는 곳까지 주입하도록 에너지를 인가하기 위한 하드웨어를 알아보도록 하겠다. [그림 4-16]에서 보면 이온 주입을 위한 구성은 가스를 이온화하는 소스 영역, 이온화된 가스를 가속하는 빔라인 영역, 마지막으로 이온 주입이 이루어지는 스테이션 영역으로 구성되어 있다.

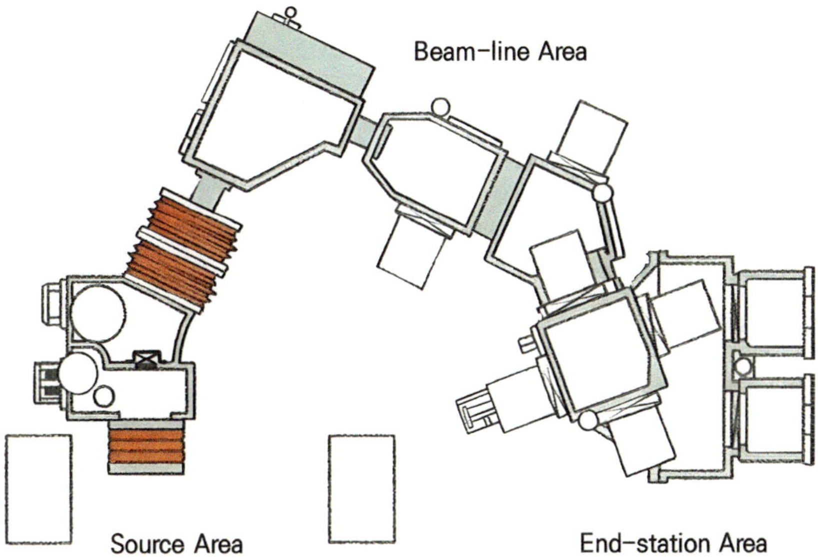

[그림 4-16] 이온 주입 공정 장비의 구성도

(가) 소스 영역의 구성과 이온화

소스 영역은 기본적으로 가스와 충돌하기 위한 필라멘트로 구성되어 있다. 즉, 열전자의 충돌을 높이기 위해 나선형으로 만든 소스 필라멘트 마그넷(Source Filament Magnet) 그리고 자유전자를 필라멘트로부터 플라즈마를 발생시키는 ARC 챔버로 Potential을 인가하는 것이다. 가스 이온화가 발생하는 챔버 영역은 10^{-6} Torr 이상의 고진공을 유지하여 가스를 소스에 넣고 필라멘트에 전압을 인가하여 열전자를 얻는 것이다. 이렇게 얻은 전자를 ARC 전압을 이용하여 소스 Wall로 이동시켜 Potential을 인가한다. 이렇게 되면 주입된 가스 Potential을 갖는 전자가 충돌하여 이차전자를 발생하면서 이온화가 되는 것이다. 여기서 이온화를 높이기 위해 소스 필라멘트 마그넷을 사용하는 것이다.

(나) Beam Extraction

열전자에 의해서 이온화된 이온들은 추출(Extraction) 파워 서플라이를 이용하여 추출 전압에 30~40KeV의 전압을 인가하고 터미널 그라운드(Ground)으로 되어 있는 억제(Suppression)하는 전극 방향으로 이론 플럭스(Flux)를 강제적으로 이동하게 한다. 여기서 억제하는 전극은 그라운드 전극 주위에 있는 이온과 빔에 의해 발생하는 전자들이 ARC 챔버로 되돌아갈 수 없게 한다. 따라서, 소스에서 강제로 추출한 전압을 인가하여 이온화된 이온들을 실리콘 기판으로 이동시키는 공정이다.

(다) AMU(Analyzer Magnet Uint)

[그림 4-17]에서 보는 것처럼 추출에서 통과된 많은 종류의 이온 중 각각의 공정에 사용되는 이온들을 선별하는 부분이다. 소스 챔버를 통과한 빔 플럭스는 양이온의 전하를 띠고 이 빔 플럭스의 자기장에 의한 양이온의 질량 차이를 빔 플럭스 분리에 사용한다. 따라서 내가 원하는 이온 질량의 자기장으로 사용한다는 것이다. 선택한 자기장보다 무거운 질량을 가지는 이온은 아래로, 가벼운 것은 위로 이동하게 되는 것으로 우리는 이를 물리 시간에 배운 플라밍의 왼손 법칙을 활용한 것이다.

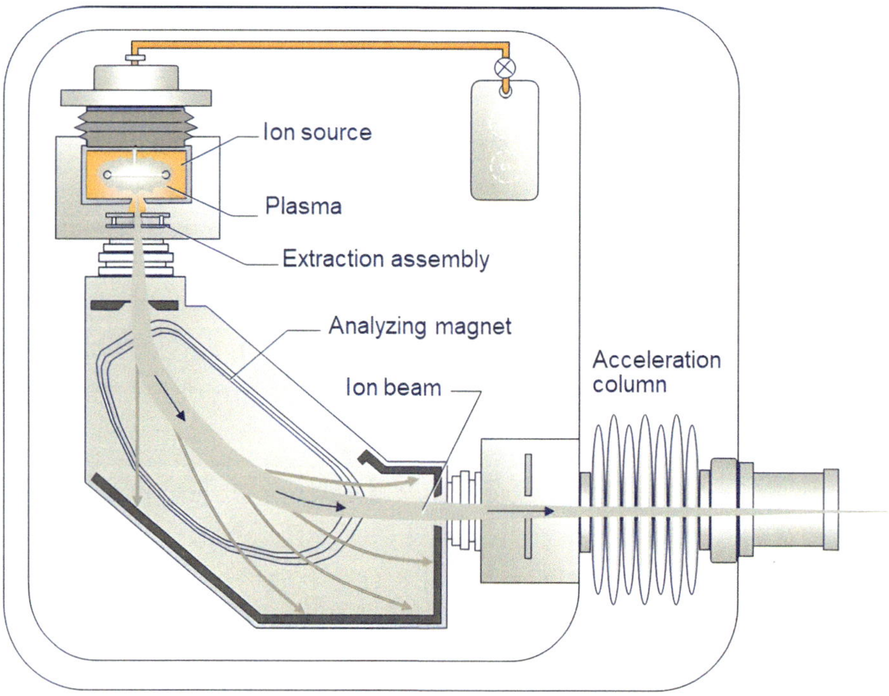

[그림 4-17] AMU의 개략도

(라) Beam Current Focusing

[그림 4-17]에서 보는 것처럼 AMU를 통과한 각각의 이온은 일부는 서로 같은 양이온으로 하전하여 상호 충돌이 일어나게 되는데, 이런 일이 발생하게 되면 추출을 통해 얻은 에너지를 모두 잃게 된다. 이런 손실은 이온 주입의 손실과 파티클에 의한 Defect 발생의 주된 원인이 되기도 한다. 이뿐만 아니라 이온화된 작은 이온들은 모두 소스부터 마지막 영역까지 이동하기 때문에 빔 패싱(Passing) 효율이 중요한 변수가 되는 것이다.

이렇게 빔의 손실을 줄이기 위해 양이온 각각의 충돌과 개별로 인가된 추출 전압을 보호해야 한다. 빔의 손실은 빔 플럭스와 빔 전류 흐름 안에서 상호간의 방향 차에 의한 충돌 가능성을 줄여야 한다. 이를 위해 이온 간의 충돌을 최소화하려고 이온 빔 플럭스를 빽빽하게 모아 주려고 조리개를 사용한다.

Quadruple 마그넷은 두 쌍의 N극과 S극을 지니는 마그넷으로 X축과 Y축 방향으로 압축되도록 구성하여 각각의 축 방향에서 "+" Charge로 하전된 이온 빔 플럭스가 Quadrulpe을 통과되면서 N극의 마그넷에 의해 빽빽하게 해주는 것이다.

(마) Space Charge Neutralization

Quadruple을 통과한 빔 플럭스는 마지막 영역까지 상당한 거리를 지나게 되는데, "+" Charge로 하전된 이온끼리 서로 척력을 미치게 되어 빔 폭이 증가하는 확대 현상이 발생하면 Quadruple을 설치하여 다시 빽빽하게 만들어주어도 이온 주입을 위한 기판까지 이동하면서 "+"로 하전된 빔은 지속해서 빔 전류가 떨어지는 현상이 일어날 것이다. 이런 양이온 반발에 의한 빔 손실을 방지하기 위해 Space Charge Neutralizer를 사용하여 빔 전류에 일정량의 전자를 같이 흘려보냄으로써 양이온 반발을 전자의 끌림을 발생시켜 빔 손실을 방지한다.

(바) 마지막 영역(End Station) Unit

이제 빔 라인을 통과한 이온 플럭스는 [그림 4-18]에서 보는 것처럼 마지막 영역에 도착한다. 마지막 영역은 빽빽하게 이동한 빔 플럭스를 나눠주는 변위와 나누어지며 변위된 빔을 마지막 웨이퍼까지 이동하기 위한 모듈로 나누고 소스에서 보내진 빔이 정확하게 도달하면 도핑이 진행되는지를 확인하기 위한 패러데이 컵(Faraday Cup)으로 이온 주입되는 양을 확인하게 된다.

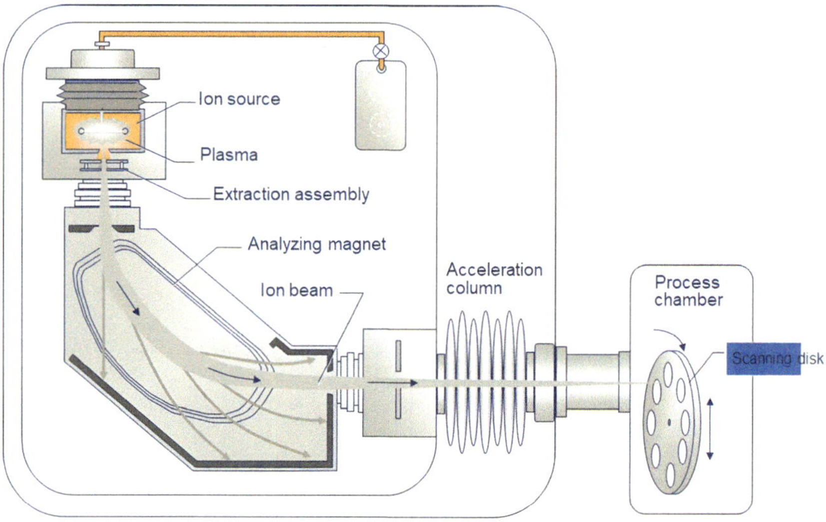

[그림 4-18] 마지막 영역 구조도(End Station Schematics)

(사) 페러데이 컵(Faraday Cup)

이온 주입된 양을 단위 시간 및 면적을 통해 주입되는 핌 플럭스로 계산하면 이온 각각의 개수를 집계할 수 있어서 이온 주입 기술의 정확도를 나타낼 수 있다. 이온 주입 장치에서는 3개의 페러데이 컵을 가지고 있다. [그림 4-18]에서 보는 것처럼 Analyzing magnet을 지나서 소스를 통과하는 양을 모니터링하는 셋팅 컵, 웨이퍼에 주입하기 전에 빔의 위치에 따라 균일도를 측정하는 타깃 컵, 타깃 챔버의 윗 커버 덮개에 위치하여 이온 주입하는 실시간의 양을 측정하는 포커스 컵으로 구성되어 있다.

4.4 확산 및 이온 주입 공정 관리

1 이온 주입 공정 기타 현상

1. 스케터링(Scattering) 현상

높은 에너지에 의해 전기적으로 전위차의 근원과 연결된(하전) 이온들이 실리콘 격자 또는 이온들끼리의 충돌에 의한 흩어짐 현상을 말한다. 이런 현상은 에너지 보존의 법칙으로 설명할 수 있다. 이를 정확하게 표현하면 Elastic Scattering(탄성 산란 효과)라 말할 수 있다. 이온 주입에서는 이온화된 이온들과 실리콘의 스케터링이 발생하면서 최외각 전자가 분리되고 분리된 전자에 의해 다른 이온 주입된 이온 또는 2차 전자가 발생하면 하전된 에너지가 사라져 더 이상 이온이 움직이지 않게 되는 것이다. [그림 4-19]에서 보면 이해가 쉬울 것이다.

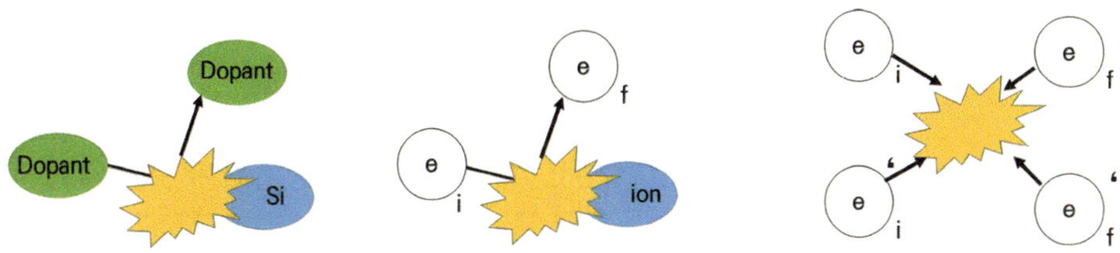

[그림 4-19] 스케터링 현상

2. 스탑핑 메커니즘(Stopping Mechanism)

이온 주입공정은 이온과 실리콘 기판이 주재료가 되는 것으로 솔리드(Solid)의 상호작용으로 이해할 수 있다. 주입된 이온이 타깃(Target) 물질 내의 실리콘 원자와 충돌해 자신의 에너지를 잃어버리는 과정을 의미한다. 이러한 에너지 손실은 전자 에너지 손실(Electron Energy Loss)와 원자 에너지 손실(Nuclear Energy Loss)의 두 가지 모두가 일어나는 것으로 이를 결합 에너지 손실(Combination Energy Loss)이라 설명하고 있다. 전자 에너지 손실은 이온과 원자(=목표물) 주위의 전자와의 비탄성 충돌 때문에 에너지 감소가 발생하게 되는데 여기서 원자들은 여기 상태(Excited State)나 이온화 상태(Ionized State)가 되는 것이다. 원자 에너지 손실은 타깃 물질의 원자와 이온 간의 탄성 충돌에 의한 것으로 물리적 손상의 주요인이 된다. 여기서 움직이는 원자와 원자(목표물) 간의 충돌은 서로의 절반 영역 이내에서 나타나야 하므로 이를 충돌 확률은 이온 주입 에너지의 제곱에 반비례한다고 정의할 수 있다. 따라서, 이온 종류에 따라 일정한 에너지 이상 에너지가 크면 충돌 확률은 감소할 것이고 격자 결함을 발생하는 원자 에너지 손실도 역시 감소할 것이다.

예를 들면, DRAM 공정 중 하나인 N-well 이온 주입 조건인 인(Phosphorous, P) 1,000keV을 생각해 보면, 1,000keV로 이온 주입된 P는 실리콘 기판에서의 Si 격자와 부딪치면서 에너지를 손실하게 되는데, 처음부터 에너지 손실이 일어나는 것이 아니라는 [그림 4-20]에서 보는 것처럼 초기의 에너지 손실은 전기적 스탑핑에 의해 에너지가 손실되기 때문에 주로 격자들을 이온화 상태이거나 여기 상태로 되기 때문에 실리콘 기판의 깊은 방향으로 주입되는 것이다. 또한, 에너지가 줄어 130keV 영역에서 원자 에너지 손실이 강하게 작용하여 실제로 Si 격자들과 충돌되고 이온은 스탑핑되면서 이온 주입의 대상이 되는 실리콘에 손상을 주게 될 것이다. 그러므로 전자 에너지 손실에서 원자 에너지 손실로 바뀌게 되는 에너지는 도펀트(Dopant)별로 차이가 발생하게 되는데 보편적으로 비소(Arsenic, As)는 700keV, P는 130keV, 붕소(Boron, B)는 10keV 정도로 말하고 있다.

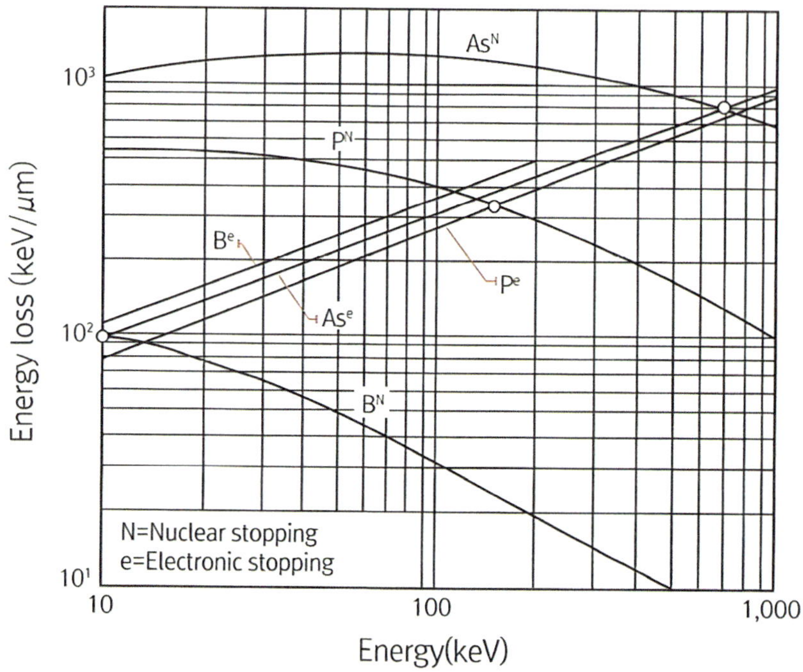

[그림 4-20] 에너지 손실 흐름

3. 채널링 효과(Channeling Effect)

일반적으로 반도체 제조 공정에서 사용되고 있는 실리콘 구조에서 보면 실리콘은 기본적으로 공유 결합을 하는 다이아몬드 형태의 큐빅 구조로 수직 방향으로 보게 되면 경우, 기판의 위와 아래가 터널처럼 보일 것이다. 단결정에서의 이온 분포는 비정질과는 다르게 단결정의 원자들이 규칙 배열을 가지게 되기 때문에 실리콘 결정 방향에 따라 원자가 없는 빈 곳으로 이동하면 이온 농도 분포가 채널링(Channeling) 현상을 발생시키게 되고 크기가 작은 원자일 때 더욱 커진다. 질량이 작은 이온일수록 실리콘의 격자 구조와 충돌하게 될 확률이 감소하고 실리콘의 깊은 방향으로 주입이 상승할 것이다.

4. 열처리(Annealing)

이온 주입된 도펀트가 실리콘과 결합하기 전까지는 단순한 두 개의 층 사이라 할 수 있을 뿐 전기적으로 특성을 가지기 위해서는 실리콘과 결합하여 자유전자를 지니거나 정공을 보유해야 한다. 따라서 실리콘을 위해 일정량의 열처리 공정을 진행해야 하는 것으로, 온도에 따라 전기 활성도는 온도가 올리면 증가한다.

이온 주입 후, 600~1,000℃ 정도의 열처리를 진행하면 격자의 손상을 원래의 상태로 되찾아 주고 비정질화된 부분이 있다면 이는 고상 성장법(Solid Phase Epitaxy)에 의해서 재성장 형태로 재결정화한다. 여기서 주입된 도펀트들은 열처리를 통해 실리콘 결정으로 전기적 활성화를 이루게 된다. 이러한 도펀드 활동 및 손상 재결정을 위한 열처리 과정 중 열확산(Thermal Diffusion)을 통해 도펀트 형태의 폭의 변화 현상이 발생한다. 따라서 이온 주입 도수가 낮은 경우 온도가 올라감에 도펀트의 활성화가 잘 진행이 되고 도스가 높으면 500~800℃ 안에서 온도가 상승하지만, 도펀트의 활성화에는 저하되는 영역이 발생한다. 우리는 이것을 도펀트의 비활성화라고 한다.

〈표 5-3〉 CVD 박막별 분류 및 역할

재료명	화학식	소스	반응에너지	응용
Oxide	SiO_2	TEOS, O_2	PECVD	Dielectric
	SiO_2	SiH_4, N_2O	PECVD	Dielectric
	BPSG	TEOS/TMB/TMP	Thermal CVD	Gap Fill
	HDP	SiH_4, O_2	HDP	Gap Fill, Passivation
	SOD	SOD 외 여럿	Coating+Oxidation	Gap Fill
Nitride	Si_3N_4	SiH_4, NH_3	PECVD	Hard Mask, Passivation
Oxynitride	SiO_xN_y	SiH_4, N_2O, NH_3	PECVD	ARC, Passivation
Carbon	Carbon	C_3H_6	PECVD	Hard Mask

2. 화학 기상 증착 메커니즘

CVD는 약 200~1,000mTorr의 저압에서 반응 용기 내의 열에너지에 의한 화학 반응을 통해 박막을 증착하는 것으로 정확한 화학 조성이 가능하고, 박막의 두께와 저항의 균일성이 우수하다. 또한, 박막 형성과 동시에 도핑할 수 있으며, 특히 LPCVD는 Step Coverage가 우수하다. 이러한 CVD는 반도체 공정에서 필요한 박막 재료를 구성하고 있는 원소를 포함하는 일종 또는 그 이상의 화합물을 기체 상태로 외부에서 공급하여 기체 상태 또는 기판 표면에서의 화학 반응에 따라 원하는 재료를 형성시키는 방법이다.

$$SiH_4(g) \rightarrow Si(s) + 2H_2(g)$$

$$3SiH_2Cl_2(g) + 4NH_3(g) \rightarrow Si_3N_4(s) + 6HCl(g) + 6H_2(g)$$

세부적으로 CVD 반응 내부에서 일어나는 단계적인 과정을 살펴보면 [그림 5-1]에서 보면서 확인할 수 있다.

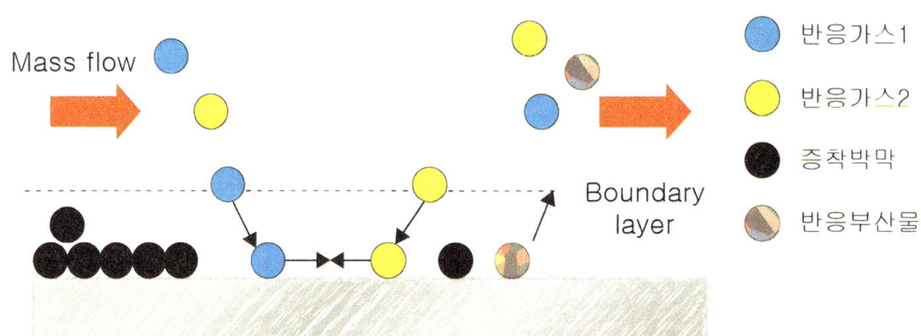

[그림 5-1] 화학기상증착 메커니즘

① 강제 흐름에 의한 반응기 내부로 반응 기체의 확산
② 경계층을 통한 반응 기체의 확산
③ 확산된 화학종의 기판 표면 흡착
④ 표면 화학 반응 → 핵 성장과 막 성장
⑤ 표면 반응 부산물의 탈착
⑥ 반응 부산물이 경계층 밖으로 이동
⑦ 율속(Rate Controlling)
⑧ 인자
⑨ 질량 전달 제어(Mass Transport Limit)
⑩ 표면 반응 제어(Reaction Rate Limit)

3. 화학 기상 증착 공정 변수

CVD는 원료 기체 가스의 화학 반응을 통해 박막으로 증착되는 공정으로 단순히 물리적 상태를 변화시켜서 박막을 증착하는 것과는 다르게 고온의 웨이퍼 표면 위에서 가스가 반응하여 원래 순수 기체와는 다르게 화학적 조성을 가지는 박막으로 증착되는 것이다. 핵심 요소는 진공압력, 온도, 화학적 원소이고 챔버를 제어하는 요소는 부피 변화, 진공압력, 온도가 있으며, 보통 막의 두께는 얇게, 밀도는 높게 하는 것을 목적으로 진행한다. 그래서 공정을 진행하는 챔버 내의 환경이 중요하여 진공을 어느 정도로 해야 할지, 박막의 위치와 공정 방식에 따른 온도는 어떻게 조절하여 가스를 활성화할지 조절하는 것이다. [그림 5-2]와 같이 정의할 수 있다.

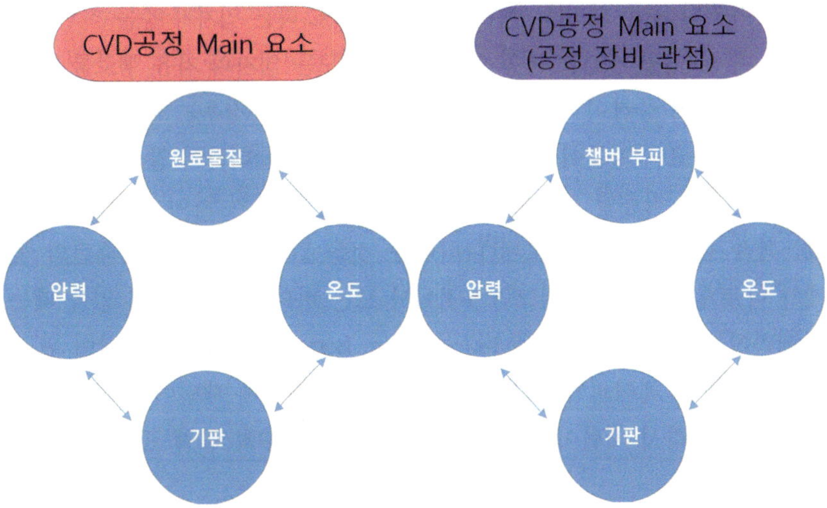

[그림 5-2] CVD 공정 Main 요소

1. 폴리 실리콘 증착(Poly Silicon Deposition) 공정

폴리 실리콘 증착 공정은 주로 다결정질 실리콘 박막을 증착한다. 증착된 다결정질 실리콘 박막은 높은 저항을 지닌 저항체로 사용 목적에 맞게 도핑하여 전극으로 사용할 수 있다. 이는 [표 5-4]에서 보는 바와 같이 고온에서 실란(Silance: SiH_4)을 튜브 내부에 흐르게 하여 증착하는 것으로 증착 시 온도는 매우 중요하여 [표 5-5]에서 보는 바와 같이 다양한 Crystal Grain size를 확보할 수 있다. 여기서 Crystal Grain size가 커질수록 결정 입도(Grain size)가 커지고, 전지적 특성이 다르게 나타난다. 이렇게 되는 것은 다결정질 실리콘 박막은 수많은 Grain로 존재하여, Grain과 Grain의 경계인 결정 입계(Grain Boundary)도 많이 존재하는데 이는 수많은 전자와 정공들이 이동하기 때문이다.

〈표 5-5〉 공정 온도에 따른 결정 구조

공정 온도(℃)	구조	Grain Size
500~600	Amorphous	Anneal 처리 시 Grain 형성
570~600	Micro Crystal	Anneal 처리 시 Grain 형성
600~650	Poly Crystal	Grain Size 변화 적음

Un-doped와 Doped 다결정 실리콘 박막을 각 공정 목적에 맞게 이용하는데 Un-doped는 주로 Hard Mask 또는 불순물 주입을 통하여 Doped로 사용하고 Doped는 트랜지스터와 커패시터를 연결과 트랜지스터와 Bit Line을 연결하는 전선 역할로 이용되고 있다.

2. 질화막 증착(Nitride Deposition) 공정

질화막 증착 공정에서 합성된 질화규소(Si_3N_4) 박막은 주로 유전막, 산화 보호막, 배선 절연막으로 이용되고 있다. 이는 진공 상태에서 600~800℃ 분위기의 튜브 내부에 실리콘 계열인 암모니아(NH_3) 가스를 흐르게 하여 Loading 된 기판들에 질화규소 박막을 증착하는 것이다. 공정별 요구하는 물성에 맞게 적당한 온도의 변화는 실리콘 계열과 암모니아 가스 비율을 최적화하는 것이 중요하게 작용한다. 그리고 박막 합성 시 생성되는 부산물인 염화암모늄(NH_4Cl)을 튜브에서 잘 배기시켜야 Defect가 발생을 줄일 수 있다. 이러한 Defect은 다양한 형태로 생성되는데 이것을 우리는 파티클로 정의하고 고온에서 공정을 진행하다 보니 Thermal Stress에 의한 박막의 Filling이 발생하기도 한다.

질화막 공정은 공정이나 장비 엔지니어가 신경을 많이 쓰고 있는데 이는 Defect 제어가 쉽지 않기 때문으로 반은 부산물(By-Product)들이 튜브 내부에 남아 있거나 튜브 내 증착되어 박막에 떨어져 크랙이 발생하는 Defect가 일어난다. 이러한 이유로 쿼츠 튜브 내부에 증착되는 박막 두께를 관리하고 일정 시간이 지나면 습식 또는 건식 세정을 통해 Defect 발생을 방지한다. 또한, 튜브 내부의 잔류 가스나 Out-gasing을 증착 전이나 후에 또는 주기적으로 질소 가스을 통해 배기하여 Defect을 최소화한다.

3. 산화막 증착(Oxide Deposition) 공정

산화막을 형성하는 것은 실리콘 전구체를 사용하여 증착하는 것으로 열 산화막에 비해 하부 구조나 재료에 크게 영향이 없고, 상대적으로 증착 속도가 빠르다는 것이 장점이다. 반응로의 압력 및 온도 등의 증착 조건과 후속 열처리에 따라 특성이 변화하는데 고온 열처리 후에는 열 산화막에 가까운 특성을 얻기 때문에 주로 전기적 특성을 가지는 막 사이의 층간 절연막, Side Wall Spacer, 이온 주입의 버퍼(Buffer)층으로 이용된다.

4. 고온 산화막 증착(High Temperature Oxidation Deposition) 공정

고온 산화막을 형성하는 것은 실리콘 계열 소스를 이용하여 증착하는 것이며, 이는 진공 상태에서 600~900℃ 분위기의 튜브 내부에 소스와 반응 가스를 흐르게 하여 Loading 된 실리콘 웨이퍼에 산화막을 증착하는 것이다. 확산 공정에서는 매우 중요한 공정이라 확산에서 정의되는 것보다는 증착에 의한 것이라 여기서 정의한다. 실리콘 기판의 산화 방지를 통해 실리콘의 손실을 최소화하는 공정으로 두께를 증가시켜 소자가 열화되는 현상을 방지하는 목적으로 이용되고 있다.

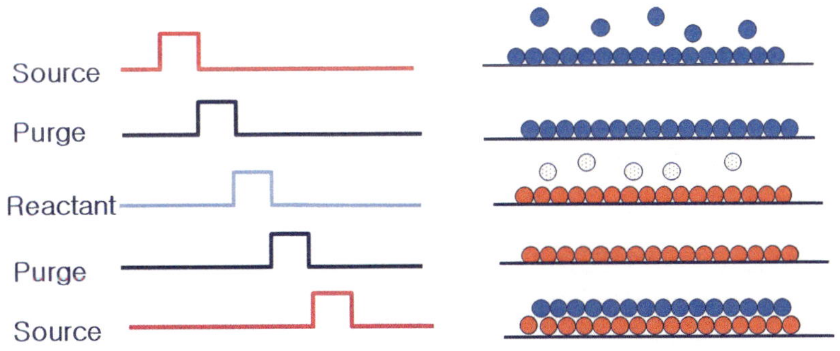

[그림 5-4] 원자층 증착의 메커니즘

5. 원자층 증착(Atomic Layer Deposition:ALD) 공정

반도체 소자가 작아지고 박막 제조 공정이 미세화되면서 기존에 사용하던 CVD 방법으로는 한계에 도달하여 원자층 증착 공정을 이용하고 있다. ALD 공정을 사용하는 것은 저온에서 원자 단위의 박막을 한 층씩 증착이 가능하기 때문이다. 이는 2가지 이상의 반응 기체를 각각 번갈아가며 펄스 방식으로 반응기에 주입하고 각 펄스 사이에 Ar 또는 N_2 가스 등 불화성 기체로 배기 후 증착한다. [그림 5-4]에서 보는 것처럼 표면 반응을 통해 원자층 단위로 박막을 성장시키는데, 증착 속도는 보통 0.5~2Å/Cycle 정도로 느리다. 이런 특성 때문에 박막 밀도가 좋고, 박막 성장 제어가 가능하여 고에너지를 가지는 이온 충격에 의한 피해가 낮은 것이다. 우리가 생각하는 불순물 생성이 억제되어 정밀한 박막의 두께가 증착되고, Step Coverage와 두께 균일도가 매우 좋을 것이다. [표 5-6]에서 보는 것처럼 ALD 공정은 주로 게이트 산화막(Gate Dielectric)이나 DRAM의 커패시터 등에 증착시 이용되고 있다.

〈표 5-6〉 ALD 공정

대분류	소분류	박막	공정온도
ALD	Nitride	Si_3N_4	500~700℃
	Low Temp. Oxide	SiO_2	〈 100℃

그러나 이 공정이 모두 좋은 것만은 아니다. 단점으로는 CVD 공정에 대비 Throughput이 낮으며, 가스 소모가 매우 크게 나타난다. 이와 관련하여 [표 5-7]에 보면 잘 정리되어 있다.

〈표 5-7〉 CVD 공정과 ALD 공정 비교 분석

특성	CVD	ALD
Reaction	Gas Phase Reaction	Surface Adsorption
Dep. Temp.	High	Relatively Low
Gas Flow	Simultaneous Flow	Alternating isolated flow
Thick. Parameter	Time, Flux	Cycle
Dep. Rate	High	Very Low
Thick. Unif.	Controllably Good	Intrinsically Excellent
Step Coverage	Controllable But Limited	Super Excellent
Film Density	Medium	High

Dep.(Deposition), Temp.(Temperature), Thick.(Thickness), Unif.(Uniformity)

이런 장단점을 보유하고 있는 ALD 공정은 반도체에서 사용하는 데 있어서 매우 큰 문제점은 낮은 증착 속도 때문에 생산량이 매우 낮다. 이 문제를 해결하기 위해 지속해서 연구 개발되고 있다.

6. 유전물질 증착(Dielectric Material Deposition) 공정

반도체에서 많이 쓰이고 DRAM 반도체 회로에서 커패시터는 반도체공학을 들어 본 사람이라면 이해하였을 것이다. [그림 5-5]에서 보는 것처럼 커패시터는 정전용량을 얻기 위해 이용되는 부품이면서 전자회로를 구성할 때 가장 기본이 되는 소자이다. 다시 말해서 전하를 저장하는 소자로, 누설(Leakage)을 적게 하고 정전용량을 높이는 것이 주요한 것이다. 측정의 주요한 요소를 정전용량이고 단위는 fF/Cell로 나타낸다.

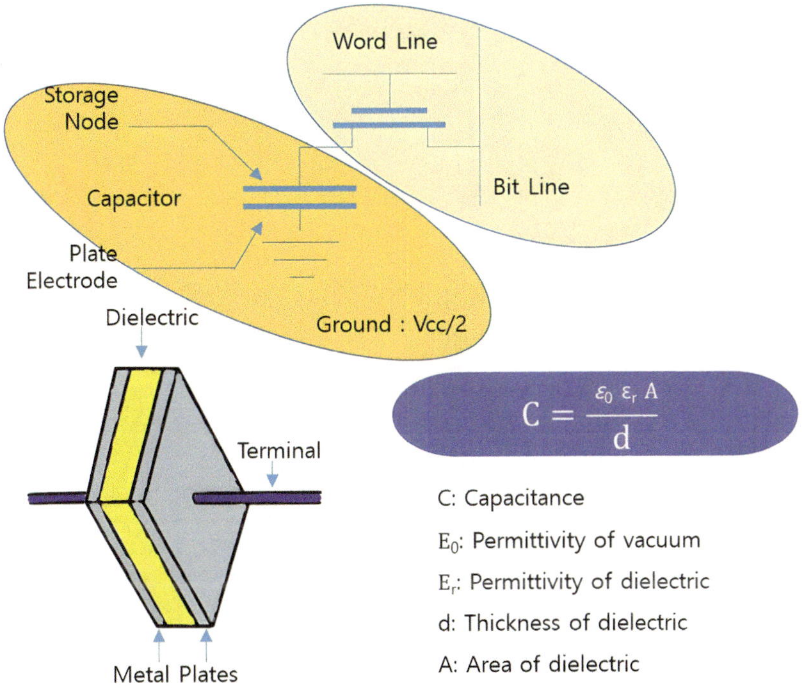

[그림 5-5] 커패시터 원리 및 구조

계속해서 말한 것처럼 커패시터는 낮은 누설 전류(Leakage Current)와 정전용량을 높이는 것이 주요하고 유전체의 두께는 낮게, 단면적은 크게, 높은 유전율을 지니는 밴드갭이 큰 물질을 이용하는 것이다. [표 5-8]에서 보는 것처럼, 다양한 물질들의 특성을 나타내어 보았다.

〈표 5-8〉 ALD 공정

물질	유전상수(k)	밴드갭(eV)	ΔE_c(eV)	결정구조(s)
SiO_2	3.9	8.9	3.2	Amorphous
AlO_3	9	8.7	2.8	Amorphous
ZrO_2	25	7.8	1.4	Monoclinic, Cubic, Tetragonal

2 화학기상증착 공정의 역할 및 이해

1. 절연막 역할

반도체 공정의 선과 선, 층과 층 사이는 동작의 절대적인 영향을 주시 때문에 절연막의 역할이 필요하다. 이는 CVD 막의 기본으로 절연막 역할이 절대적이다. 예전부터 산화막이 주로 이용되었다. 소자의 단면을 확인하면 2/3 가량이 절연막으로 되어 있으며, 이는 웨이퍼 전체의 뒤틀림 관리와 Thermal에 대한 안정성도 보장되고 보호막 역할도 해야 하는 것이다. 박막 특성의 중요한 물성은 Refeactive Index(RI, 굴절률), Step Coverage, Stress 등이다. 굴절률이란 물질로 빛이 입사되어 물질 안에서 빛의 속도가 줄어드는 비율을 의미한다. 굴절률은 n이라 정의할 수 있다. n은 〈식 5-1〉에서 보는 바와 같다.

$$n = \frac{C(\text{전공에서의 빛의 속도})}{V(\text{매질에서의 빛의 속도})} \qquad \text{〈식 5-1〉}$$

예로 SiO_2, Si_3N_4 박막은 각 1.46, 2.0 정도의 값을 지니고 있다.

Step Coverage란 높낮이 차가 있는 패턴에서 각 박막이 증착될 때 수평인 부분과 높낮이 차가 있는 부분에 쌓이는 두께가 부위별로 다르게 나타나는 것을 알 수가 있는데 이에 대한 비율을 의미한다.

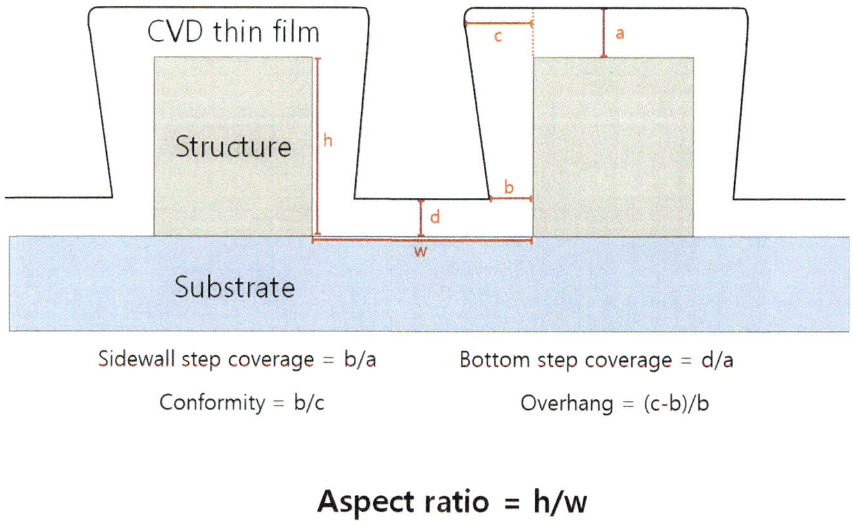

[그림 5-6] Step Coverage 정의

Stress는 일반적으로 두 물질 사이가 어울리지 않는 조합에서 발생하는 것으로 두 가지로 본질적인 스트레스(Intrinsic Stress)와 외부적인 스트레스(Extrinsic Stress)로 나눌 수 있다. 본질적인 스트레스는 박막이 초기 핵형성과 성장하는 과정에서 나타날 수 있다.

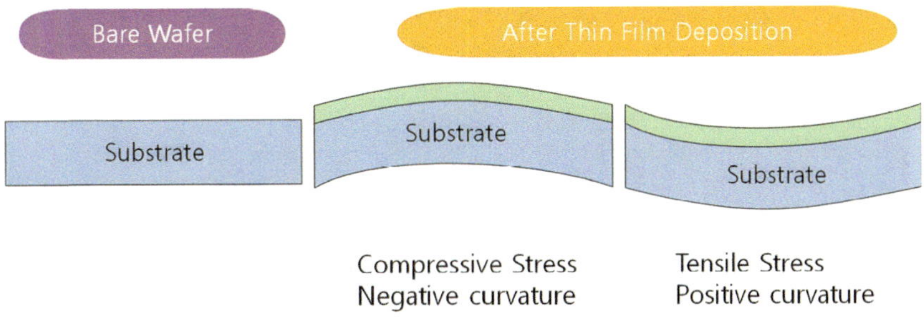

[그림 5-7] 박막의 스트레스 정의

외부적인 스트레스는 기판과 증착된 박막 사이와 열팽창계수의 차이로 발생하게 된다. 방향이 − (Negative Curvature) 방향으로 Compressive, + (Positive Curvature) 방향은 Tensile로 명칭을 정의하고 있다. 이와 관련하여 [표 5-9]에 보면 잘 정리되어 있다.

〈표 5-9〉 열팽창계수(Coefficients of Thermal Expansion)

물질	α (열팽창계수)
Si	3
SiO_2	0.5
Si_3N_4	2.8
Co	12
W	4.5
Cu	16
Al	23.2

2. Gap Fill 특성

반도체 공정의 배선과 배선 사이에 절연막을 채울 때, Void(공극)가 생기지 않게 채워야 한다. 공극이 생기면 후속 공정에서 패턴을 형성하면서 문제를 발생시킬 수 있어서 확실하게 공극을 없도록 해야 한다. 이런 원인은 상부와 측면 방향에서 증착 속도가 일정하게 증착을 이루지 않아 내부에 빈 곳을 형성하고 마무리가 되면서 발생하게 된다. 일반적으로 SiO_2에 SiH_4 가스의 TEOS가 우수한 Step Coverage를 보여야 하고 있는데 이는 Precursor TEOS가 SiH_4 가스보다 Sticking Cofficient가 낮으므로 우수한 것으로 나타나는 것이다. 또한, 시대가 발전 및 개발되면서 미세 선폭이 작아질수록 채워지는 Aspect Ratio가 높아야 이를 극복할 수 있는 공정이 이루어질 수 있고, 이와 함께 개발도 되어왔다. Gap Fill에 대한 개발은 과거부터 지금까지 CVD 공정에서 늘 극복해야만 하는 것이다.

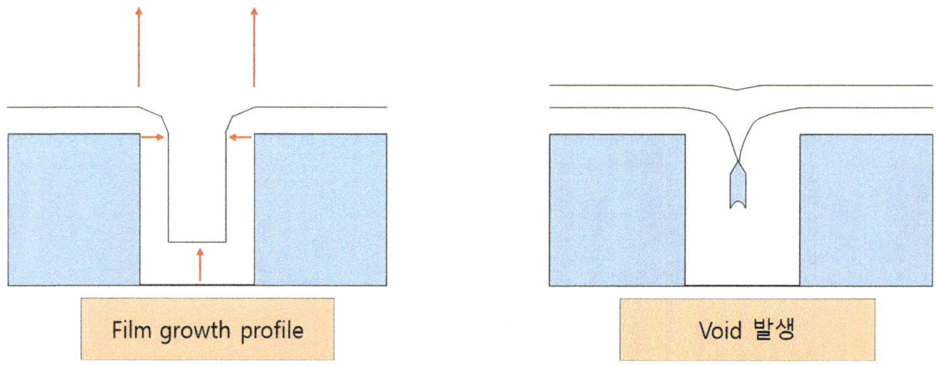

[그림 5-8] CVD 증착시 Void 발생 예시

3. 하드 마스크(Hard Mask) 역할

반도체 공정에서 하드 마스크란 패턴에 필요한 다른 두 개의 박막을 이용하여 제거되는 속도의 차이를 통해 식각하는 방법을 의미한다. 일반적으로 식각의 패터닝 방법은 남기기 위한 박막 위로 PR을 남기고 식각하는 방법이지만, 선폭이 작아지면서 이러한 방법에도 한계에

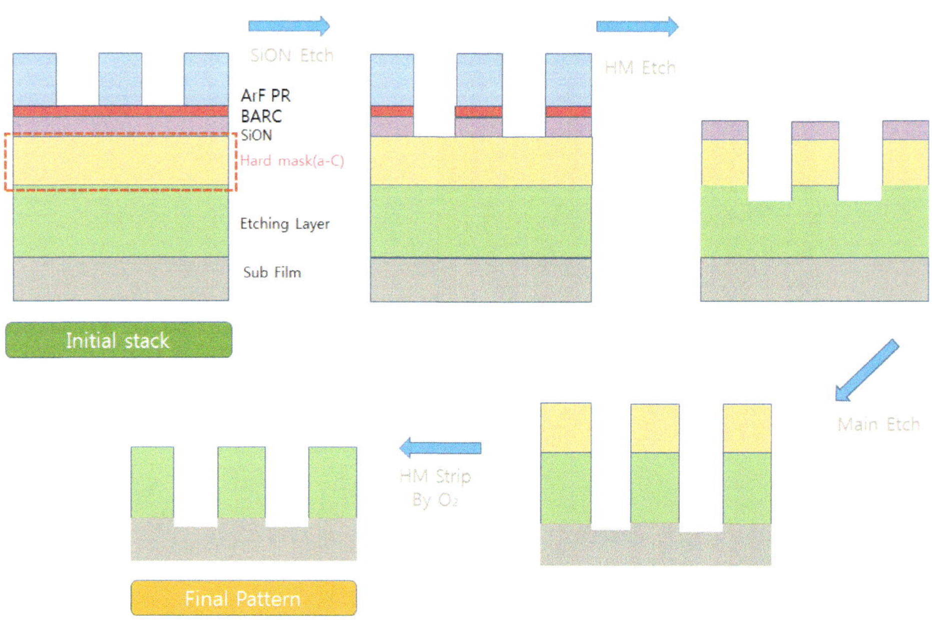

[그림 5-9] 하드 마스크를 이용한 패터닝 방법

봉착하면서 이러한 방법이 생긴 것이다. 기본적으로 Oxide 식각 시 선택비 차이를 이용하여 Nitride 박막이 사용되었는데 이후 선폭이 작아지면서 대부분 하드 마스크를 PR과 비슷하게 패터닝하여 쉽게 O_2 Ashing을 통해 처리가 가능한 Carbon 박막을 이용하고 있다.

4. Low-k 절연막

반도체 설계에서 줄어들면서 RC Delay로 인해 동작 속도의 손실을 유발하게 되는데 금속과 금속 사이 절연막의 물질이 유전율이 큰 경우 실제 동작에서 Cap이 존재할 수 있으므로 배선의 속도에 크게 영향을 주어 속도 저하가 발생할 수 있다. 절연막인 SiO_2 박막을 오랫동안 사용하였지만, 이후 현재 지속해서 유전율을 낮추기 위해 계속해서 로직 공정에 이용했다. 최근 Low-k 기술이 DRAM 금속 배선에 이용하고 있는데, 이를 통해 응용되고 있는 것은 매우 광범위하게 발전해 왔는데 기존 SiO_2 박막에 C, H 함유량을 증가하도록 하여 더 낮은 k 값을 가지는 박막을 만들었다. CVD와 SOG Coating 방법을 통해 Low-k 박막을 증착할 수 있는데 대부분 CVD 방법을 이용하고 있다. 그러나 무조건 유전율을 낮게 가지고 갈수는 없는 것으로 유전율이 낮아질수록 수분 흡수와 경도가 취약해지고 열에 의한 스트레스 변화의 차이가 벌어지기 때문에 공정의 최적화 조건은 계속 발전되고 있다.

5.3 CVD 장비의 특징

1 개요

반도체 장비는 기본적으로 원하는 박막이 만들고 불필요한 By-Product은 빠르게 배기 처리하는 것과 증착 시 재현성 있게 구현하는 것이다.

1. 장비 관리 특성

개별 공정의 특성에 맞게 Main 장비의 챔버 내부 구성이 다르게 구성하고 이에 따른 가스 그리고 부품까지 장비의 특성에 맞게 구성하고 있다. Main 장비에서의 웨이퍼가 챔버로 이동하여 공정이 이루어지는데, 보편적인 순서를 정의하여 보면 아래와 [그림 5-10]에서 확인 할 수 있다.

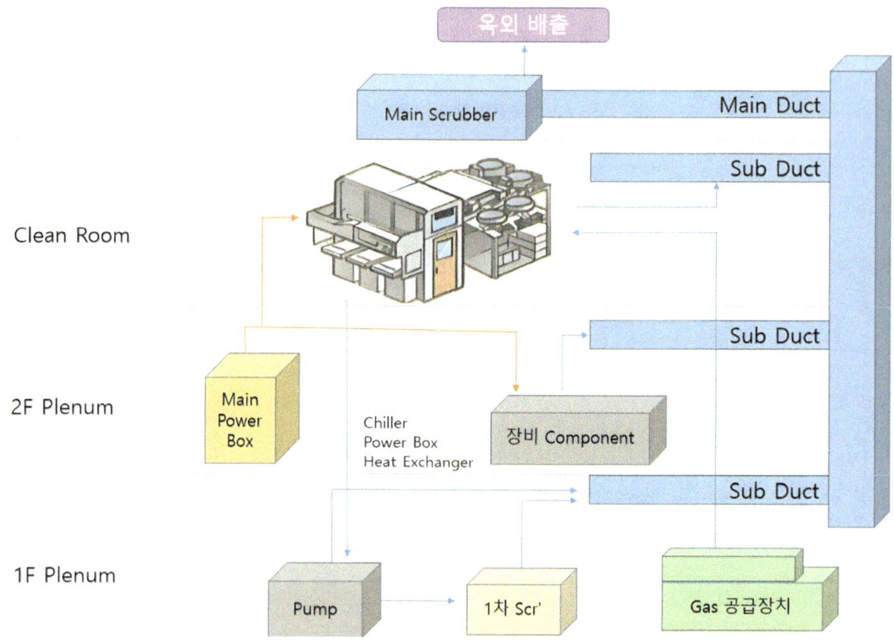

[그림 5-10] 반도체 공정 일반적인 순서

CVD 장비 중 PECVD 장비의 경우 증착에 사용되는 가스들은 주입구를 통해서 공정 챔버 내의 상단으로 흘려서 샤워 헤드(Shower Head) 상부 중 많은 구멍을 통해 분사되면서 플라즈마가 발생하게 되어 내가 필요로 하는 박막은 웨이퍼 기판에 증착이 되고 나머지 부산물은 배기를 통해 배출되는 것이다. 또한, 장비에는 각각의 꼭 만족해야 하는 조건들이 있다. 박막 두께 목표값, 두께의 균일도(Uniformity), Particle이 이에 필수 항목들이다. 균일도란 웨이퍼의 증착되는 두께가 중앙(Center)와 끝(Edge) 부위에 얼마나 균일하게 증착되었는지 측정을 통해 확인하는 지수이다. 이와 관련된 수식은 〈식 5-2〉와 같다.

그리고 증착(Deposition) 장비의 특성상 증착 비율이 항상 관리 되어야 하는 항목이다. 이는 물질 특성과 공정의 시간에 영향을 주기 때문에 장비에서의 공정을 진행하는 처리량(Throughput)에 직접적인 영향을 주는 것이다. 이와 관련된 수식은 〈식 5-3〉와 같다.

$$Uniformity(\%) = \frac{Max - Min}{2 \times Thickness\ Average} \times 100 \qquad \text{〈식 5-2〉}$$

※ Max : 측정된 값의 최고값

※ Min : 측정된 값의 최저값

$$Thickness\ rate\,(nm/\min) = \frac{\text{증착된 } Thickness\,(nm)}{\text{증착 시간}\,(Sec)} \times 60 \qquad \text{〈식 5-3〉}$$

2. 주요 장비 부품 특성

(1) RF 전력(Power) 공급 장치

RF 전력 장치는 RF 발전기(generator)와 매칭(Matching)으로 구분하는데, 발전기는 챔버 내에 플라즈마를 점화하는 데 필요한 RF 전력을 공급하는 장치이고, RF 매칭은 발전기의 임피던스(impedance)와 챔버의 임피던스를 매칭시켜 반사(Reflect) 전력을 작게 함으로써 발전기에서 생성되는 전력 손실을 극소화하여 챔버로 전해지는 역할을 한다.

[그림 5-11] RF 발전기

(2) 펌프(Pump) 장치

(가) 진공이란

주어진 공간 안에 기체, 분자 및 유기물이 없는 공간의 상태를 말하는데, 사실 넓은 의미의 뜻으로 대기압보다 낮은 기체 압력 상태를 의미한다.

(나) 압력이란

어떤 힘을 말한다. 이는 단위 면적당 가하는 힘을 말하는데, 그중에서 기체는 모든 방향으로 확산하는 성질을 가지고 있다. 이는 기체 입자의 수와 충돌의 강도에 의해서 압력이 정해진다.

(다) 진공이 필요성

반도체에서 물질의 도핑 정도에 따라 ppm 단위로 정의를 한다. 이에 반도체 팹(Fab.) 제조 공정에서는 공정 역할에 맞게 기체 또는 각각의 분자가 없는 상태를 만들고 유지해야 하는 것인데 이 기술을 위해서 꼭 필요한 조건이 바로 진공이다. 그러므로 각각의 공정특성에 맞게 적절한 진공 조건이 꼭 필요한 항목이다.

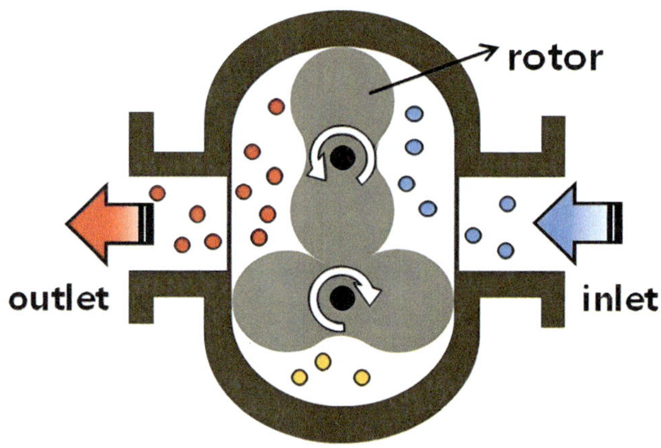

[그림 5-12] 펌프 구성 개념도

- PVD 장비 : $10^{-6\sim-8}$ Torr 압력 유지 후 공정
- CVD 장비 : 10^{-3} Torr 압력 유지 후 공정

(라) 펌프의 종류

ⓐ 드라이 펌프(Dry Pump)

동작 원리는 2개의 로터(Rotor)가 반대로 회전하여 흡입-압축-배기의 과정이 동시에 진행되는 것이다. 이 펌프의 장점은 로터리(Rotary Pump)와 달리 내부에 윤활유를 이용하여 진공을 만들어 내는 것이 아니기 때문에 윤활유의 역류에 의한 오염 가능성이 없다.

ⓑ 터보 몰라큘러 펌프(Turbo Molecular Pump)

동작 원리는 기체 분자가 흡입 기수를 통해 디스크 사이로 유입되어 블레이드(Blade)에 충돌하여 블레이드의 각도 방향에 따라 꺾이면서 또 다른 디스크 쪽으로 향하는 것이다. 블레이드의 각도는 초기에 보편적으로 약 30°~ 40°로 크며, 배기구 방향으로 갈수록 약 10°~ 20°로 낮게 하여 기체의 압축비를 높이는 것이다.

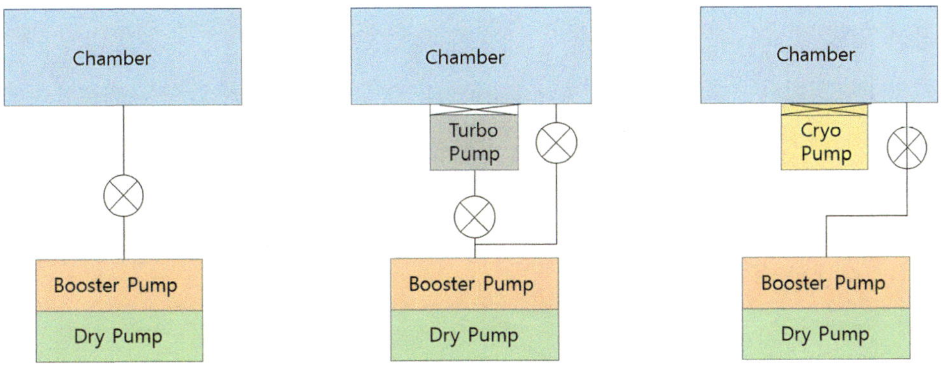

[그림 5-13] 저진공과 고진공 펌프 구성도

ⓒ 크라이오 펌프(Cryo Pump)

동작 원리는 극저온 영역에서 기체를 응축시켜 제거하는 방법으로 진공을 만들게 되는데, 헬륨(He) 가스를 팽창시키는 방식으로 냉각하는 Cold Head 2개 단계별 온도 하강, Charcoal를 통해 기체 흡착, Baffle이 온도가 외부에 의해서 낮아지는 것을 방지하고자 구성하고 있다. 그러나, 이 펌프의 단점도 있는데 역시 기체가 펌프 내부에 저장용량의 한계로 인해 리제너레이션(Regeneration)이 꼭 실시되어야 하는 항목이다.

ⓓ 펌프 구성

펌프는 저진공과 고진공으로 구성되어야 정확한 성능을 유지할 수 있다. 드라이 펌프는 고용량화를 위해 Booster 펌프와 함께 구성되어 있고, 터보 펌프와 드라이 펌프로 구성하고 있다. 크라이오 펌프와 드라이 펌프로 구성하기도 한다.

5.4 CVD 공정 장비의 소개

1 PECVD Un-doped Silicate Glass 공정

1. 공정 역할

PECVD 공정에서 Un-doped Silicate Glass는 TEOS와 SiH_4 가스의 압력을 이용하여 SiO_2를 만들고 있다. 절연막에 이용하는 Shallow Trench Isolation(STI), Inter Layer Dielectric(ILD), Inter Metal Dielectric(IMD)로 구분하고 있다. 그래서 ILD, IMD 박막으로 이용되고 있다. PECVD 공정을 이용한 Oxide 막은 두 가지 방법을 이용하여 아래와 같은 〈식 5-3〉 반응식에 의해 구성되고 있다.

$$SiH_4(g) + N_2O(g) \xrightarrow[Heat]{Plasma} SiO_2(g) + byproducts(g)\uparrow \qquad \langle 식\ 5\text{-}3\rangle$$

$$TEOS(g) + O_2(g) \xrightarrow[Heat]{Plasma} SiO_2(s) + byproducts(g)\uparrow$$

공정들을 보면 가변적인 파라미터(Parameter)가 SiH_4/N_2O, TEOS/O_2 Ratio, 압력, 삽입 가스 He, N_2, RF power, 주파수 등이 있다. 이는 개별 박막 특성에 맞는 조건으로 세팅하여 최적의 조건을 찾는 것이 매우 중요하며 이를 적용하는 것이다. TEOS의 경우 액상(Liquid)으로 공급되고 Liquid Flow Meter을 지나 밸브(Valve)를 거쳐 배포되는 형태로 공급하기 때문에 공급 배관의 온도 역시 관리가 중요하다.

2. 장비 관리

공정에서 관련 주요 항목들은 해당 장비 관리를 위해 정확하게 유지 조절이 필요하다.

① Gas Flow
② 압력(Pressure) 관리
③ RF 전력(Power) 관리
④ Heater 온도(Temperature) 관리
⑤ Delivery Line 온도 관리(Liquid Sounce: TEOS 등)

2 Thermal CVD BPSG 공정

1. 공정 역할

보편적인 Un-doped Silicate Glass 박막에 B, P 농도를 주입하다 보면 가스 흐름에 특성이 좋아진다. 이러한 이유는 B, P Oxide가 Glass의 녹는점(Meting Point)을 낮게 하는 효과를 주어 낮은 온도에서 가스 흐름 특성을 가지도록 하여 보편적으로 Gap Fill가 평탄화 공정에 이용되고 있다. 이러한 Thermal CVD 공정은 Plasma Induced Damage(PID)을 신경 쓰지 않고 많이 사용되고 있으며, 이와 관련 반응식은 〈식 5-4〉와 같다.

$$TEOS(g) + TMB(g) + TMP(g) + O_3/O_2(g) \xrightarrow[Heat]{} BPSG(s) + byproducts(g)\uparrow \quad \langle 식\ 5\text{-}4 \rangle$$

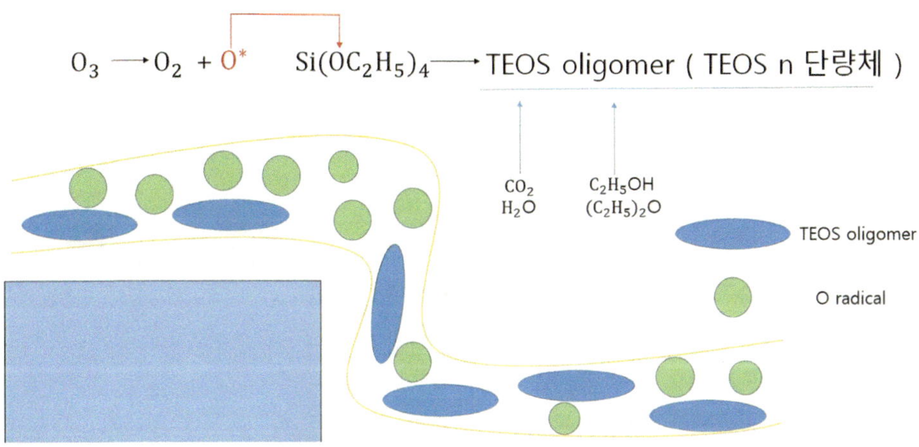

[그림 5-14] TEOS $-O_3$ 가스 흐름 특성

TEOS $-O_3$ 중합체(Oligomer) 형성하여 표면 이동으로 흐름 특성이 좋아지게 되고 탈착(Desorption) 현상으로 일반적으로 Gap fill과 평탄화 특성을 지내게 되는 것이다. BPSG 공정 후 내부 Void 및 단차는 명확하게 나타나는데, 이후 열처리(Anneal) 공정을 진행하면 Void가 없어지고 평탄하게 나타나는 것을 알 수 있다. 이러한 가스 흐름 특성은 BP 농도와 열처리 온도가 높으면 열처리 가스 N_2보다 수증기일수록 좋아지는 것을 알 수 있으나, 반대로 Wet 특성은 나빠지는 것을 알 수 있으며, 온도 증가 시 소자의 특성 등을 고려하여 최적의 조건으로 설정하여 관리되어야 한다.

2. 장비 관리

공정에서 관련 주요 항목들은 해당 장비 관리를 위해 정확하게 유지 조절이 필요하다. 특히 B, P Doping 농도 관리가 정밀하게 되어야 한다.

① Gas Flow
② 압력(Pressure) 관리
③ Heater 온도(Temperature) 관리
④ Delivery Line 온도 관리(Liquid Sounce : TEOS 등)

3 PECVD Anti Reflection Coating 공정

1. 공정 역할

포토 공정에서 노광시 Under Layer 막에 대한 빛의 반사 때문에 패터닝 불량이 발생하는데, 이것을 제거하고자 Photo Resister(PR) 코딩 전에 Anti Reflection Coating(ARC) 막을 증착하여 빛의 반사를 줄여 정확한 패턴이 되도록 하는 것이다. Mask 공정 자체에서 이용되는 유기 ARC 및 CVD로 증착되는 SiO_xN_y 물질을 적용하고 있으며, 이와 관련 반응식은 〈식 5-5〉와 같다.

$$SiH_4(g) + N_2O(g) + N_2(g) \xrightarrow[Heat]{Plasma} SiO_xN_y(s) + byproducts(g)\uparrow \qquad \text{〈식 5-5〉}$$

CVD 막질 중 ARC에 대한 조건에서 위상(Topology) 빛의 파장을 소멸 간섭의 조건으로 필요하고, 이 막 두께(Thickness) 및 굴절률 RI와 관련되어 있다. 일반적으로 ARC 막은 두 가지 물성을 자유로이 조절할 수 있다 하여 PECVD 공정을 이용하고 있다.

2. 장비 관리

공정에서 관련 주요 항목들은 해당 장비 관리를 위해 정확하게 유지 조절이 필요하다. 특히 RI 물성 관련 SiH_4/N_2O 비율관리가 제일 중요하게 관리가 되어야 한다.

① Gas Flow
② 압력(Pressure) 관리
③ RF Power 관리
④ Heater 온도(Temperature) 관리

4 High Density Plasma (HDP) 공정

1. 공정 역할

공정에서 소자의 집적도가 증가하면서 절연 특성과 함께 Gap Fill 특성이 더욱 요구되어 초기 Overhang 현상 때문에 막이 채워지지 않고 Void가 발생하게 된다. 이를 해결하기 위해 초기에는 증착 박막의 상부 Overhang 부분을 Ar 가스를 통해 스퍼터링 함으로써 개구부를 열어주고 다시 증착하는 방법을 반복적으로 하면 Void를 자유롭게 해준다. HDP 공정상 PECVD 비교하면 플라즈마 밀도와 압력 차이가 종종 발생하게 된다. HDP 공정은 증착하고 스퍼터링하고 증착을 지속하면 이때 증착과 스퍼터링 비율관리가 중요해지게 된다.

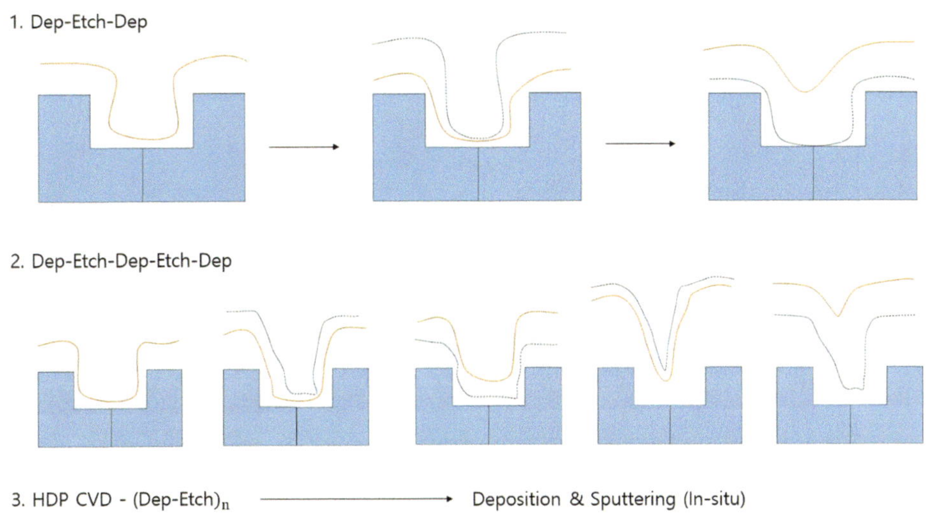

[그림 5-15] 공정의 증착 원리

〈표 5-10〉 HDP와 PECVD 공정 조건 비교

	HDP	PECVD
Plasma Density	$>10^{11}$㎤	10^{10}㎤
Pressure	수 mTorr	수 Torr
Heater	E-Chuck	Heater

**E-Chuck : Chucking & Dechucking

$$\begin{aligned} &Deposition\, of\, Sputter\, Ratio \\ &= \frac{\text{순수한 } Deposition \text{ 량} + Sputtering \text{ 된 양}}{Sputtering \text{ 된 양}} \end{aligned} \quad \langle 식\ 5\text{-}6\rangle$$

2. 장비 관리

공정에서 HDP 장비구조는 고밀도 플라즈마를 위한 Inductivity Couple Plasma(ICP) 구조로 이루어져 있으며, 고진공 상태를 유지하기 위해 터보 펌프와 Rough 펌프 2개 동시에 사용된다. 공정 관련 주요 항목들은 해당 장비 관리를 위해 정확하게 유지 조절이 필요하고 중요하게 관리가 되어야 한다.

① Source RF Power
② Bias RF Power
③ O_2/SiH_4 Ratio
④ He, H_2, NF_3 Flow rate
⑤ He Backside Pressure
⑥ 터보 펌프

5 Spin on Dielectric(SOD) 공정

1. 공정 역할

공정에서 소자의 집적도가 증가하면서 Gap Fill이 주요 논쟁거리가 되어 초기 증착은 액체 형태로 코팅하고 열처리를 거쳐 SiO_2 절연막 역할을 하는 것으로 지금까지 가장 좋은 Gap Fill이다. 폴리실라잔(Polysilazane : PSZ) 폴리머 구조로써 화합물의 비율이나 성분 등에 대한 기술은 공개하고 있지 않다. SOD 공정은 아래 [그림 5-16]에서 보는 것처럼 3단계로 구성하고 있다.

(1) 폴리실라잔(PSZ)
(가) Steam Curing
(나) Low Film Shrinkage ⇨ Narrow Space에서 막의 밀도 좋음
(다) Shallow Trench Isolation(STI), Inter Layer Dielectric(ILD)용에 적합한 SOD 물질

(2) 수소실세스퀴옥산(Hydrogen Silsesquioxane)
(가) FO_x, T-12
(나) Inorganic Spin On Glass(SOG) ⇨ 완벽한 SiO_2로 전환이 가능
(다) 가장 적합한 Inter Metal Dielectric(IMD)용 SOD 물질

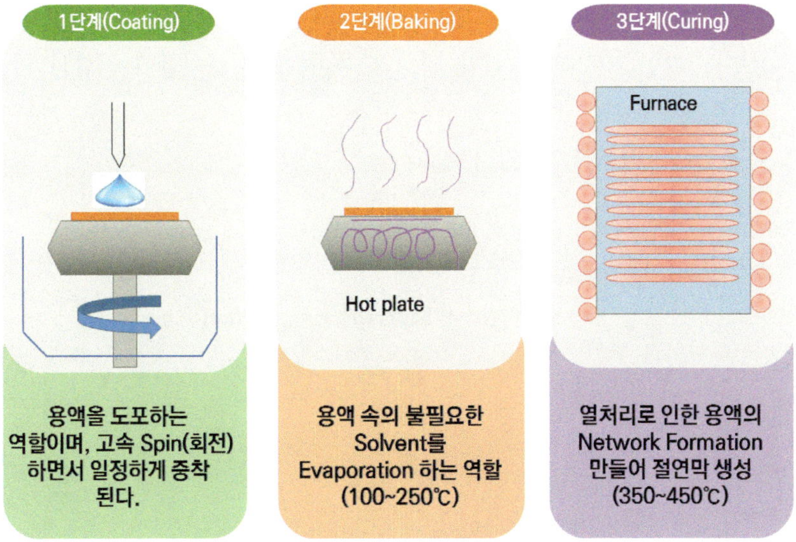

[그림 5-16] SOD 공정 순서

(3) 실록산(Siloxane)

(가) Organic SOG ⇨ 불산(HF) 습식 식각속도 감소

(나) Si-O 결합에서 Si-CH_3로 변환한 상태

(다) 산소 플라즈마에 매우 약함 ⇨ 수분 흡수와 가스 방출 발생

2. 장비 관리

보편적으로 포토 공정에서 PR 코팅 공정에서 관리하는 방식을 통해 관리되어야 한다.

① 용액 보관 관리

② Bake 온도

③ 사용량

④ Edge Bead Remove(EBR)

⑤ RPM 회전속도

6 PE Nitride(Si_3N_4) 공정

1. 공정 역할

공정에서 산화막 막질보다 밀도가 높아 Passivation Layer, 산화 보호막, 하드 마스크, 습식 식각 시 정지될 수 있는 Stop 역할을 한다. 막의 밀도를 높이기 위해 550℃ 고온 공정에서 이용하는 되는 것으로 아래와 같은 특징을 지니고 있다.

① 유전율이 4인 실리콘 산화막보다 밀도가 높아서 유전상수 7을 지닌다.
② 2가인 O보다 3가인 N에 의한 결합 밀도가 높아 Barrier 역할에 적합하다.

이와 관련 반응식은 〈식 5-7〉와 같다.

$$3SiH_4(g) + 4NH_3(g) \xrightarrow[Heat]{Plasma} Si_3N_4(s) + 12H_2(g) + byproducts(g)\uparrow \quad \text{〈식 5-7〉}$$

2. 장비 관리

① Gas Flow
② RF Power
③ Pressure
④ Heater Temperature

7 Amorphous Carbon Layer 하드 마스크 공정

1. 공정 역할

공정에서 비정질 형태의 카본(Carbon) 화합물로 결정 구조가 없으며, 반응 조건에 의해서 여러 가지 구조를 지닌다. 이에 막질은 식각 시 선택비가 우수하고 산소 Ashing이 가능하여 하드 마스크 역할로 매우 우수하다. 이는 100nm 공정에서 도입하여 지속해서 이용되고 있다. 이와 관련 반응식은 〈식 5-8〉과 같다.

$$C_3H_6(g) + 3H_2(g) \xrightarrow[Heat]{Plasma} a-C(s) + 6H_2(g) + byproducts(g)\uparrow \quad \text{〈식 5-8〉}$$

이 공정은 온도에 의해서 물성 차가 있으며, 온도가 높아질수록 막내 H_2 함유량이 적어지고 식각 선택비가 증가할 수 있다. 하지만, 빛의 흡수율인 k 값이 증가하여 포토 공정에서 정렬(Alignment)하기에 곤란하다. 이에 다양한 조건을 생각하여 300℃~650℃ 안에서 온도를 설정하여 이용한다.

2. 장비 관리

보편적으로 PECVD 공정과 같게 관리하는 방식으로 온도에 정밀한 관리사 요구된다.

① Gas Flow
② RF Power
③ Pressure
④ Heater Temperature

8 Low-k 공정

1. 공정 역할

공정에서 금속 배선 간의 절연을 위해 배선 간의 결합을 최소화하기 위해 Low-k를 선택하여 이용하며, 적은 전하로 RC Delay를 줄여 신호 전달의 속도를 유지하는 것이다. 이는 SiO_2에 C, H 함유량을 증가하면 k값이 낮아지고 이러한 Low-k 막은 투과성(Porous) 있어 Mechanical 강도가 약하여 수분 흡수에 취약하여 식각, 세정 공정 조건을 함께 고려하여 최적으로 선택하여야 한다. 따라서, 공정을 만족하여 이용하기 위해서는 단위 공정인 RI, Stress, k 값을 정기적으로 측정 관리하여야 한다.

2. 장비 관리

① Gas Flow
② RF Power
③ Pressure
④ Heater Temperature
⑤ Delivery Line Temperature

9 Gate Oxide/Nitride Stack 공정

1. 공정 역할

반도체 소자 중 3D NAND에서 이용하는 공정인 수직 Gate를 패턴 하기 위해 Oxide/Nitride Stack 공정이 이용되고 있는데, Oxide/Nitride Stack 공정의 특징은 같은 챔버 안에서 Oxide와 Nitride 막을 반복하여 증착하는 것이다. Oxide/Nitride을 하나의 막으로 결정하고 필요로 하는 Stack 수만큼 증착하고 그 후에 Nitride 막을 제거하여 여기에 W Gap Fill로 만들어지는 것을 말한다.

Oxide/Nitride Stack 구조는 지속해서 높아짐에 전체 Stack의 Stress, 두께 균일도가 주요하게 관리되고 있다. 또한, Edge 부위의 변화에 매우 민감하다.

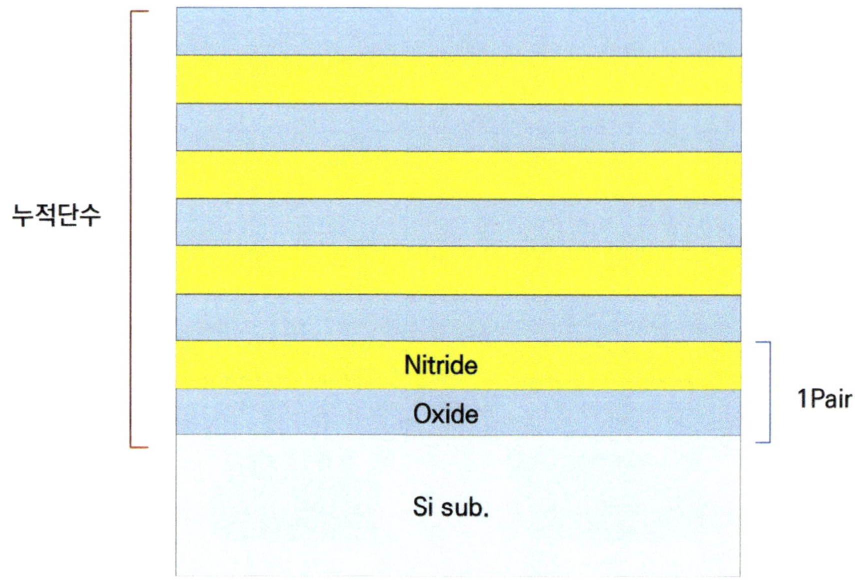

[그림 5-17] Oxide/Nitride Stack 구조

2. 장비 관리

① Gas Flow

② RF Power

③ Pressure

④ Heater Temperature

⑤ Deposition Rate

CHAPTER 06

PVD 공정

6.1 PVD 공정

1 개요

반도체 박막 공정 중 PVD(Physical Vapor Deposition)는 물리적인 방법에 따라 막을 증착하는 방법으로 진공 상태에서 공정이 이루어진다. 우리는 이를 물리 기상 증착 방법이라고도 해석한다.

물리 증착법의 증착 과정은 증착 재료의 증기화, 증기화된 재료가 기판으로의 이동, 기판에서의 증착 등 3단계로 이루어지는데 이 과정들이 화학적 반응 없이 이루어지므로 화학 증착법에 대응하여 물리 증착법이라 한다.

〈표 6-1〉 금속 물질에 따른 증착 방법 분류

용도	물질	증착방법
Barrier Metal	Ti, TiN	Sputter, CVD
Contact Gap Fill	W	CVD
Capacitor	TiN	ALD
Salicide	Ti, Co	Sputter
Line	Al, W	Sputter
Seed Barrier	Ta, TaN, Cu	Sputter
Line+Contact Gap Fill	Cu	Electric Plating

공정의 주요 반응 메커니즘은 필요로 하는 막막의 막질을 Ar 가스로 스퍼터링(Sputtering)하여 웨이퍼 표면에 박막이 증착되도록 하는 공정이다. 보편적으로 주요 박막은 Al(Aluminum), Ti(Titanium), TiN(Titanium Nitride), W(Tungsten), Co (Cobalt), Cu(Copper) 등이 있다.

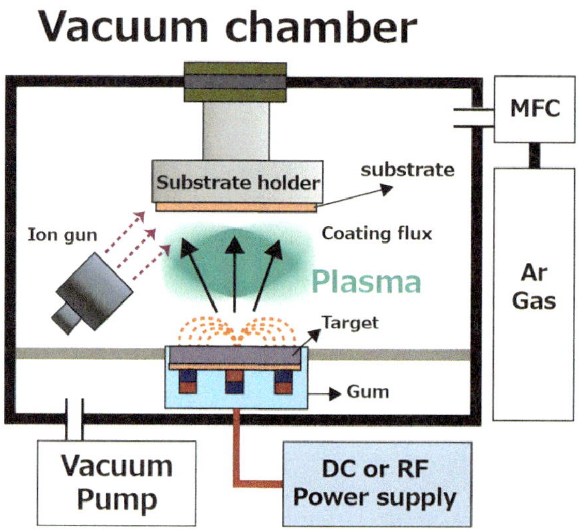

[그림 6-1] 스퍼터링 장치의 기본 개념도

2 PVD 공정의 주요 사항

PVD를 우리는 Metalliaztion(금속배선)이라고도 한다. 이의 역할은 낮은 저항이 매우 중요하다. 낮은 저항은 RC Time을 짧게 하고 동작 속도는 더욱 빠르게 하는 것으로 금속 배선의 저항에 비례하는 것을 의미한다. 반도체 설계에서 금속 배선은 기판 위에 이루고 있는 수백만개의 TR과 Contact로 연결하여 저항의 동작 속도 및 제품의 신뢰성에 역할을 하는 것이다. 가장 대표적인 물질은 Al, Cu 등이 있다. 아래 내용들의 주요 사항들이다.

① Low Resistivity
② Easy Film Formation
③ Stability of Mechanical Properties
④ Resistance to Electro-Migration & Stress-Migration
⑤ Corrosion Resistance & Low Film Stress
⑥ No Contamination to Wafer Chip & Machines
⑦ Good Controllability for Film Deposition & Patterning

6.2 PVD 공정 및 장비의 특징

1 PVD 공정

스퍼터링은 외부에서 가해진 전압은 저압의 기체(Ar)를 이온화시켜서 기체 이온을 형성시키며 기체 이온은 sheath potential에 의해서 가속되어 cathode 타깃을 때린다. 기체 이온의 충돌 때문에 타깃의 원자가 튀어나와 기판(Substrate)까지 기상 이동하여 기판 표면에서 응축, 성장하게 되는데 이 과정이 스퍼터링 증착 과정이다. 이러한 스퍼터링 증착법은 화학증착법에 비하여 일반적으로 저온 공정이며, 공정 방법이 비교적 단순하다는 장점으로 인하여 현재 소자의 금속 증착에 이용되고 있다.

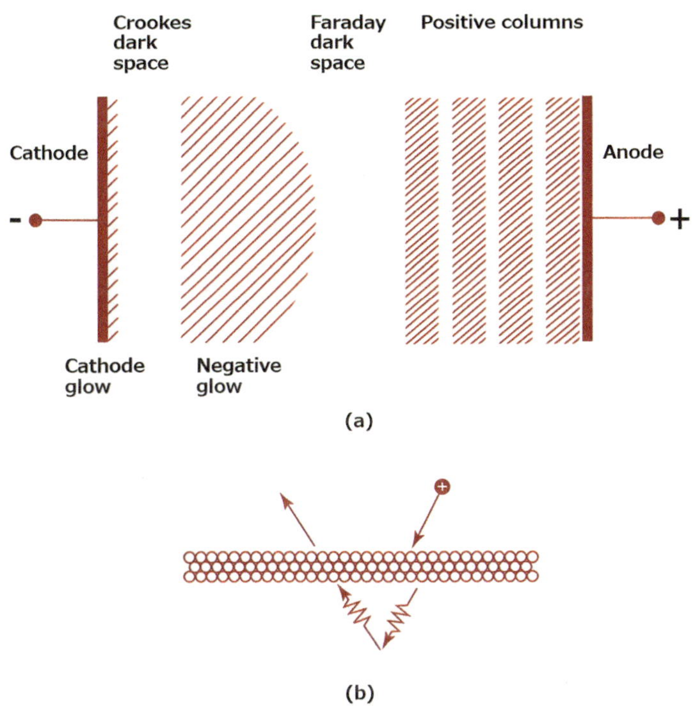

[그림 6-2] 스퍼터링 공정
(a) Characteristic regions of a glow discharge; (b) Momentum transfer through phonon interaction

그러나 물리적 증착은 대부분 고진공 하에서 이루어지기 때문에 금속 원자의 평균 자유 경로가 길어지고 증착 온도가 낮아 흡착된 원자의 이동성이 떨어지며 부착계수가 높다. 이 경우 입사각으로부터 가까워져 있거나 입사각과 평행한 면에는 박막이 거의 증착되지 않는 우수한 층 덮임을 얻기가 어렵다.

1. DC 스퍼터링

DC 스퍼터링은 반도체 제조에 있어서 중요한 공정 중의 하나이다. DC 스퍼터링의 점으로는 구조가 간단하며 가장 대표적인 스퍼터링 장치이다. 증착속도는 다양한 종류의 금속에 대해, 거의 일정하게 형성되고 전류량과 박막 두께가 정비례하여 두께 조절이 우수하다. 또한 대면적에서 박막의 균일도를 확보할 수 있으며, 높은 에너지의 공정이므로 밀착 강도가 높다. 단점으로는 증착할 수 있는 타깃의 조류가 금속에 한정되며, 높은 아르곤 주입 압력이 필요하고, 기판 온도가 상승하기 쉽다. 이러한 단점을 보완하기 위해 2극 형태인 다이오드(diode) 구성 대신 삼극(triode) 형태로 구성하여 플라스마 형성용 전자방출 전극을 이용하여 전자와 기체의 충돌을 촉진해 낮은 아르곤 압력에서도 스퍼터링을 통해 박막을 증착할 수 있도록 한다. [그림 6-3]은 DC 스퍼터링 장비의 기본 개념도를 보여주고 있다.

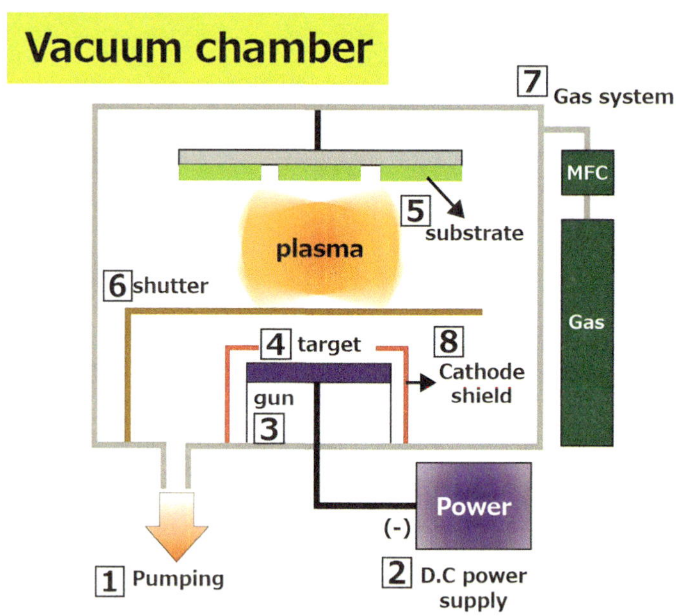

[그림 6-3] DC 스퍼터링 장치의 기본 개념도

2. RF 스퍼터링

RF 스퍼터링은 주로 타깃의 종류가 절연체일 경우에 사용된다. 주로 사용되는 RF는 13.56MHz 진동수가 이용되는데, 13.56MHz의 진동수가 플라스마 공정에 허용되었기 때문이다. 플라스마 및 진동 전원을 이용하여 박막의 재료를 스퍼터링하고 낮은 압력을 이용하는 것이 장점이다.

〈표 6-2〉 RF 스퍼터링 사양

항목	DC 스퍼터링	RF 스퍼터링
타깃 재질	전도체	전도체, 절연체, 비금속, 유전체
타깃 제조 방식	진공 주조	소결
진공도	10~15mTorr	2~5mTorr
증착 속도	빠름	느림
Shied 크기	작음 (증착 면적 큼)	큼 (증착 면적 작음)

RF 발생기를 직접 접지에 연결하거나 챔버 또는 기판 고정 장치에 부착하여서 작은 크기의 결합 전극을 만들 수 있으나, RF 스퍼터링 장비의 경우 DC 스퍼터링 장비 대비 복잡한 RF 시스템이 있어야 한다. RF 시스템은 RF 발생기와 load 사이의 임피던스를 정합시키는 Matching Network가 필요하며, RF 시스템의 inductive, capacitive의 손실을 감소시키기 위하여 접지, RF 도선의 길이 최소화 및 연결 부위 최소화가 필요하다.

낮은 주파수 영역에서는 이온 질량이 커서 전위 진동을 따라갈 수 없어서 사용되는 주파수는 일반적으로 13.56MHz 또는 27.12MHz의 주파수가 사용된다.

RF 스퍼터링은 금속, 산화물, 질화물 등 모든 종류의 재료를 스퍼터링이 가능하며, 증착된 박막이 타깃의 조성과 달라서 분석이 결합하여야 하는 점을 알아야 한다.

3. Bias 스퍼터링

스퍼터링을 진행하기 전 기판에 (-) Bias를 걸어주어 기판을 스퍼터링하는 스퍼터링 식각과 스퍼터링하는 동안 타깃보다 훨씬 작은 (-) Bias를 기판에 걸어주어 (-) ion과 전자들이 기판과 충돌하는 것을 막는 bias 스퍼터링으로 나눌 수 있다. 스퍼터링 식각(back sputtering)에서는 기판에 −100V ~ −200V 정도의 RF 또는 DC(-) Bias를 걸어주어 Ar+ 이온을 기판에 충돌하게 함으로써 기판의 표면에 존재하는 불순물 등을 제거한다. Bias 스퍼터링에서는 타깃에 약 −1kV 정도, 기판에 −60V ~ −100V 정도의 (-) Bias를 걸어주면, Ar+ 이온은 타깃에 충돌하여 스퍼터링 시킨다. 또한, 진공 챔버 중에 존재하는 O^{-2} 이온과 전자들이 기판에 걸린 (-) Bias에 의해 기판에서 멀어지므로 박막 내에 혼입되는 산소의 양을 감소시킬 수 있다.

일반적으로 박막 제조에서는 산소의 침투가 박막의 산화 등 나쁜 영향을 주기 때문에, 산화되기 쉬운 원소의 스퍼터링(Ta, Mo, Nb, Cr, 등)에서는 Bias 스퍼터링이 필수적이다.

3. DC 및 DC 마그네트론 스퍼터링

DC 스퍼터링은 DC 전원을 이용한 스퍼터링 방법으로 특징을 살펴보면, 구조가 간단하며, 표준 스퍼터링 장치이다. 박막 속도가 여러 종류의 금속에 대해 일정하고, 전류량과 박막 두께가 거의 정비례하므로 조절이 쉬우며, RF 스퍼터링보다는 박막 속도가 높으며, 박막의 균일도가 크고 높은 에너지를 사용함으로 박막과 기판 간의 밀착 강도가 높다. [그림 6-6]은 마그네트론 DC 스퍼터링의 개념도를 보여주고 있다.

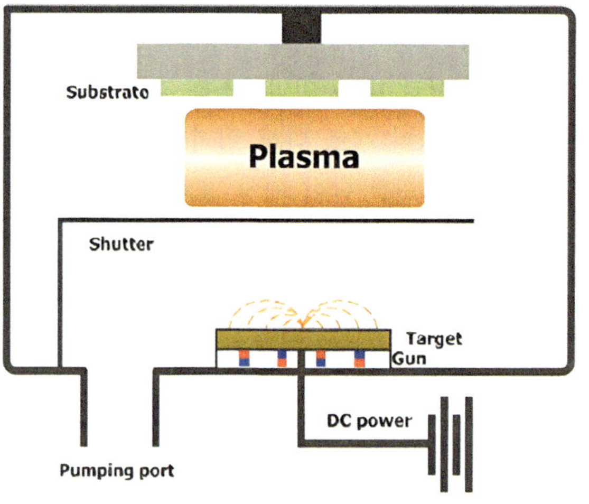

[그림 6-6] DC 마그네트론 스퍼터링 장치의 기본 개념도

그러나 단점도 존재하며 사용할 수 있는 타깃 물질이 금속에 한정되고 높은 아르곤 압력이 필요하며, 기판에 열전달이 되기 때문에 과열되기 쉬운 단점이 있으나 이러한 단점은 마그네트론 방식을 적용하여 해결하고 있다.

RF 스퍼터링은 타깃이 산화물이나 절연체일 경우에도 스퍼터링이 가능하다는 장점을 갖고 있다. RF의 경우 금속, 비금속, 절연체, 산화물, 유전체 등의 타깃이 가능하다. 그러나 단점으로는 박막 속도가 느리고, 아르곤 유량에 민감하며, 대면적에 적용이 어렵다는 단점을 갖고 있다.

3 열 증발 공정

1. 박막의 균일도 측정

스퍼터링 증착 공정, 화학기상증착 공정에서 설명하였듯이 증착 공정에서 생성된 모든 박막의 두께는 물리적인 방법과 광학적인 방법을 통해 측정할 수 있다. 물리적인 방법으로는 알파스텝과 원자력 현미경이 있으며, 광학적인 방법으로는 엘립소미터(Ellipsometer), 나노미터(Nanometer) 등이 있다.

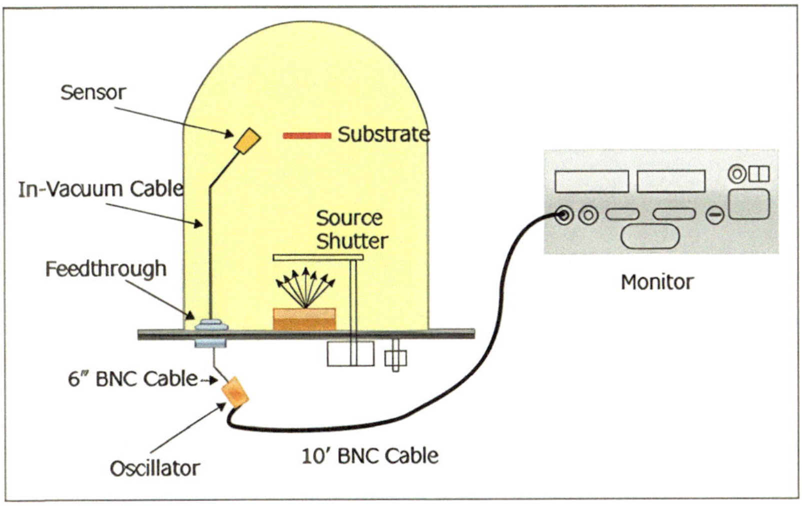

[그림 6-7] 진공 챔버 내 QCM 장착 모식도

2. 열 증발 증착 공정 박막의 온도 측정

진공 챔버 내에서의 열전달을 측정하기는 쉽지 않다. 열전달 메커니즘을 살펴보면 전도, 대류, 복사의 방식이 있으며 이중 복사에 의한 열전달은 유일하게 매질이 없는 진공 상태에서도 열전달이 이루어질 수 있는 유일한 방법이다. 열적 복사는 물질 속의 원자들과 분자들의 운동 때문에 나타나는 결과로써 원자들과 분자들이 전하를 띠고 있는 입자들로 되어 있으므로 가능하다.

이렇듯 복사열의 해석을 통한 이론적인 진공 챔버 내의 열전달 계산은 실제 상황과는 달라서 열 증발원에서 방사된 열을 측정하기 위해서는 실제로 증발이 이루어지는 동안 기판에 물리적으로 열을 측정하는 Thermocouple을 장착하여 측정하는 방법이 가장 정확한 방법으로 알려져 있다.

3. 박막의 증착 속도 측정

열 증발원에서 방사되어 증착되는 박막의 증착 속도를 제어하기 위해서는 챔버 내부에서 실시간으로 두께에 대해 모니터링을 해야 하지만, 실제 반도체 소자의 구조상 미세 패턴에 증착되는 박막의 증착량을 확인하기는 어렵다. 그러므로 QCM(Quartz Crystal Balance)라는 센서를 이용하여 실시간으로 증발하는 박막의 증발량을 확인하여 박막의 증착 속도를 확인하고 있다.

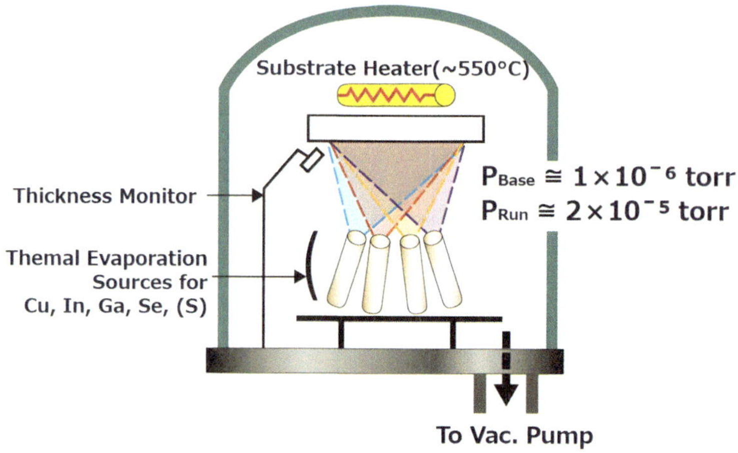

[그림 6-8] 열 증발 장비 모식도

4. 열 증발원의 증발 속도 및 온도 제어

저분자 재료의 경우 열 증발원을 사용하기 때문에 항상 증발 온도에 주의를 기울여야 한다. 일정 온도 이하로 공정을 진행하면 재료가 증발하지 못하고, 손상을 당할 수 있으며, 증발 온도 이상으로 온도를 가열하면 증발된 재료의 물성 특성이 변화되어 유기층의 전자와 정공의 이동이 원활하지 않게 된다.

이렇듯 열 증발원을 사용하면 다른 매개체가 없는 상황에서는 재료의 증발을 저항열에 의존하기 때문에 QCM을 통한 증착 속도를 모니터링하고, 정해진 속도 이상으로 증착이 진행되면 온도를 조절하여 증착 속도를 낮춤으로써 증착 재료의 손상이 발생하는 것을 막을 수밖에 없다. [그림 6-9]는 진공 챔버 내에서 증발하는 유기재료의 속도를 확인하는 QCM에 대한 모식도를 보여주고 있다.

5. 열 증발원의 증발 속도 및 온도 제어

열 증발원에서 발생하는 열에너지가 기판으로 직접적으로 전달되는 방법을 확인하기 위해서는 기판에 Thermocouple을 장착하여 실제 증착이 이루어지는 동안 온도를 측정하는 방법이 유일하다. Thermocouple 기판의 경우 일반적인 기판의 표면을 습식방식으로 식각 된 패턴에 Thermocouple을 부착하고 그 케이블을 챔버 외부로 연결하여 측정하는 방법이 일반적이다. [그림 6-9]은 Thermocouple 기판을 보여주고 있다.

[그림 6-9] 진공 챔버 내 온도 측정 모식도

4 무전해 도금 공정

전기도금의 정의는 전기에너지를 이용하여 금속 또는 비금속 소지에 다른 금속의 피막을 만들어 주는 방법으로 외부 전기에너지를 통해 물리적 또는 화학적 변화되는 것을 전기분해(electrolysis)라 한다. 전기분해시 전해조(electrolytic cell)는 양극(anode), 음극(cathode) 두 전극 (electrode)이 두 전극 사이에 존재하는 전해질(electrolyte)로 구성되어 있다. 금속의 전기도금은 도금 금속이 용해된 용액에 전도체 표면이 담긴 상태로 진행되며, 이 전도면은 외부 전원에 전기적으로 연결되어 있으며 전류는 금속 표면을 통해 용액 속으로 흘러 들어간다. 이때 금속이온(M^{2+})이 전자(e^-)와 반응하여 만들어지는 원리로 금속 증착이 진행되는 과정이다. [그림 6-10]은 전기도금이 진행되는 간략한 개략도를 나타내는 것인데 음극에서는 금속 반응에 의해 H_2가 생성되는 반응이 일어나며, 양극에서는 금속 산화에 의해 O_2가 생성되는 반응이 일어난다.

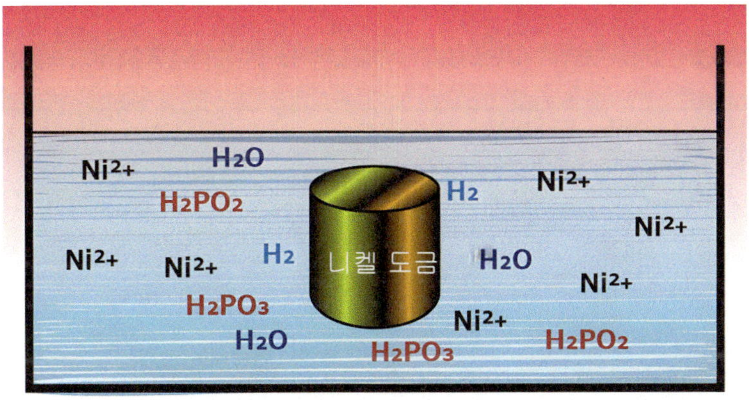

[그림 6-10] 무전해 니켈도금의 반응 메커니즘

즉, 백금전극의 전해질인 황산 수용액에 넣어 전기분해를 하면 생각해 보면, 전해조에 외부 직류전원으로부터 전기회로인 금속 도체를 통해 전기는 한쪽 전극에 흘러가며 반대로 다른 전극으로부터는 전자가 외부 회로로 흘러나온다. 그리고 전해액 중에는 수소이온(H^+)과 황산이온(SO_4^{2-})이 이동하여 전하가 운반된다.

전극과 전해액에서는 전극 내의 전자와 전해액 중의 이온과의 사이에서 전하의 주고받는 반응, 즉 전하 이동 반응(charge transfer reaction)이 진행되는데, [그림 6-10]에서 왼쪽 전극은 외부 회로에서 전자가 들어가고 있고 이 전극과 전해액의 계면에서는 들어오는 전자와 용액 중의 수소이온이 반응하여 다음 식과 같이 수소가스가 발생한다. 이 반응은 수소이온이 전하와 결합하는 환원반응이다.

6.3 PVD 공정의 특징

1 금속 물질의 특성

반도체 공정에서 이용되는 도체 물질은 알루미늄(Aluminum), 티타늄(Titanium), 텅스텐(Tungsten), 코발트(Cobalt), 탄타늄(Tantalum), 구리(Copper) 등이 있다.

1. 알루미늄

다양한 금속 원소 중 4번째로 낮은 비저항 값을 가지고 있으며, 공정을 진행하면서 쉽게 식각되는 장점 때문에 금속선(Metal Line)에 사용된다. 로직 설계에서는 구리(Cu)로 변경했으나, 메모리 소자에서는 지금까지 사용되고 있다. 그러나 낮은 녹는 온도(Melting Temperature) 때문에 후속 공정에 열처리의 제약이 있어서 〈 400℃ 이하에서 진행하도록 하고 있다. 비저항 물질은 은 ⇨ 구리 ⇨ 금 ⇨ 알루미늄 순서이다.

〈표 6-3〉 알루미늄 특성

이름	Aluminum
화학식	Al
주기율표 번호	13
원자량	26.98
녹는점(Melting Point)	660℃
끓는점(Boiling Point)	2,519℃
비저항(Electrical Resistivity)	2.7 (Ω · m)
탄성계수(Elastic Modulus)	70 GPa
반사율(Reflectivity)	71%

2. 티타늄

다양한 금속 중 Ti 물질은 Si과 만나서 $TiSi_2$(TiSilicide)로 저항의 감소 목적으로 사용되며, 단순하게 Ti가 아니라 Ti/TiN 구조로 만들어 Al의 Under Layer 또는 Capping Layer로 사용되어 Al의 반사율을 높게 하는 목적으로 사용되고 있다.

〈표 6-4〉 티타늄 특성

이름	Titanium
화학식	Ti
주기율표 번호	22
원자량	47.86
녹는점(Melting Point)	1,668℃
끓는점(Boiling Point)	3,560℃
비저항(Electrical Resistivity)	40 (Ω · m)
탄성계수(Elastic Modulus)	116 GPa
반사율(Reflectivity)	-

3. 텅스텐

다양한 금속 중 반도체 공정에서 Al로는 증착이 어려운 Deep Contact이나 후속 열처리 온도가 높은 Contact에 사용되는데, Al이나 Cu에 비해 매우 높은 비저항을 보유하고 Contact 내부에 W를 형성하여 Line은 Al을 사용한다. 이는 Plugging 공정으로 PVD 방식보다는 CVD 방식을 이용하고 있다.

〈표 6-5〉 텅스텐 특성

이름	Tungsten
화학식	W
주기율표 번호	74
원자량	183.8
녹는점(Melting Point)	3,422℃
끓는점(Boiling Point)	5,555℃
비저항(Electrical Resistivity)	5.4 (Ω · m)
탄성계수(Elastic Modulus)	411 GPa
반사율(Reflectivity)	62%

4. 코발트

다양한 금속 중 반도체 공정에서 Contact 크기가 작아지면서 $TiSi_2$의 저항값이 증가하면서 개선된 CoSilicide 공정으로 사용되고 있다.

〈표 6-6〉 코발트 특성

이름	Cobalt
화학식	Co
주기율표 번호	27
원자량	58.9
녹는점(Melting Point)	1,495℃
끓는점(Boiling Point)	2,927℃
비저항(Electrical Resistivity)	6 (Ω · m)
탄성계수(Elastic Modulus)	209 GPa
반사율(Reflectivity)	67%

5. 탄타늄

다양한 금속 중 반도체 공정에서 Cu는 SiO_2와 확산이 매우 쉽게 발생하여, 이를 Cu Barrier로써 적용하여 사용되고 있다.

〈표 6-7〉 탄타늄 특성

이름	Tantalum
화학식	Ta
주기율표 번호	73
원자량	180.9
녹는점(Melting Point)	3,017℃
끓는점(Boiling Point)	5,458℃
비저항(Electrical Resistivity)	13.5 (Ω · m)
탄성계수(Elastic Modulus)	186 GPa
반사율(Reflectivity)	90%

6. 구리

다양한 금속 중 반도체 공정에서 연결 접합으로는 Al 저항의 한계를 극복하려고 Cu 물질이 도입되었으나, 건식 식각(Dry Etch)의 어려움으로 다마씬(Damascene) 공정을 통해 진행하고 있다.

〈표 6-8〉 구리 특성

이름	Copper
화학식	Cu
주기율표 번호	29
원자량	63.5
녹는점(Melting Point)	1,084℃
끓는점(Boiling Point)	2,927℃
비저항(Electrical Resistivity)	1.7 (Ω · m)
탄성계수(Elastic Modulus)	130 GPa
반사율(Reflectivity)	90%

2 PVD 주요 특성

1. 단위 면적당 저항(Sheet Resistance)

단위 면적당 저항은 두께에서 박막의 저항을 말하는 데 금속 박막의 주요한 특성이다. 표현 방식은 Rs로 하며 단위는 Ω/□이다. 반도체 공정이 계속 발전되면서 선폭이 작아지고 동작 속도에 영향을 주면서 금속 물질의 비저항 값은 낮은 것을 요구하게 된다. 이와 관련하여 [그림 6-11]로 정의할 수 있다.

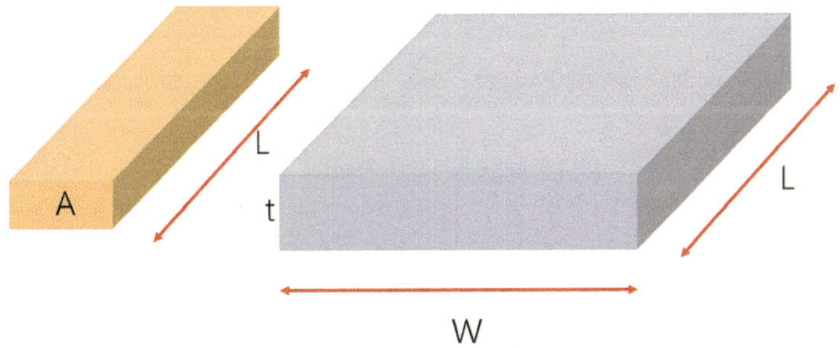

$$R = \rho\frac{L}{A} = \rho\frac{L}{Wt}$$

R : 저항
ρ : Resistivity
A : 단면적, W×t
L : 길이

[그림 6-11] Sheet Resistance 값의 정의

2. Contact Silicide (Ti, Co, Ni)

반도체 제조 공정인 집적 소자에서는 실리콘과 금속 간의 접합을 이루게 된다. 금속과 실리콘 사이에서 컨덕션 밴드(Conduction band) 때문에 고저항이 생긴다. 지금 이용 중인 공정은 MOS 트랜지스터 동작의 전류 열화를 대비하고자 저저항으로 만들고 있다. 보편적인 방법은

실리콘 위에 금속을 증착하기 때문에 캐리어(B, P) 물질을 임플란트(Implant) 공정으로 주입하고 열처리를 통해 금속과 실리콘 사이에 실리사이드(Siliside)가 형성되도록 한다.

〈표 6-9〉 금속과 실리콘 화합물의 특성

특성	$TiSi_2$(C54)	$CoSi_2$
Thin Film Resistivity(μΩ · cm)	13~17	16~18
형성 온도	800~900℃	700~800℃
Si 소비량	Ti:Si = 1 : 2.3	Co:Si = 1 : 3.6
이동 활성종	Si	Co
열안전성(Thermal Stability)	나쁨	좋음
생성온도	700~850℃	530~760℃

3. ALD(Atomic Layer Deposition) 방식

원자 증착 방식으로 화학반응에서 Gap Fill 성능이 우수하여 보통 사이클 단위로 증착이 되고 원하는 두께만큼 사이클을 반복 진행하며, 보통은 1 사이클에 주기 시간을 구성한다.

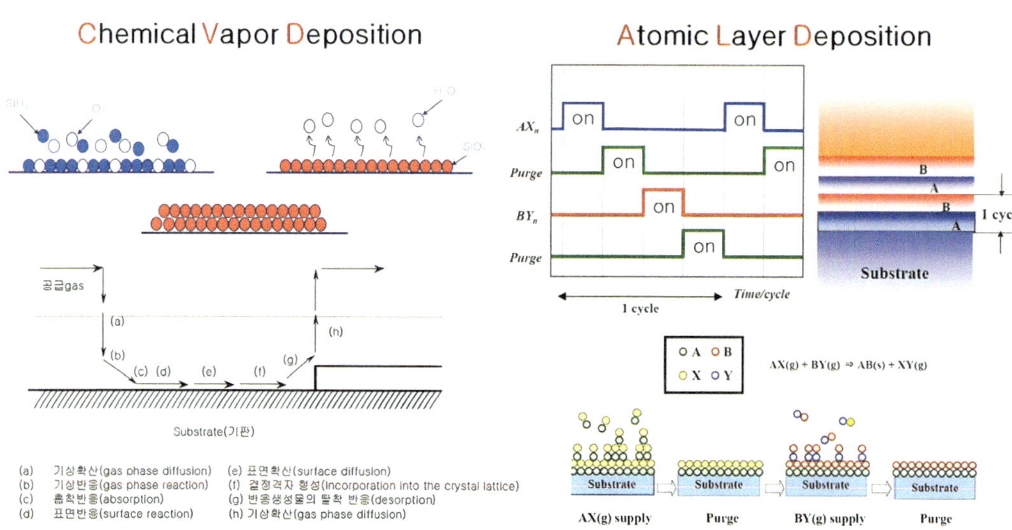

[그림 6-12] CVD vs ALD 공정 증착 방식 비교

6.4 PVD 공정 관리

1 PVD 공정용 장비의 역할

장비 구성 배치를 클린룸에 메인 장비를 배치라고 기타 부속 장비들은 2층, 펌프나 가스 등은 1층에 배치하는 것이 가장 유지 관리하기 좋아 기본적으로 그렇게 운영하고 있다. 대부분 Metal PVD 공정은 하나의 챔버 안에서 진행하지 않고 Under layer 박막의 반응을 막기 위해 Barrier 및 Contact 산화막 등을 제거하기 위한 용도의 챔버를 구성하고 있다.

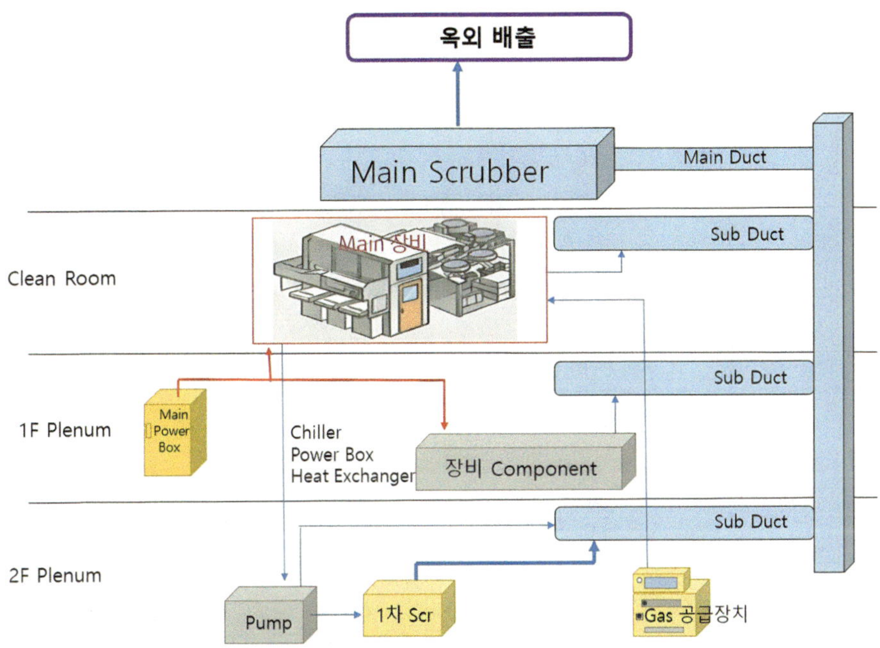

[그림 6-13] Fab 장비 구조도

〈표 6-10〉 주용 PVD 물질의 용도

물질	용도
Ti	$TiSi_x$(실리콘 하부막과의 Ohmic Contact Layer, Al 막의 Wetting Layer)
Co	$CoSi_x$(실리콘 하부막과의 Ohmic Contact Layer)
TiN	CVD W Glue Layer, 실리콘과 Al의 Barrier Layer, Al 반사 차단막 ARC용
Ta	Cu Barrier Layer
Al	금속 배선
Cu	EP-Cu의 Wetting Layer

1. Contact Silicide 공정 이해

(1) TiSilicide 공정 역할

Contact 박막에 실리콘과 접촉해야 하는데 Bottom Step Coverage가 좋고 후속 열처리 공정을 거쳐 $TiSi_2$가 형성되는데, 이때 얼마나 균일하게 증착되었는지에 따라 Contact 저항을 최적화될 수 있다. Contact 표면에 산화막이 남아 있으면 저항 증가의 원인이 되어 Ti 증착 전에 이를 제거하기 위한 세정공정을 진행한 후 증착한다.

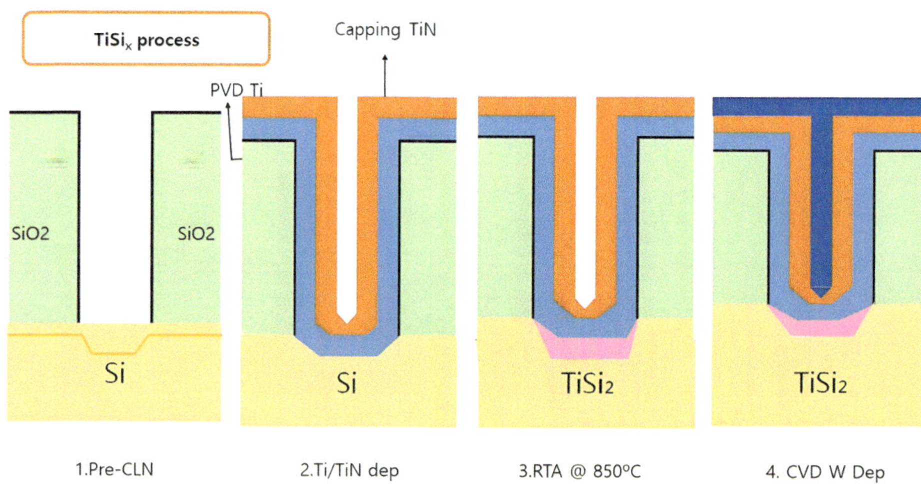

[그림 6-14] $TiSi_x$ 형성 흐름도

(2) CoSilicide 공정 역할

Contact 표면의 크기가 작아짐에 따라 실리콘과 접촉해야 하는 면적이 줄어든다. 이는 충분한 열처리 공정을 통해 $TiSi_x$될 경우 저항을 만족할 수 있지만, 고온의 열처리는 소자 특성에 영향을 미치게 된다. 따라서 $TiSi_x$보다는 알갱이(Grain)이 0.1배로 작고 라인 폭이 작아도 핵형성이 되면서 상변화(Phase Transform)에 영향을 주지 않는 $CoSi_x$는 면적이 작은 곳에서도 저항 증가에 영향이 없다. 이런 Co 증착공정은 저항 증가에 영향을 안 주게 하려고 SiCoNi 형식으로 세정을 동시에 이루어지도록 하고 있다.

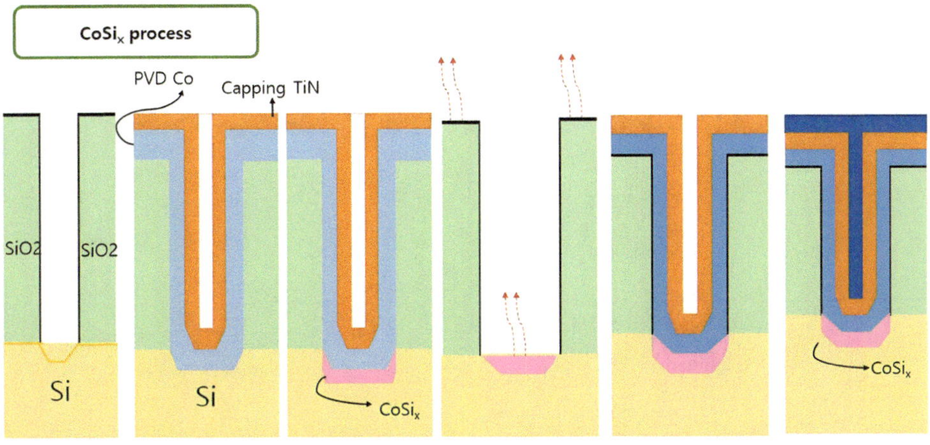

[그림 6-15] CoSix 형성 흐름도

2. ALD TiN 장비

(1) 공정 역할

기존 CVD TiN 공정에서 이용되는 Barrier 금속의 용도와 동일한 영역에서 사용되었는데 이는 High Aspect ratio Contact를 위해 TiN Step coverage 우수하게 만들고자 이용됐다. ALD 장점은 낮은 온도 공정이 가능하고 사이클 단위로 공정이 되다 보니 막질 내 Cl 농도와 비저항이 낮아지고 Step-coverage, 박막의 평탄도(Roughness)가 우수하다. 단점으로는 공정시간이 사이클 단위로 진행하다 보니 Through-put이 떨어지는 것이다.

ALD 공정은 사이클마다 반복되는 Purge 시간이 중요하기 때문에 박막의 물성과 증착속도(Deposition rate)의 균형적인 관계를 하고 있다. 그래서 양산 공정에서는 증착속도 때문에 장비 이용 수와 연관을 지어 박막 물성을 유지하면서 증착속도를 향상하게 시키기 위한 사이클 시간의 최적화를 구현하고 있다.

(2) 장비 관리 요소

① 단계 히터 온도
② 챔버 밸브 CDV 압력
③ 가스 라인의 모듈 히터 온도
④ 가스 Flow
⑤ 단계 히터 전력 비율
⑥ 챔버 압력과 누설
⑦ 자동 공정 제어(Advanced Process Control) 각도
⑧ 탱크 압력

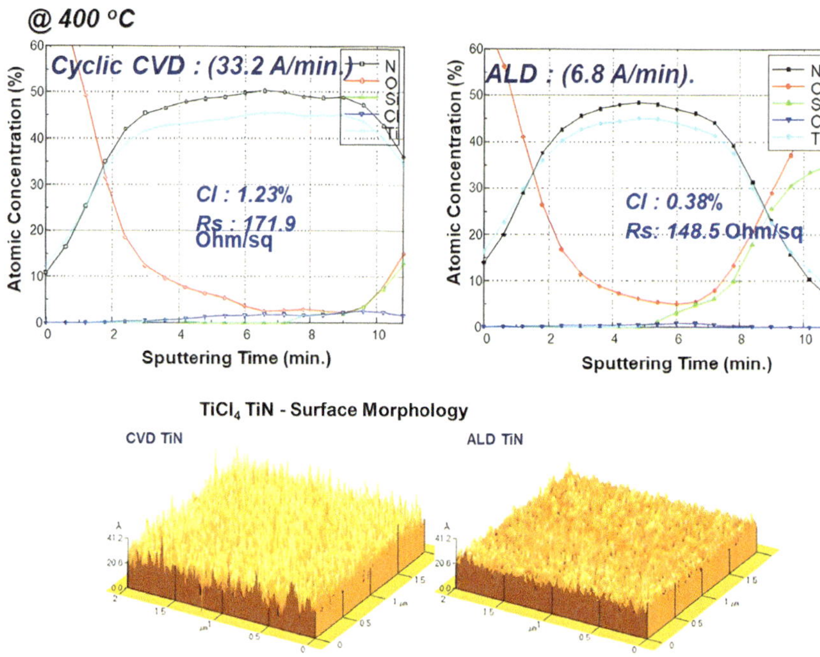

	ALD	CVD
RMS (A)	3.14	7.43
R_{p-v} (A)	45.4	81.45

[그림 6-16] CVD & ALD TiN 비교

3. CVD W 장비

(1) 공정 역할

고융점을 가진 내열 금속으로 실리콘과의 열적 안정성이 좋고, 소자 집적도 상향 및 Contact 저항 작아지는 매우 우수한 물질이다. Thermal CVD 공정에서 Step Coverage에 유리해서 매립을 위한 공정으로 많이 사용된다. 그러나 WF_6의 이용 때문인지 불순물이 텅스텐 박막으로 형성되기도 하여 PVD W보다는 저항이 높고 SiO_2와의 접착력이 약하여 F에 의한 손상이 발생하는 것이 단점이다. 이를 위해 Barrier 금속인 Ti/TiN 구조의 박막을 진행하고 있다.

(2) 장비 관리 요소

① 가스 비율

② 증착 속도

③ 히터 온도

④ 압력

⑤ 특수성 가스 농도 B_2H_6

CHAPTER 07

포토 공정

7.1 포토 공정

1 개요

반도체 제조 공정에서는 우리가 흔히 말하는 나노를 의미하는 것이 본 공정이라고 하면 될 것이다. 나노 단위의 미세한 패턴을 구현하기 위해 어디를 제거하고 어디를 유지할 것인가에 경계를 정의해야 한다. 반도체 제조 공정에서는 포토리소그래피(Photolithograph)이라 하기도 하는데 리소그래피는 석판으로 인쇄한다는 뜻인데 이는 동일 모양을 지속해서 새길 수 있다는 것이다. 반도체 제조 공정에서는 이런 동일 모양을 더 미세하게 아니 수십 나노의 오차 없이 새기는 것이다.

포토는 이 리소그래피 방법에 빛을 이용해 구현하는 것으로 설계된 그림들을 마스크(Mask)라는 판에 새기고 빛을 투과시켜 투과된 영역만 광학렌즈를 통해 한곳에 모아 패턴으로 웨이퍼에 나타내는 것이다. 웨이퍼 위에 코팅된 감광액(Photoresist:PR)은 빛이 받은 부분만 화학적 반응이 생겨 빛을 안 받은 부분과의 용해 차이가 생기게 된다. 그 후 현상을 통해 식각 공정에서 원하는 영역만 깎거나 이온 주입 공정에서 원하는 영역만 이온을 주입하도록 하는 것이다.

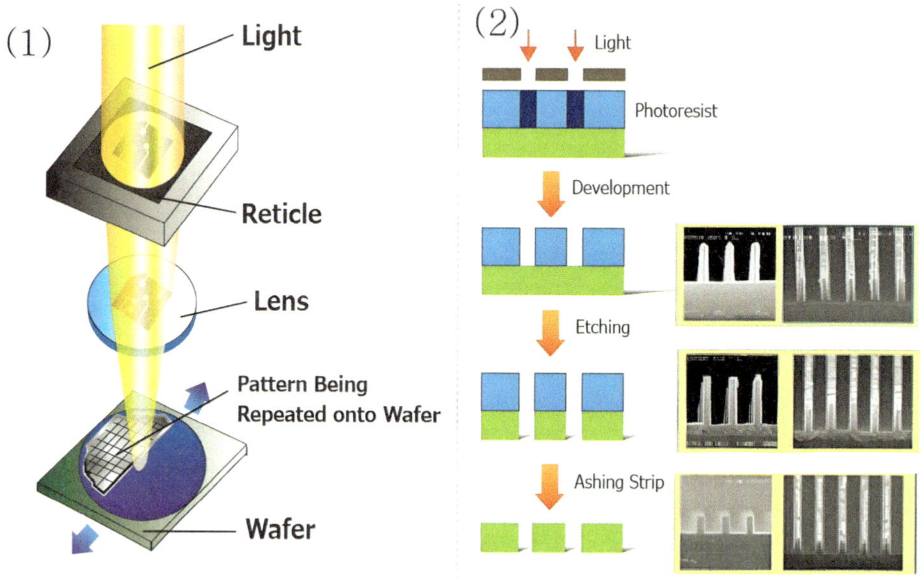

[그림 7-1] 포토 공정 원리 (1) 패터닝 공정 (2) 감광제 원리

여기서 우리는 알아야 할 것이 있다. 다시 말해 같은 패턴을 얼마나 정확하게 얼마나 정확한 위치에 형성할 것인가가 중요한 사항이 될 것이다. 반도체 제조 공정의 회로는 여러 층으로 이루어지기 때문에 하나의 칩을 만들기 위해서는 포토 공정만 수십 번의 공정을 진행하기도 한다. 그리고 마지막으로 결함이 발생하여서는 안 된다. 이는 도중 빛의 경로에 불순물이 끼어 막히게 되면 해당 영역은 빛이 도달하지 않기 때문에 정확한 패턴이 이루어지지 않는다.

따라서 포토 공정은 기판에 회로를 형성하는 것, 정확한 위치와 정확한 모양의 크기를 형성하는 것과 불순물 유입이 없어야 한다는 것이다.

1. 포토 공정

반도체 공정 과정에서는 포토 공정은 크게 코팅(Coating), Exposure(노광), Develop(현상)으로 나눌 수 있다. 먼저 코팅은 웨이퍼에 감광 성질을 가지고 있는 PR을 도포 하는 공정으로 작업 시 유기용제이기 때문에 노출에 주의하여야 한다. 코팅은 아주 오랫동안 박막 필름에는 스핀 코팅이 사용됐다. 그러나 세부적으로 들어가 공정을 정의하면, [그림 7-2]에서 보는 것처럼 8단계로 구분하여 정의할 수 있다.

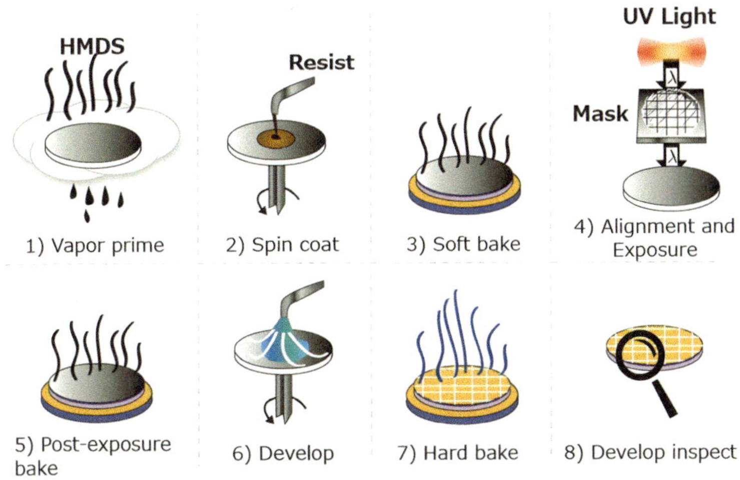

[그림 7-2] 포토 공정

(1) Vapor prime

반도체 제조 공정에서 패턴이 새겨질 물질인 PR과 웨이퍼 접착력을 좋게 하도록 표면에 화학 처리인 HMDS를 처리하거나 빛의 난반사로 패터 불량을 방지하기 위해 BARC을 진행하는 것이다. 웨이퍼 기판 표면에 HMDS을 처리하는 것은 친수성인 것을 소수성으로 바꾸어 주어 PR의 접착력을 향상하게 하는 것이다.

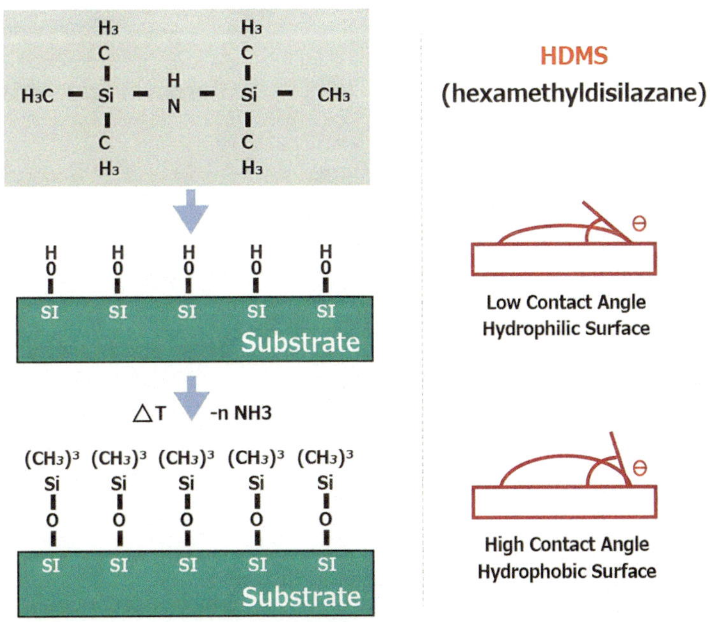

[그림 7-3] 밀착향상제(HMDS) 도포 공정

지속해서 미세화되는 패턴을 형성하기 위해서 알칼리 현상액에 대한 용해 차를 향상하기 위해 PR를 더 소수성으로 개발되기 때문에 극성 반발로 인한 코팅 불량을 막기 위해 HMDS 처리는 필수 공정이다.

(2) Spin Coat

반도체 웨이퍼에 감광 성질을 가지고 있는 PR을 도포 하는 공정으로 작업 시 유기용제이기 때문에 노출에 주의하여야 한다. Spin Coat은 아주 오랫동안 박막 필름에 코팅으로 사용됐다. 이 공정에서는 보통 소량의 액체 수지를 기판의 중앙에 증착시킨 다음 고속(~ 약 5,000rpm)으로 기판을 회전시키는 방법을 사용한다. 구심성 가속으로 얇은 수지가 표면에 코팅된다. 필름 두께와 특성은 수지의 속성(점성, 건조율, 응고율, 표면장력 등)과 공정에, 매개변수에 따라 달라진다. 스핀 속도, 가속 및 가스 배출 등이 필름의 특성이 영향을 미친다. 스핀 코팅에서 중요한 요인은 반복성이다. 스핀 공정의 매개변수는 작은 변이가 코팅된 필름에 영향을 줄 수 있다.

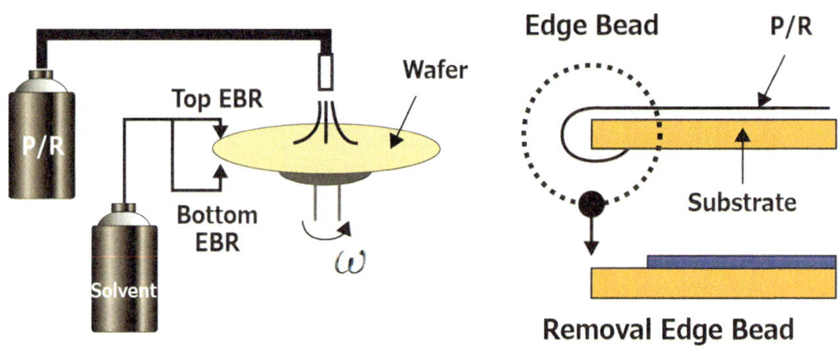

[그림 7-4] Spin Coat 공정

(3) Soft Bake(S/B)

코팅 공정 후에는 PR에 Solvent를 제거하고 PR 구성 화합물들을 고루 확산시키는 것으로 낮은 온도에서 실시하는 공정이다. 잔류 용매로 인한 노광 장비 및 Mask 오염을 방지하고 PR 반응 특성을 일정하게 유지하도록 약 90~115℃ 정도로 가열하여 Solvent(용매)를 제거하고 PR의 밀도를 높여 주변 환경 변화에 대한 영향을 받지 않게 하는 공정이다.

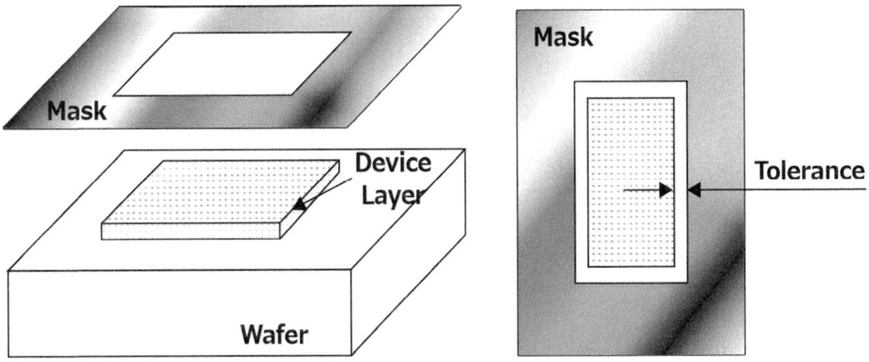

[그림 7-5] Mask 형태

(4) Alignment & Exposure

S/B 후에 진행되는 공정으로 웨이퍼와 마스크(Mask)를 정렬하고 난 후 노광공정을 진행하는 것을 말한다.

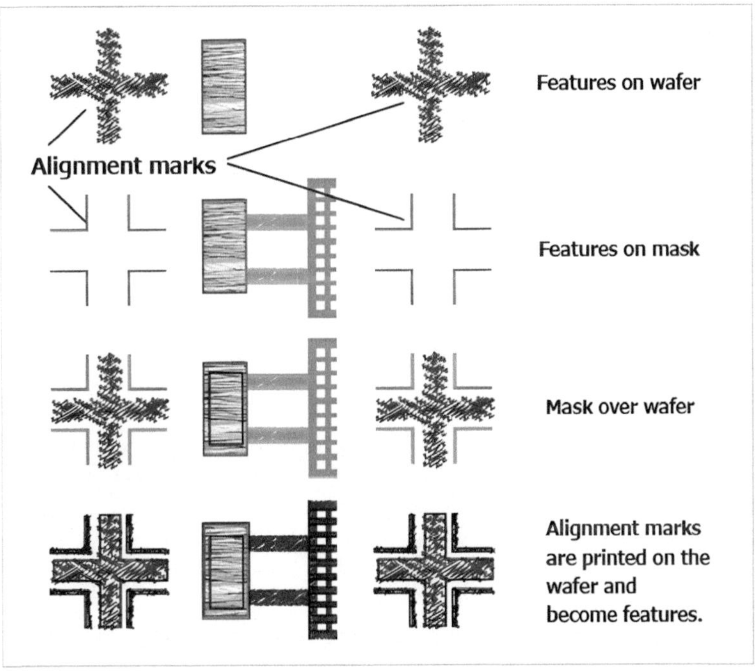

[그림 7-6] Alignment & Expose 공정

Mask의 패턴을 웨이퍼에 나타내기 위해 정확한 위치를 선정하여 맞추는 공정을 Alignment(정렬)라 하고, 이 정렬이 끝나면 Mask의 패턴 모양을 웨이퍼에 나타나도록 자외선에 PR를 드러내는 공정을 Exposure(노광)라 말하며, 이러한 정렬과 노광 공정은 동시 작업으로 진행한

다. 노광 장비가 웨이퍼에 형성된 Layer의 Alignment Mark를 사용해 웨이퍼 칩을 노광 장비의 Alignment 통해 얻은 정보로 칩 Pitch, Flat zone에 위치 등을 인식해 웨이퍼 맵과 Overlap 되도록 현재 Layer를 노광하는 것이다.

(5) PEB(Post Exposure bake)

노광이 끝나면 또다시 bake 공정을 진행하는데, PEB는 PR의 확산을 통해 패턴 형성에 중요한 과정이다. 특히 193nm 파장을 이용한 ArF 감광제의 경우 Chemical Amplified Resist를 이용하기 때문에, PEB 과정을 통해 화학 증폭 반응이 생기기 때문에 PEB의 온도가 PR의 감도에 크게 영향을 준다. PR이 도포된 웨이퍼를 정렬하고 노광된 웨이퍼를 약 110℃로 굽는 공정으로 작업 시 노출에 주의하여야 한다. 이는 다음 과정에서 PR의 저항성을 높이고 경우, 손상을 줄 수 있는 경우와 PR이 손상되어 역할을 다 못하는 경우와 같이 원치 않는 효과를 감소시키기 위해, 적정한 온도에서 열처리하는 것이다. 즉 S/B 과정에서 제거되지 못한 Solvent를 완전히 제거해 주는 과정이다.

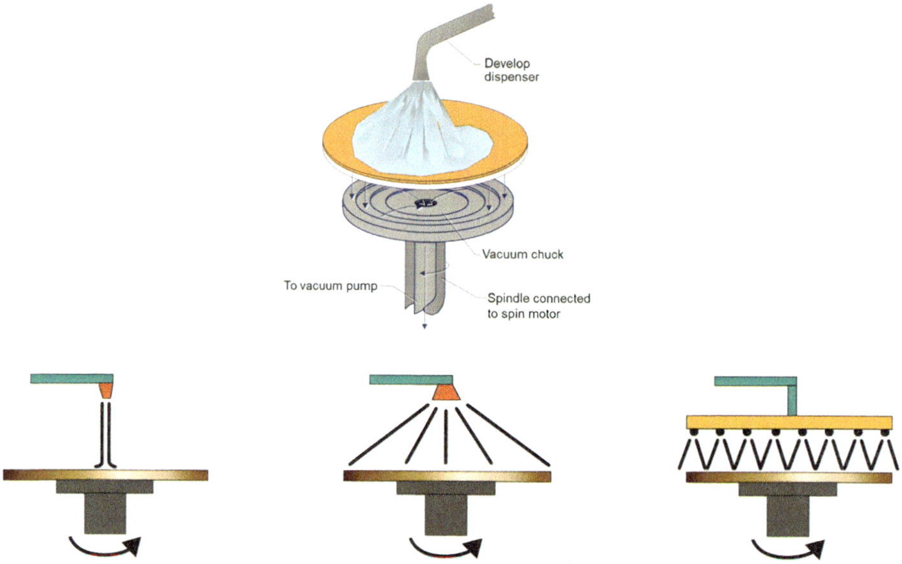

[그림 7-7] Develop 공정

(6) Develop

Exposure(노광)과 Bake 공정을 끝난 웨이퍼 표면의 PR은 일반적인 사진 현상과 같은 과정을 거친 것이다. 일반적인 PR의 현상액은 수용성 알칼리 용액을 이용하는데, 주원료가 KOH (Potassium hydroxide)와 TMAH(Tetramethyl Ammonium Hydroxide) 용액을 이용하고 있다. 현상 시간은 약 60초지만 PR의 두께에 따라 시간도 줄일 수 있는데 시간을 줄이면 패턴 형성에 유리하다. ArF 패턴의 경우 100nm 두께의 PR을 사용되기도 하여 10초 내외의 짧은 시간을 가진다. 실험실에서는 큰 통에 현상액을 담고 웨이퍼를 넣어 흔드는 방식이 이용한다. [그림 7-7] 보는 것처럼 공정 조절 능력이 좋은 Puddle 방식을 양산에서 이용한다. Puddle 방식은 초기에 느린 속도로 웨이퍼를 돌려주고 약간의 현상액을 뿌려 일부 현상된 부산물들을 제거하고 씻어낸 후 정지하고 웨이퍼 위에 Developer를 뿌려 표면장력을 통해 현상하는 것으로, 현상액의 소모량이 적고, Uniformity가 우수한 특성을 가진다.

(7) Hard bake(H/B)

Develop이 끝나면 웨이퍼 표면에 남아 있는 현상액을 제거하고 필요에 따라 Hard bake를 진행한다. DI water로 PR를 충분히 씻기고 잔여 PR 제거한 후, 건조를 진행하기 때문에 이후 감광제의 변형이 일어나지 않도록 PR 온도보다 높은 온도(120℃)에서 H/B 공정을 진행한다. H/B 과정은 노광공정이 완료된 PR의 Roughness 개선에 도움을 준다.

(8) Develop inspect 공정

최종적으로 포토 공정이 마무리되고 패턴의 필요한 곳과 필요 없는 부분의 형성이 정확하게 되어 있는지를 검사는 작업이다.

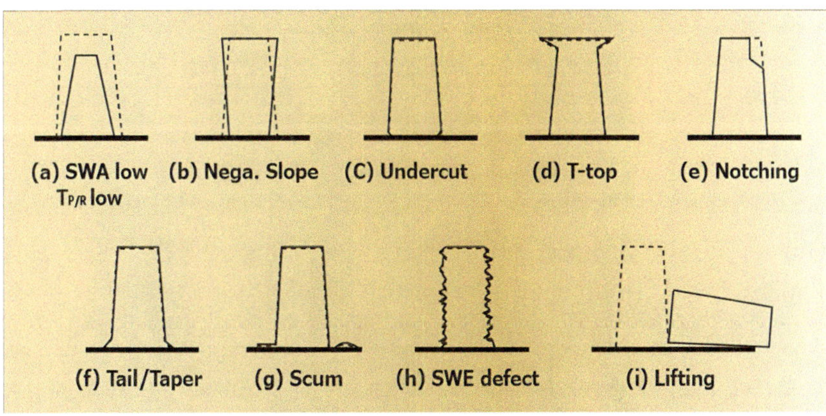

[그림 7-8] Develop inspect 공정

2. 포토 공정 장비의 종류

반도체 공정 과정에서는 포토 공정을 크게 구현하고자 하는 세부적인 공정은 코팅(Coating) 공정, 노광(Exposure)공정, 현상(Develop)공정 등으로 구분한다고 하였다. 이 중 코팅과 현상을 진행하는 장비를 우리는 트랙(Track)이라 하며, 노광을 진행하는 장비를 스태퍼(Stepper)와 스캐너(Scanner)라 한다. 스태퍼와 스캐너의 차이는 노광 방식에 따라 다르게 설명된다. 이는

다음 장에서 설명할 것이고, 코팅과 현상을 트랙 장비에서 가능하므로 포토 공정의 경우 트랙과 스캐너의 연결 공정이 가능한 구성으로 이를 우리는 In-Line이라 한다.

[그림 7-9] 트랙 장비

출처: https://www.tel.com/product/lithius.html TEL 社

In-Line은 트랙과 스캐너가 하나로 되어 있는 스캐너 장비로 서로 다른 장비를 연결하는 트랜스퍼(Transfer)라는 중간 모듈을 이용하여 전달되어 노광을 진행한 후 다시 트랙으로 돌아와 현상을 진행하도록 구성하고 있다. [그림 7-10]을 보면 확인이 이해하기 쉬울 것이다. 이런 구성은 이동의 단순화를 통해 생산성 증대를 위해서이고 또한 노광 이후 현상이 진행되는 동안 대기 시간에 따라 노광 영역이 다르게 나타나기 때문이다. 이는 노광 시간에 따른 PR 확산의 차이로 인해 웨이퍼 간에 CD 차이가 있어서 이 대기 시간을 일정하게 하기 위한 것이다. 트랙 장비의 경우 양산에서 많이 쓰이고 있는 회사는 TEL 사로 대표적인 장비는 Lithius Pro V 또는 Lithius Pro Z가 있는데 차이점은 Throughput에 있다. 또한 Pro I가 있는데 이는 스캐너 Immersion 장치에 필요한 모듈이 추가된 것이다.

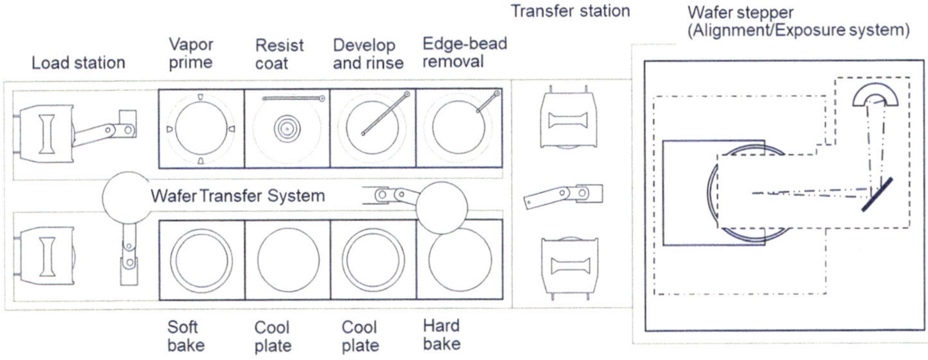

[그림 7-10] 트랙 구성도

스태너 장비는 Light Source에 의해 구별하는데, 이는 미세 패턴을 현상하는 분해능(Resolution)에 대한 이해가 있어야 한다. 예를 들어 픽셀(Pixel)이 특정한 면적에 학교 로고를 나타낸다고 하면 칸 하나에 당연히 원색으로 표현이 안 될 것이다. 그러나 100×100 또는 1,000×1,000으로 구성하여 나타낸다면 충분히 구현이 가능할 것이다. 이는 픽셀이 최소 단위가 되고 분해능은 픽셀의 개수로 표현하고, 이미지 분해능은 픽셀 간 최소 거리를 나타내며 Rayleigh Criteria에 의해 빛의 파장은 선택한다. Rayleigh Criteria란 렌즈를 기준으로 두 광원을 구분되는 최소 지점을 의미한다. 다음 장에서 이미징을 알아가면서 좀 더 자세하게 설명할 것이고 중요한 것은 빛의 파장에 따라 분해능이 결정된다는 것이고 이 파장은 스캐너의 성능을 결정한다.

스태너 장비의 개발은 미세화 패턴을 구현하기 위해 지속해서 365nm 영역인 I-Line에서 248nm KrF, 193nm ArF를 지나 13.5nm인 EUV로 개발되었다. [그림 7-11]을 보면 알 수 있다. 스캐너 장비 회사로는 ASML, Nikon과 Canon이 있는데, 현재는 네덜란드에 본사를 두고 있는 ASML이 EUV를 포함하여 모든 파장 대역의 장비가 최고 수준에 이루고 있다. Nikon과 Canon은 현재 KrF와 ArF 파장 대역의 일부를 보유하고 있다.

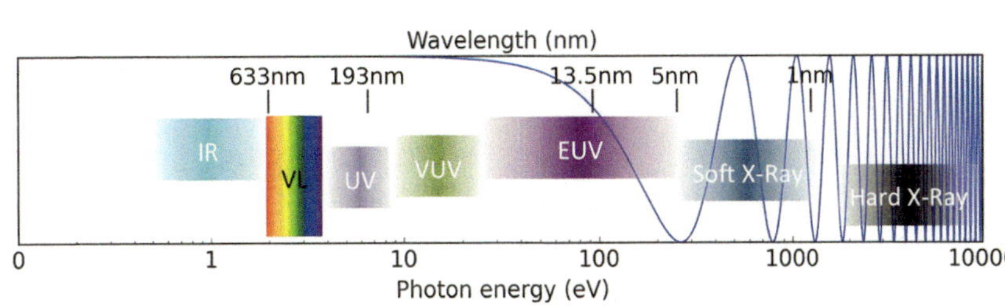

[그림 7-11] 포토 공정 빛의 파장 변화

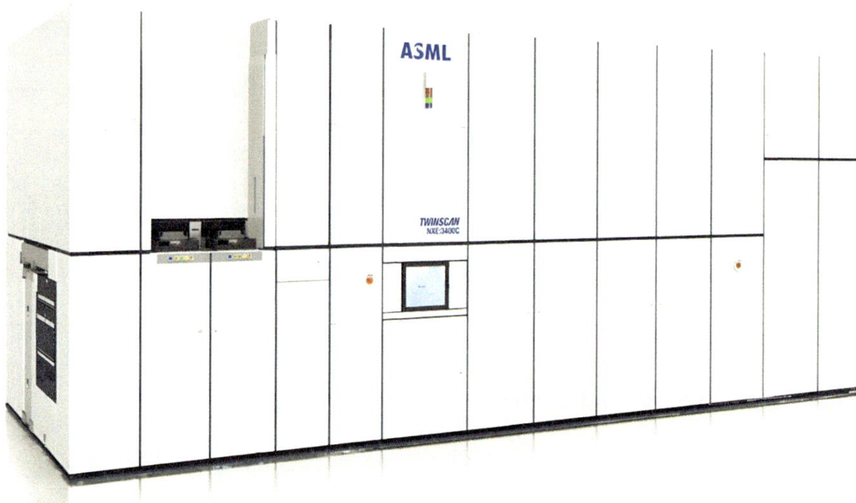

[그림 7-12] ASML社의 EUV 장비

출처: https://www.asml.com/en/products/euv-lithography-systems/twinscan-nxe3400c

반도체 제조 공정에서 포토 공정에 중요한 변수 중 패턴이 정확하게 위치에 형성이 되었는지 측정하는 장비를 Overlay라 하는데, 이는 측정 방식에 따라 두 가지로 구분하여 운영되고 있다. 하나는 Image Based와 Diffraction Based 방식으로 나누고 있는데, 이는 뒤에서 자세하게 설명하도록 하겠다. 이와 관련된 대표적인 회사들은 ASML, KLA와 AUROS가 있다. 특히 ASML은 Diffraction Based 방식의 Yieldstar가 있으며, 미국 회사인 KLA-Tencor는 두 가지 방식 모두를 사용하고 있다. AUROS는 국내회사로 Image Based 방식을 선택하여 제작 판매되고 있다.

3. 포토 공정의 소재

반도체 공정 과정에서는 포토 공정을 크게 구현하고자 하는 소재는 Mask와 PR이 있다. 이 중 Mask는 라티클(Reticle)이라 쓰이기도 하는데, 미세한 패턴을 Quartz 재질의 유리 기판으로 실제 웨이퍼에 형성하는 크기를 Mask 패턴의 1/4 크기로 구성한다. Mask에 그려진 패턴 크기가 크게 보이는 것은 파티클이 묻었을 경우 영향을 감소시키며 Defect 위험을 줄이기 위함이다. 또한 Mask을 제작하는 데 있어서 패턴이 작을 때 제작 난이도가 어려워 Mask 제작비용이 비싸기도 하기에 1/4 크기로 제작하는 것도 있다.

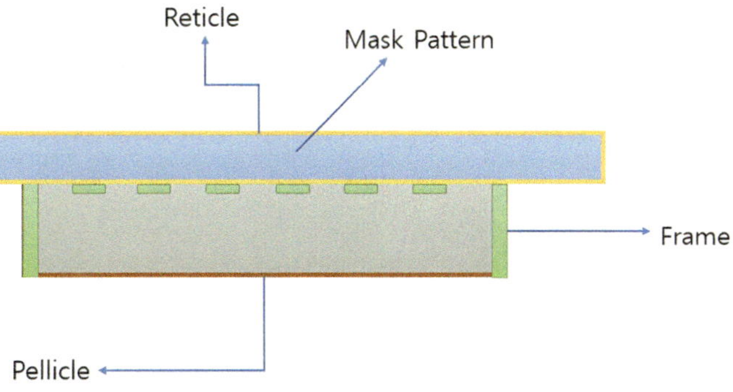

[그림 7-13] Mask 단면도

Mask에 패턴이 나타내기 전 유리에 코팅만 되어 있는 상태를 우리는 Blank라 하며 보편적으로는 연구실이나 초기 R&D에서는 가끔 이를 구매하여 직적 패턴을 그려서 사용하기도 한다. Blank는 Binary Blank와 Half-Tone Phase Shift Mask Blank(HTPSMB)로 분류하고 있는데 I-Line이나 KrF는 Binary을 사용하고 ArF에서는 HTPSMB을 이용하고 있다. 그리고 Mask 패턴의 위치가 면에는 얇고 투명한 막을 코팅하고 있는데 이것을 우리는 Pellicle라 하며 여기서 패턴에 파티클이 붙지 않도록 방지하는 것이다.

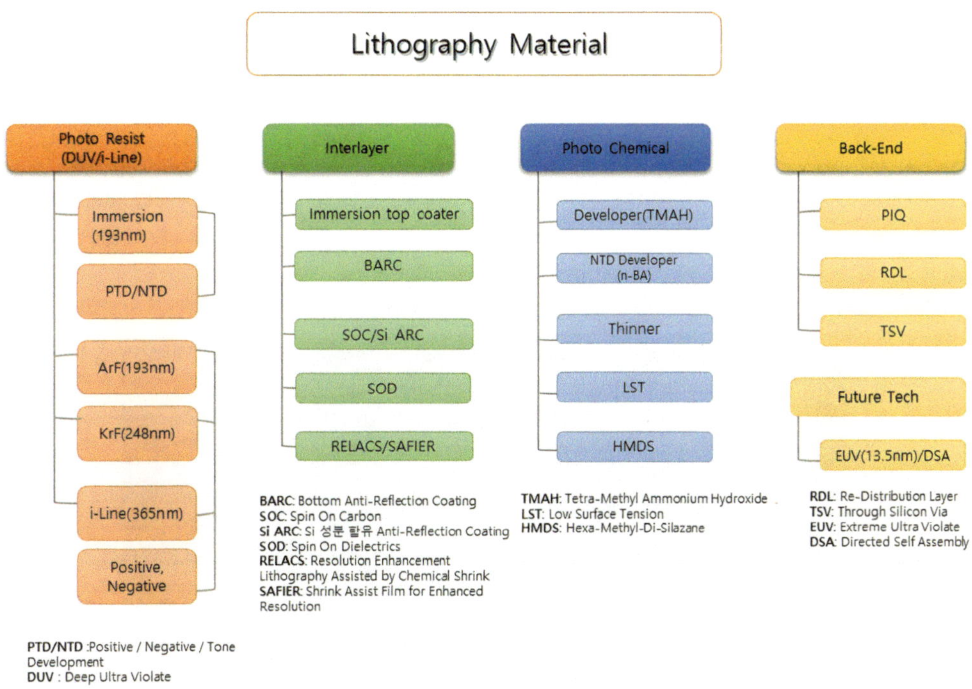

[그림 7-14] 포토 물질의 종류

PR은 Mask를 통해 기판에 빛이 도달하게 되면 기판 표면에 미리 코팅한 감광제(PR)에 화학적인 변화를 일으키게 되는데, 감광제의 성질에 따라 아래와 같이 두 가지 형태로 나뉠 수 있다.

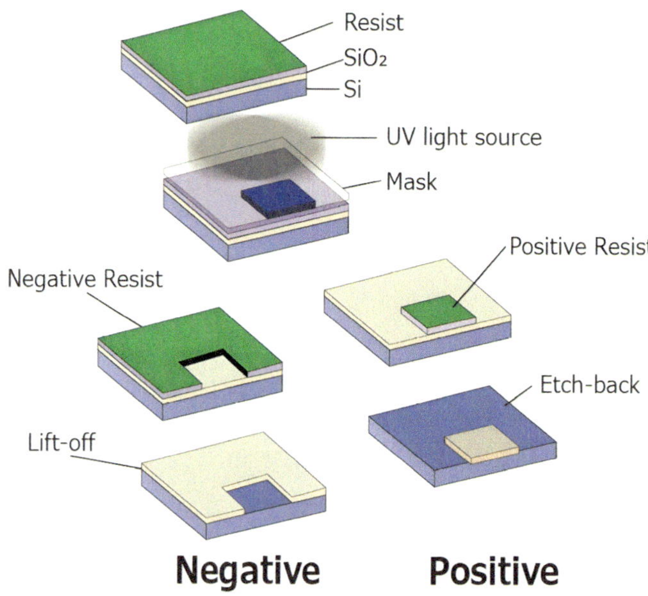

[그림 7-15] 리소그래피 Positive PR 공정과 Negative PR 공정

(1) Positive PR

Positive 형 PR은 빛을 받은 부분이 [그림 7-16]에서와 언급한 광화학 반응을 일으켜 현상액에 잘 용해되는 구조로 현상액 처리를 하면 노광 된 부분이 녹아 패턴을 형성하는 것이다. 현재 많이 사용되는 PR이며, ArF 공정을 사용하는 경우, 45nm 혹은 그보다 더 작은 패턴의 형성도 가능하다.

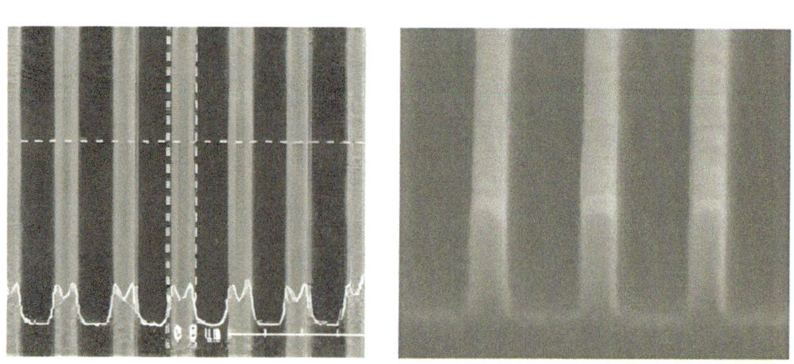

(a) 70nm Pattern (From Top) (b) 70nm Pattern (cross-section)

[그림 7-16] Positive 감광제의 패턴 모양

(2) Negative PR

Negative 형 감광제는 빛을 받으면 가교 반응이나 기능성(Functional Group)에 변화가 일어나 현상액에 녹지 않게 되어 포토마스크로부터 전달된 패턴을 형성한다.

[그림 7-17] 거의 모든 Negative형 PR이 Film 형성을 위한 Binder polymer와 가교제, 광활성제 등을 조합하여 제조된다. 가교 반응을 이용한 Negative PR이 대부분이며 가교된 박막 특성상의 식각성이 좋고 PR 패턴 너비가 아래보다 윗부분이 큰 모양을 형성하여 반도체의 Metal Lift-Off 공정 등에 널리 사용되고 있다.

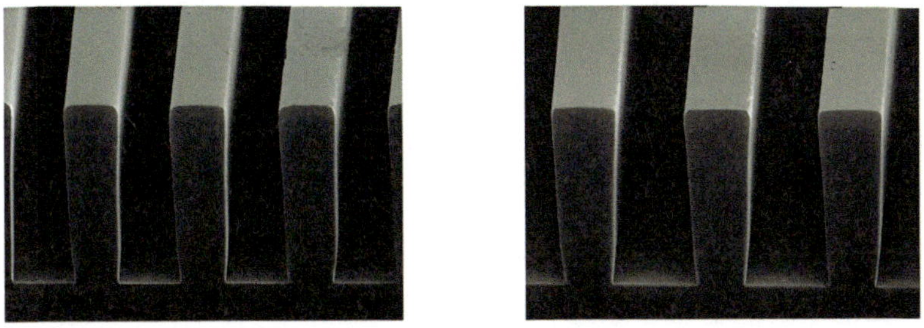

(a) 1 μm Pattern (b) 0.8 μm Pattern

[그림 7-17] Negative 감광제의 패턴 모양

7.2 포토 공정의 특징

1 이미징(Imaging)

스캐너 장비의 이야기하면서 빛의 파장에 따라 나누어진다고 했는데 빛은 전자기파로서 파동성을 지녀서 직진한다. 빛은 이중성을 가진 것으로 알고 있을 것인데, 또 하나의 특징이 입자성인데 이는 에너지를 가지고 있어서 파장에 반비례한다. 빛을 양자화하면 한 입자가 포톤(Photon)이라 하며, 포톤 1개 입자가 지니는 에너지는 플랑크 상수를 이용하여 구할 수 있다. [그림 7-18]에서 보는 것처럼 ArF 광원의 포톤 1개 입자의 에너지를 계산하면 1.0×10^{-18}J에 해당한다. 이때 파장이 작아지면 포톤이 가지는 에너지는 커지는 것이다.

$$v = \frac{C}{\lambda} = \frac{3 \times 10^{8}}{193 \times 10^{-9}} = 1.6 \times 10^{15}\ Hz$$

$$\begin{aligned} U &= h \times v \\ &= 6.6 \times 10^{-34} \times 1.6 \times 10^{15} \\ &= 1.0 \times 10^{-18} J \end{aligned}$$

C : 빛의 속도
h : 플랑크 상수

[그림 7-18] ArF 광원의 포톤 1개 입자의 에너지

빛의 에너지 값을 알았다면 정확한 위치에 주어진 에너지만큼 채워져야 PR의 화학 변화를 만들어 낼 수 있다. 빛은 파동을 지니고 있어서 시간과 거리에 따라 위상을 지니고 있으며, 위상이 같은 거리에 있는 것이 파장과 시간이 되는 것이다. 두 파장이 중첩이 일어나는데 같은 위상이 보강되어 반대 위상일 경우 지워지는 현상이 일어난다. 지워지는 현상은 아무런 현상이 없는 것처럼 보이며 우리가 원하는 방향이 아니므로 빛의 보강이 잘 발생하여야 한다. 그래서 빛의 에너지를 원하는 위에 정확히 하려면 빛의 위상을 고려한다.

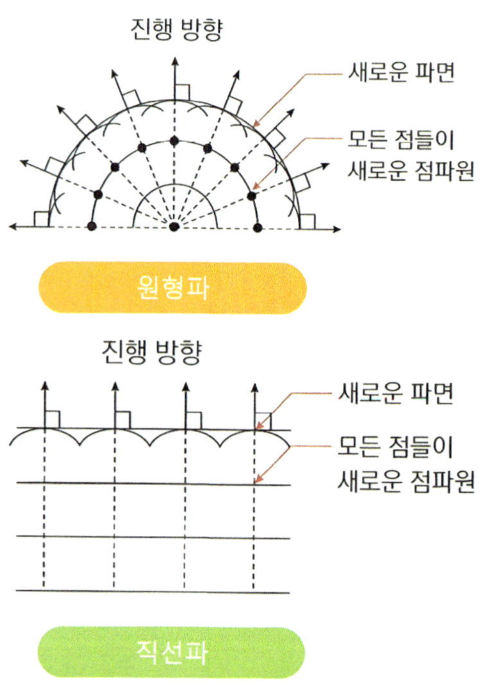

[그림 7-19] Huygens의 원리와 회절의 성질

빛의 간섭을 잘 발생하게 하는데 발생 소스를 우선 고려하여 파장과 위상이 일정하면 빛이 중첩되면 강력한 세기를 발생하게 된다. 이런 경우의 파장은 단색성(Monochromatic)이고 위상은 가간섭(Coherence)이며 두 가지를 만족하면 빛이 중첩되어 보이기 때문에 이런 형태의 빛은 장치가 바로 레이저(Laser)이다. 이 레이저를 가지고 웨이퍼에 노광시키는데 더 고려해야 하는 것은 빛이 Mask에 나타낸 작은 패턴들을 통과하면 회절 현상이 일어나는 것이다.

[그림 7-19]에서 보는 것처럼 회절 현상은 Huygens의 원리로 파면 상의 각 점이 새로운 파동의 소스가 된다는 원리로 직선파가 좁은 홈을 부딪치면 경계에서 꺾이고 새로운 파면을 만들게 되면 원형파로 바뀌게 된다. 이때 회절이라면 파장이 길면 홈의 크기가 좁으며 회절각이 커진다. 그러나, Mask에서 회절이 있어 빛이 퍼지고 웨이퍼에 도달하면 이미징이 정확하게 형성되지 못하여 Mask와 웨이퍼 사이에 빛을 하나로 모아주는 렌즈를 추가하게 되었다. 이를 통해 노광 방식을 구분하게 되었는데, 접촉(Contact), 근접 투영(Proximity), 투영 전사(Projection)으로 구분하여 이용되고 있으나 현재 접촉 방식은 Mask의 오염을 발생시키고 근접 투영 방식은 Mask와 웨이퍼 간 회절 현상이 생겨서 지금은 생산성과 비용을 생각하여 투영 전사 방식이 이용되고 있다. Mask에서 회절된 빛이 웨이퍼에 도달하게 계산하기 위해서는 보강 간섭이 생기는 구간을 알아야 한다. Mask에 패턴 간격을 우리는 피치(Pitch)라 하는데, 빛이 지나는 공간(Space)과 막혀 있는 선(Line)의 합이 Pitch로 반복되어 나타나 있다. 각 Space를 통과한 빛의 회절이 서로 간섭하여 같은 위상에 위치하면 보강 간섭이 생겨 각도가 Bragg 회절 때문에 파장과 Pitch 크기로 결정되고, 0, 1과 -1차의 회절광이 만들어진다. 렌즈에서 이 회절광이 2개 이상 합쳐지면 웨이퍼에 빛의 보강과 제거로 빛의 세기 차이를 만들어 제대로 이미징 형성이 가능한 것이다. Bragg 회절로 각이 결정되고 렌즈에 1차 이상의 광이 도달해 이미징 형성이 가능해진다.

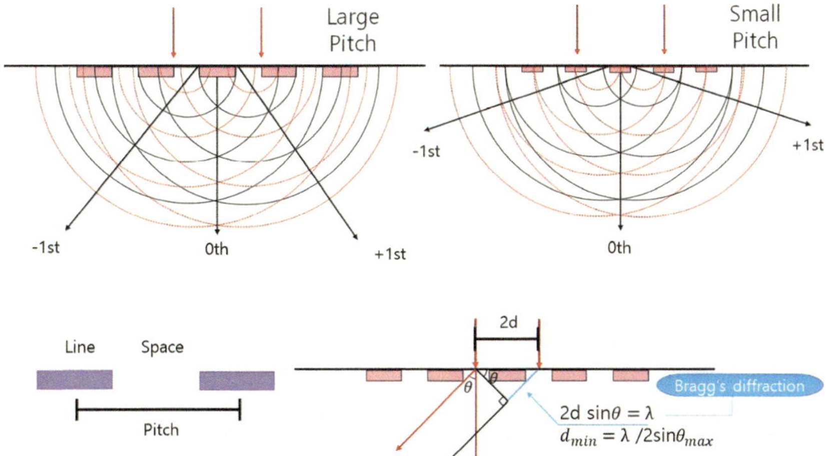

[그림 7-20] Mask에서 회절과 Bragg 회절의 회절각 계산

Rayleigh Criteria와 렌즈를 기준으로 두 광원을 구분하여 최소 지점에 정의하고 이 정의가 Resolution이다. [그림 7-20]에서 보는 것처럼, Bragg 회절에서 각도가 렌즈의 상대적 크기인 NA(Numerical Aperture)로 치환하여 표현하고, K1은 공정 상수로 조명 조건 또는 Mask, 물질 등 다양한 기술을 통해 Resolution을 더욱 향상할 수 있다. Rayleigh Criteria의 NA가 크면 회절각이 높아 1차 광을 얻게 되고 파장이 작으면 회절각이 작으므로 Resolution이 좋아지는 것이다.

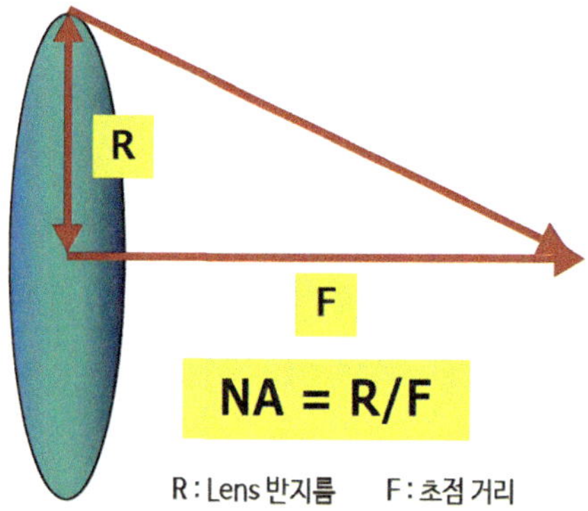

[그림 7-21] Rayleigh Criteria

(최소 선폭의 한계)

$$R = K_1 \frac{\lambda}{NA}$$ 〈식 7-1〉

(R=Resolution, K_1 =공정에 의한 비례 상수, λ=노광 파장, NA=렌즈의 개구수)

렌즈에서 0차와 1차 회절광이 웨이퍼에 닿을 경우를 생각하고 [그림 7-22]에서 보는 것처럼 보강이 생기는 영역과 상쇄가 되는 영역이 발생한다. 보강이 생기는 영역은 빛의 세기가 최대이고, 상쇄되는 영역은 빛의 세기가 최고가 된다. Positive PR를 생각해 보면 PR에 닿는 빛의 세기가 역으로 발생하는 영역에서는 화학반응이 일어나 PR이 남는 부분과 제거되는 부분으로 구분된다. 여기서 밀도(Intensity)의 최소 최대가 나타날수록 이미지의 차이가 확실해지는데 1차 광이 렌즈를 통화하는 비율이 높고 Mask와 렌즈 사이에 가리개(Pupil)을 설치하여 비율을 높이기도 한다.

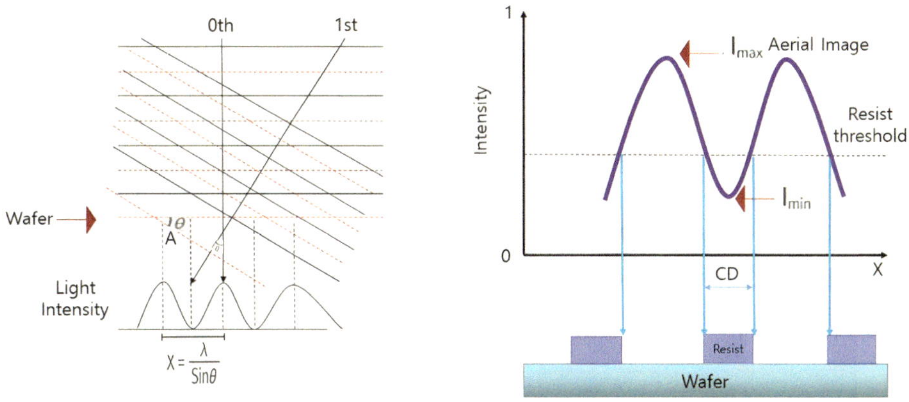

[그림 7-22] 웨이퍼에 일어나는 최종 이미징

2 초점(Focus)

렌즈를 이용하여 빛을 모아 정확하게 웨이퍼 표면에 빛을 집중하여 Focus를 맞추어야 한다. Focus는 일상에서 사진을 찍을 때 선명하게 하는 것으로 렌즈와 웨이퍼 간의 거리라 할 수 있다. 일반적으로 우리가 인물 사진을 찍을 때 조리개를 열고 진행하면 인물은 선명하고 배경은 흐려지게 된다. 포토 공정은 패턴을 선명하게 표현하고 Out Focus를 통해 흐리게 나타나는 현상을 막아야 한다. 렌즈를 통과해서 빛이 모두 한 점에 위치할 때를 최고의 Focus라 말하며 이를 벗어나면 빛이 렌즈를 통과되는 위치에 조금씩 변화를 주면 점이 아닌 원 형태로 흐려지게 된다. 이런 차이 때문에 선명하지 않고 흐리게 보이는 것이다. 최고 Focus에서 패턴이 문제되지 않게 하려고 Focus 영역을 우리는 DOF(Depth of Focus)라 한다. 장비가 가지는 산포와 웨이퍼의 공정이 지나며 생긴 단차로 인한 Focus는 미세하게 흔들리기 때문에 패턴의 안정적인 형성을 위해 DOF가 확인되어야 한다.

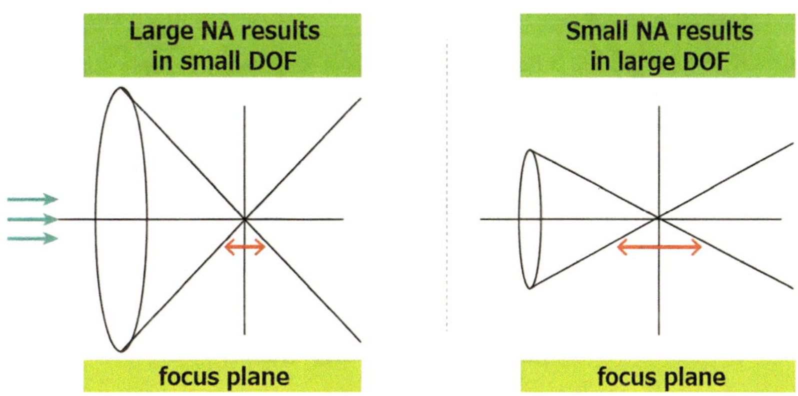

[그림 7-23] DOF

밀도의 비율을 이야기한다. 실제 정렬 Mask의 밀도가 이런 요인 때문에 작을 때 정렬 장비의 신뢰도에 문제가 되는 것이다. MCC는 계측되는 정렬 신호의 가장 알맞은 웨이와 얼마나 근접하였는지에 대한 비율을 의미한다. 정렬을 통해 각 Mask의 위치 정보가 확인되면 노광을 진행할 때 이 정보를 기반으로 보상해서 진행한다. 보상 방법은 오버레이와 같은 방법을 통해 오버레이 제어에서 이야기하도록 하겠다. 웨이퍼 각각을 기분으로 Raw Align Map이 진행하면 보상할 수 있는 모델 파라미터를 반영하여 남은 잔류에 대한 Lot 단위 성분을 ROPI라 하며, Lot 단위 성분을 제외한 웨이퍼의 산포를 RPN이라 한다.

8 마스크(Mask)

마스크는 웨이퍼에 패턴을 찍기 위한 바탕으로 사진과 비교하여 보면 이해가 될 것이다. 사진을 찍기 전 필름은 포토마스크에서 Blank라 부르는데 카메라로 풍경을 필름에 나타내듯이 EUV 장비를 통해 패턴을 나타내는 것을 풍경이 담긴 필름과 같이 이를 반도체에서는 마스크라 한다. Blank는 마스크 제작하는 공정은 포토 공정과 같다고 할 수 있다. PR이 코팅된 Blank Mask에 EUV 노광공정을 진행한 후 현상 및 Cr 식각공정을 진행한다. 그 후 PR을 제거하면 공정에 필요한 Mask가 만들어지게 되는 것이다. 이러한 공정은 두 가지 종류의 Mask로 나눌 수 있는데 Binary와 Hightone Phase-Shift Blank(HTPSM)으로 한다. 앞의 공정으로 진행하는 종류를 Binary라 하고, HTPSM은 앞의 공정을 두 번 진행하는 것이 보편적인 방법이다. 평균적으로 Binary Blank의 기판으로 쿼츠(Quartz)가 이용되며, 빛의 차단막을 Cr(Chrome) 박막을 증착하여 EUV 노광공정을 위해 PR 코팅을 한다. 파장이 작을수록 작은 패턴을 형성하기 위해서는 식각 공정에서 생길 수 있는 Loading Effect의 영향을 적게 하려고 Cr 박막의 두께를 작게 증착하고 있다. 이 또한 현재는 한계에 달아 ArF 파장에서는 Cr을 Hard Mask로 이용하고 빛의 차단막으로 MoSi 박막을 코팅하여 안정적인 효과를 위해 두께를 작게 하고 있고 이를 우리는 HTPSM 종류라 한다.

Binary는 일반적인 빛이 투과되는 부분과 Cr에 의해 차단하는 것으로 이미지를 전부 같은 위상으로 형성되어 패턴이 형성되지 않는 영역에는 보강이 되어야 하는데 이때 발생된 밀도가 남아 있다. 이에 반해 Phase Shift Mask(PSM)는 위상을 반전하여 패턴 형성이 안 되는 곳의 밀도를 최소화하는 Mask이다.

		파장		
		I-Line (365nm)	KrF (248nm)	ArF (193nm)
구조	Binary	PR / CR / Qz		PR / CR / MoSi / Qz
	HTPSM	PR / CR / MoSi / Qz	PR / CR / MoSi / Qz	PR / CR / MoSi / Qz

[그림 7-31] Blank의 종류

이외 페리클(Pellicle)은 Mask 표면을 파티클 오염에 방지하고자 얇고 투명한 막이다. Mask Backside는 패턴에 파티클이 있을 때 웨이퍼에 나타날 때 초점이 되는 영역과 같아서 파티클이 그래도 웨이퍼에 나타나기도 하여 불량의 원인이 되기도 한다. 하지만 페리클이 있는 경우 파티클이 패턴에 바로 붙지 못하고 페리클에 붙고 웨이퍼에 나타날 때 초점이 되지 않아 불량률이 현저히 줄게 된다. 페리클에 있어 주요 사항은 빛이 투과되기에 에너지 손실이 없게 하고 투과율을 올리는 것이다.

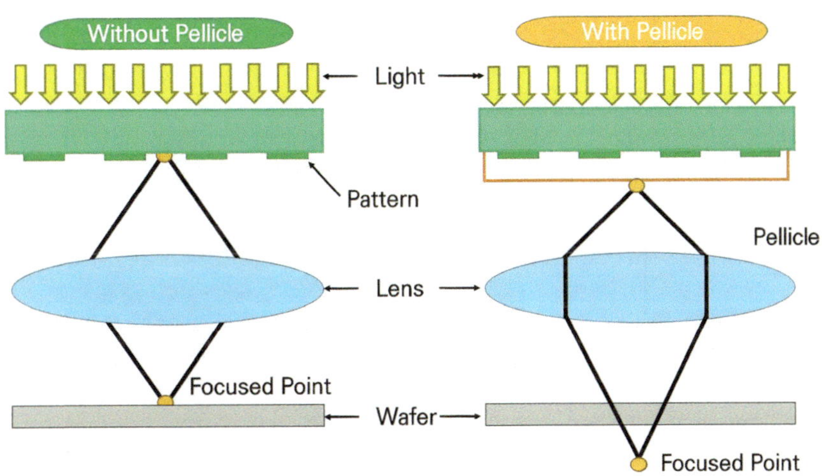

[그림 7-32] 페리클의 원리

Mask를 제작할 때 패턴이 설계한 그대로 웨이퍼에 나타나도록 바로잡는데, 이를 Optical Proximity Correction이라 한다. Mask에 패턴을 웨이퍼에 나타낼 때는 빛을 이용하기 때문에 발생하는 Proximity Effect에 따라 다르게 나타난다. 빽빽한 Line 영역에서는 Pitch가 일정하게 유지되고 격리된 Line이 있는 곳은 Pitch가 일정하지 않아서 렌즈 광선의 영향을 다르게 받는다. 그리고 Mask 제작을 위해서는 PR, 레티클(Reticle) 조건이나 식각 Loading Effect 등을 생각해서 시뮬레이션을 이용해 설계한 패턴과 근접하게 구현될 수 있는 Optical Proximity Correction 보정을 하여 Mask를 만들고 있다.

9 감광제(Photo Resist: PR)

PR은 Mask에서 선택적으로 빛이 닿게 되면 화학반응이 일어나 Mask의 이미지가 패턴으로 나타나도록 하는 감광성 물질이다. PR은 [그림 7-15]와 [그림 7-16]에서 보는 것처럼, Positive와 Negative가 있는데 Positive은 빛을 받은 부분이 광화학 반응을 일으켜 현상액에 잘 용해되는 구조로 현상액 처리를 하면 노광 된 부분이 녹아 패턴을 형성하는 것이다. Negative은 빛을 받으면 가교 반응이나 기능성기(Functional Group)에 변화가 일어나 현상액에 녹지 않게 되어 Mask로부터 전달된 패턴을 형성한다. Positive PR은 빛을 받지 않은 영역이 용해되지 않고 남기 때문에 Contact Hole 패턴에는 Negative PR이 사용된다. PR은 파장이 바뀌면서 그것에 맞게 변화되었으며 공정 기법과 PR 특성도 지속해서 개발되었다.

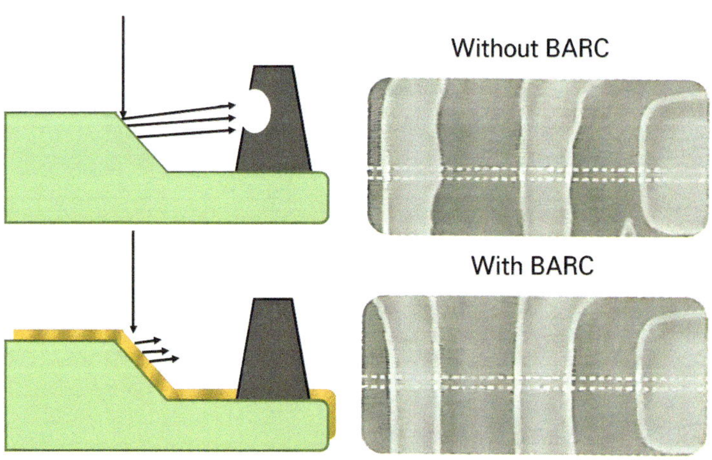

[그림 7-33] Bottom Anti Reflective Coating

Bottom Anti Reflective Coating(BARC)은 빛의 난반사로 인한 패턴의 불량을 억제하기 위해 PR이 코팅되기 전 먼저 코팅하는 물질이다. BARC 없이 바로 PR을 코팅하면 PR 하부에 반사되는 빛 제어가 힘들어 패턴 형성되어야 할 부분에 반사되어 불량이 발생하여 일정한 보강 간섭에 의한 정재파가 발생할 수 있다. BARC 층에서 흡수되며 BARC에 Optical Path Length를 파장의 1/2로 하여 위상이 반전되면서 반사광이 상쇄된다. BARC를 사용하기 이전에는 Hexa Methylene DiSilazane(HMDA) 처리를 통해 진행하였다. BARC 외에도 ArF에서는 물과 PR의 합성되는 것을 방지하고자 Top Anti Reflective Coating(TARC)가 이용되고 있다. PR 위에 한 번 더 코팅하여 물과의 오염을 막고 PR이 물을 오염시키는 것도 막는다. 최근에는 시간과 비용 절약을 위해 TARC 기능을 장착한 장비로 만들어지고 있다.

Developer는 노광에서 용해된 영역을 현상시키는 물질로 두 종류로 구별하고 있는데, Positive용 Tetra Methyl Ammonium Hydroxide(TMAH)와 Negative용 n-Butyl Acetate(nBA)를 이용하고 있다. 초창기 반도체의 재료 중 Positive PR이 개발되어 사용되면서 Negative PR이 추후 개발되면서 BARC나 Developer를 같이 이용하였으나, Negative에서 이미지 대조나 PR이 용해되는 과정에서 부기현상 발생하면서 Negative 전용 BARC나 Developer가 개발되었다. TMAH는 현상액을 씻기 위한 초순수 물 린스나 표면장력을 낮추어 패턴 보호를 위해 낮은 표면장력 린스가 이용되며, nBA는 린스를 이용하지 않는다.

7.3 포토 공정 장비의 특징

1 트랙(Track)

포토 공정을 이야기하면서 가장 많은 듣고 알려진 것이 아마 트랙 장비일 것이다. 그럼, 트랙 공정 과정에 대해 알아보도록 하겠다. 포토 공정에서 HMDS를 코팅하는 공정은 웨이퍼와 PR 간 접착력(Adhesion)을 좋게 하여 패턴이 떨어지지 않게 하는 것이다. Chilling Plate(CPL)은 고온 처리된 웨이퍼를 쿨링(Cooling) 하는 것이다. 그리고 BARC, PR, TARC를 코팅하는 공정이고 HMDS와 BARC을 선택하는 것이고, ArF 공정이 아니라면 Top Coater를 사용하지는 않는다. Post coat Apply Bake(PAB)는 Soft Bake라고도 하는데, 물질을 코팅한 후 열을 가하는 공정이고, Wafer Intelligent Scanner(WIS)은 트랙을 진행하는 웨이퍼에 대해 MACRO 이미지 검사를 시행하여 Defect 유무를 판단하는 것이다. Wafer Edge Exposure(WEE)은 코팅된 웨이퍼의 Edge에 남아 있는 PR에 의한 오염을 방지하고자 램프를 이용해 웨이퍼 Edge 부분에 노광공정을 진행하는데, Positive의 경우 Develop 공정에서 PR이 제거되는데 Negative는 이런 공정을 진행하지 않는다. Back Side Treatment(BST)은 노광공정 전에 웨이퍼의 Backside의 이물질을 제거하고 평탄화하여 Scanner Leveling을 우수하게 하는 공정이 있다. BST가 완료되면 전송 모듈(Transfer Unit)에서 Scanner로 웨이퍼를 전송하여 노광이 마무리되면 다시 Post Immersion Rinse(PIR) 모듈로 이동한다.

7.4 포토 공정 관리

1 포토 공정 관리

1. 오버레이(Overlay)

포토 공정은 오버레이에 대한 기본적인 계산은 시스템에서 진행하고 있어서 엔지니어들은 기술적인 부분으로 관리를 하고 있다. 시스템이 발전한 만큼 공정에 깊이도 줄어들었다. 원가 절감을 하기 위해 오버레이도 작게 하려고 관리가 점점 어려워질 수 있다. Advanced Process Control(APC)은 엔지니어가 진행하지 않고 공정 제어를 할 수 있도록 지원하는 시스템으로 포토 공정에서는 오버레이 보상을 위한 주 시스템으로 이용되고 있으며 APC의 기능 중 Lot을 그룹핑하고 측정 데이터를 기분으로 후속 Lot에 적용하는 Run to Run(RtoR)을 이용하고 있다. RtoR에서 기본이 되는 것이 최종 적용된 계산값 F는 현재 순서에 적용해 주는 Lot의 노광 장비 입력값 A에 현재 순서의 적용한 Lot의 오버레이 측정값 B를 더하고, Align Layer가 있을 때는 적용한 Lot의 노광 장비 입력값 E를 더한 다음 앞에서 적용한 Lot의 노광 장비 입력값 F을 빼서 계산한다.

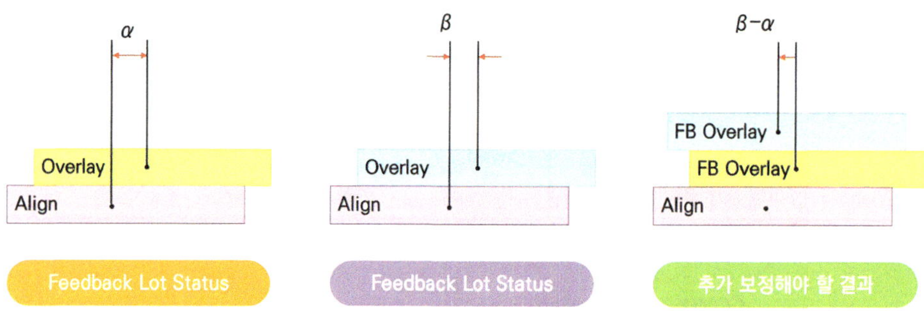

$$F = A + B + E - F$$

- F : R2R 의뢰 Lot의 R2R 계산값
- A : 현 Step의 Feedback Lot 노광 장비 입력값
- B : 현 Step의 Feedback Lot Overlay 측정값
- E : Align Layer 진행 시, Feedback Lot 노광 장비 입력값
- F : Align Laver 진행 시, Feedforward Lot 노광 장비 입력값

[그림 7-40] Run to Run 제어의 기본적 방법

2. 인셀 (Incell)

오버레이를 정확하게 바로잡더라도 Cell과 오버레이의 Vernier 위치 차이, 렌즈 수차에 의한 왜곡 등 Cell 패턴을 확인 할 수 있는 공정에서 CD를 확인하면 패턴이 불일치되어 보이는

경우가 있다. 이런 Cell 패턴을 확인하여 Miss Align을 확인하는 것이 인셀이라 한다. 정량화할 수 있으면 인셀도 오버레이를 통해 바로잡아 사용될 수 있다. 아직도 포토 공정에서는 인셀 확인할 수 있는 공정은 대부분 이런 보정 방식을 이용하고 있다.

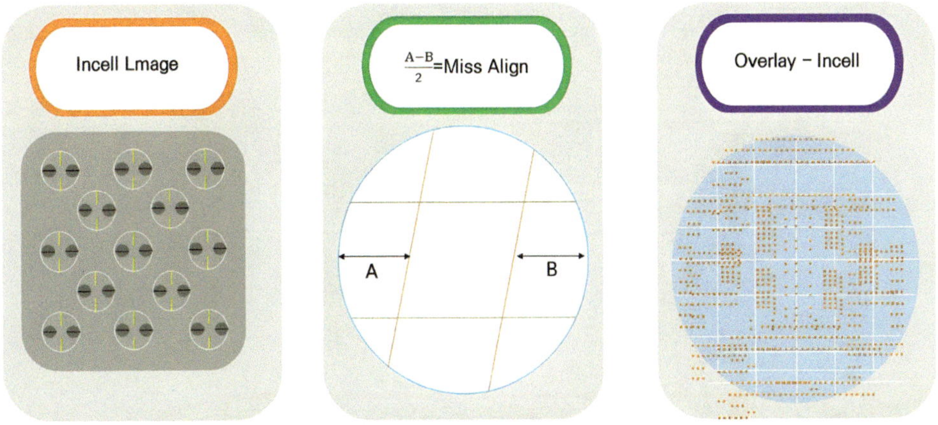

[그림 7-41] 인셀의 측정 및 보정

3. CD(Critical Dimension)

CD를 측정하는 공정은 포토 공정과 식각 공정이 있다. 포토 공정에서는 측정되는 Development 공정이 끝나고 진행하다 보니 우리는 Development Inspection이라 하며, 식각 공정에서는 검사를 Final Etch Inspection이라 한다.

요즘에는 듀얼패터닝(Double Patterning) 방식을 이용하면서 식각 공정을 여러 번으로 나누어 진행하면서 이용하는 업체마다 다양하게 말하고 있다. 식각 공정에서 마지막으로 CD를 부르는 것은 포토 공정과 그사이 진행된 공정(Sub)의 종합 결과이기 때문에 각 영역의 엔지니어 간의 소통이 매우 중요하게 작용한다. 그럼, 지금부터 CD에 기본적인 지식을 알아보도록 하겠다. CD Slimming은 CD를 측정하는 Scanning Electron Microscopy(SEM)에 의해 E-Beam Energy를 통해 경화 현상으로 에너지가 높으면 CD Slimming이 크게 나타난다. 이에 CD 측정은 Slot을 다시 측정하여 CD가 달라지는 현상이 있으니, 재측정이 생기지 않도록 해야 할 것이고, CD 측정한 위치를, 불량을 지정될 수도 있어서 CD 측정에 따라 Slimming의 영향을 확인해 두는 것이 좋다.

웨이퍼의 각 영역의 에너지와 초점을 다르게 입력 후 측정된 CD를 기반으로 그래프를 그리면 커브(Curve)로 나타날 것인데, 이를 Bossung 커브라 하고 X축이 초점일 때 DOF를 확인하고 X축이 에너지일 때는 EL과 도스 선택비(Dose Sensitivity)를 확인할 수 있다. 도스 선택비는 에너지에 따라 다르게 나타나는 CD의 변화량을 의미하며, CD 기술 관리를 위한 에너지 보정에 이용되고, 영역 단위 CD 균일도(Uniformity) 개선을 위한 도스 맵(Dose Map)을 작성하는 것에 이용된다.

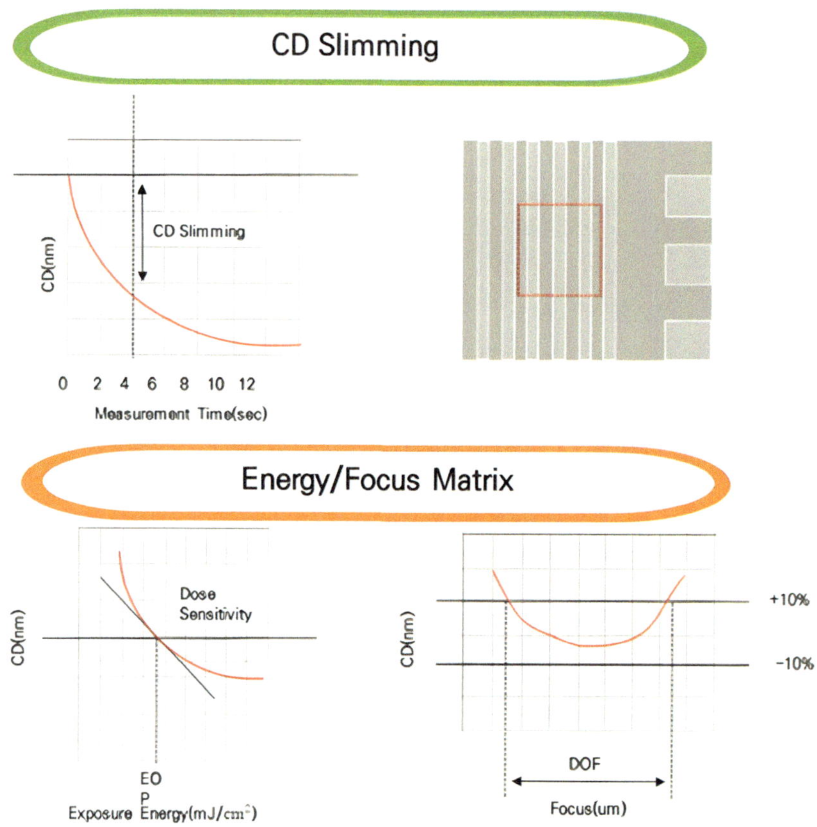

[그림 7-42] CD Slimming과 에너지, 초점

4. 결함 (Defect)

포토 공정에서 일어나는 것이 결함(Repeating Defect:RD)일 것이다. 결함은 라티클 크기를 이미지 크기보다 크게 하는 이유도 RD의 영향을 적게 하기 위한 것으로 RD가 Critical한 결함으로 분류한다. [그림 7-43]에서 보는 것처럼 RD가 생기는 Lot의 검사 맵(Inspection Map)과 SEM 분석으로 라티클에 Particle이 붙으면 이런 현상이 일어난다. 보는 것처럼 하나만 있지만 웨이퍼에는 Shot 수만큼 결함이 생기는 것이다. 포토 공정에서는 라티클에 Particle 관리에 엄격한데, 이를 위해 RD 검사를 실시간으로 진행하고 [그림 7-43]에서처럼 보이면 정밀 검사를 통해 종합적으로 RD를 판단한다.

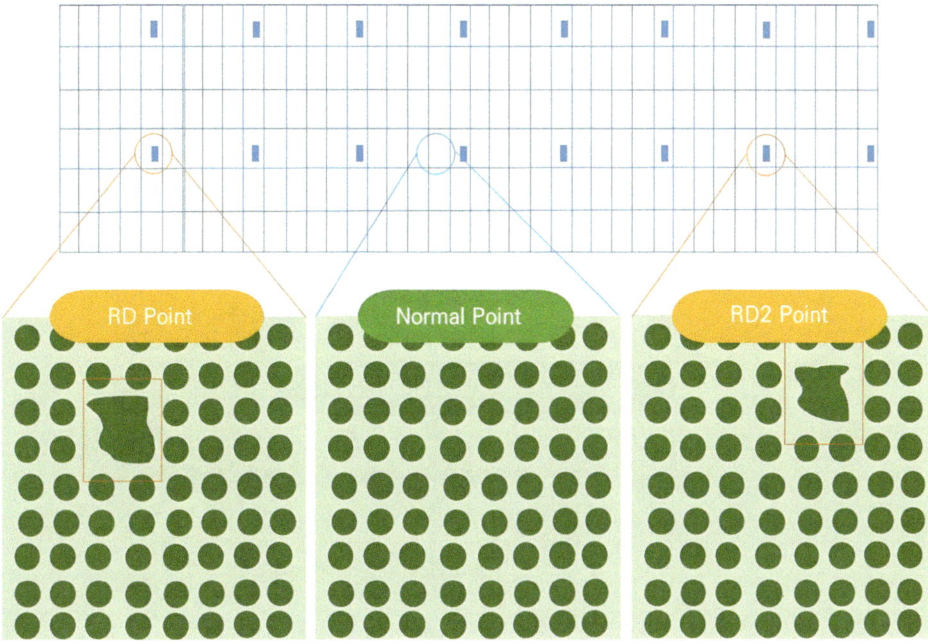

[그림 7-43] Repeating Defect

2 포토 공정 향후 기술

1. 차세대 포토 공정 기술

ArF를 이용한 포토 공정 기술은 작은 선폭의 회로를 구현하기에 한계에 도달하였다. 30nm 크기의 선폭은 구현할 수 있어 ArF 공정은 멀티 패터닝 방법을 이용하여 25%까지는 가능하였지만, 공정 수가 늘어나고 원가 상승 및 진행 시간을 늘어나서 ArF 공정을 대체해야 할 새로운 포토 공정 장비 기술이 필요한 부분이다. 이에 차세대 포토 공정 기술로는 크게 Mask를 이용한 리소그라피(Litho Graphy)와 사용하지 않는 리소리스그라피(Litholess Graphy)로 나눌 수 있다. 리소그라피는 Extreme Ultraviolet(EUV) 공정와 직접 찍어내는 나노임프린트(Nanoimprint : NIL) 공정이 있으며, 리소리스그라피는 Directed Self Assembly 공정과 플라즈몬(Plasmon) 공명 현상을 이용하는 Plasmonic 레이저 Nano 공정이 있다.

EUV는 X-ray와 Deep UV 스펙트럼 영역 사이에서 UV를 빛의 소스로 사용하는 포토 공정이다. EUV는 장비 비용 자체에 비용이 많이 들고, 출력이 낮아 노광하는 시간이 늘어나 생산성이 떨어지는 것이 가장 큰 문제이다. 나노임프린트는 Mask를 PR에 나타낸 후 다음 직접 변형을 가하는 포토 공정으로 열을 가하는 Thermal NIL과 UV를 인가하는 UV NIL이 있다. 이런 Contact 방법은 비용은 저렴하지만, Mask가 PR에 닿기에 오염을 유발하고 있다. 저렴하며 NIL보다는 오염 문제는 거의 없으나 복잡한 패턴을 형성하기는 쉽지 않다.

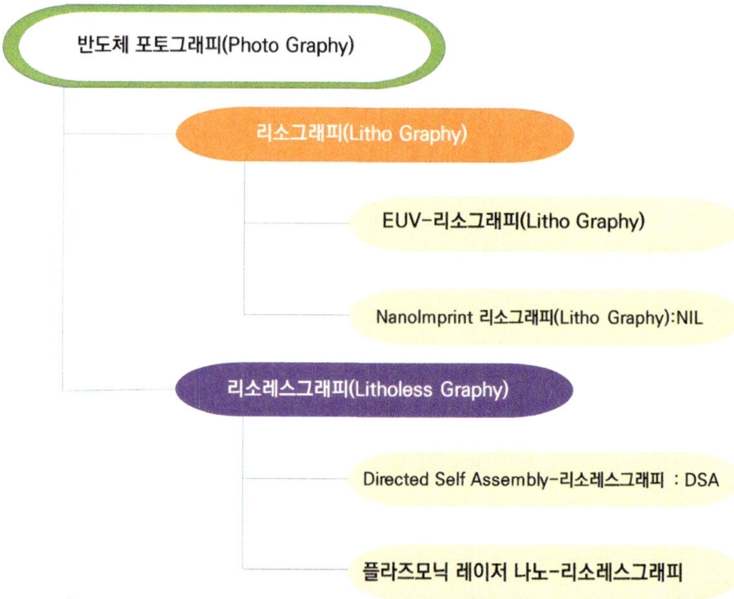

[그림 7-44] 차세대 포토 공정 기술

Directed Self Assembly 공정은 Mask 없이 가능한 물질을 이용하여 패턴을 나타내기 때문에 Top 패턴을 먼저 형성하는 Graphoepitaxy와 유기 분자층을 아래에 형성하는 Epitaxial이 있다. NIL과 같이 Plasmonic Laser Nano는 Mask를 이용하지 않아 직접 노광하면 발생하는 회절 한계를 극복하기 위해 금속과 유전체 사이의 빛에 입사하여 금속 표면의 자유전자가 진동하는 플라즈몬 공명 현상을 이용해서 균일도를 높이는 것이다. 패턴을 자유롭게 나타낼 수 있지만 균일도가 EUV보다는 못하여 속도가 느린 것이 단점이다.

2. EUV 기술

EUV의 파장은 13.5nm로 발생시키는 방법은 Laser Produced Plasma(LPP)와 Discharge Produced Plasma(DPP)로 구별할 수 있는데, LPP는 CO_2 레이저를 원소의 방울(Droplet)에 맞추었을 때 생성되는 빛을, Collector를 이용하여 EUV에 적용하는 파장만 반사하여 모아주는 방법이다. DPP는 전극에 전류를 인가하여 발생하는 빛을, Collector를 이용하여 같은 방식으로 모아주는 것이다. LPP의 경우 방울과 CO_2 레이저를 완벽하게 일치시키는 것이 기술적으로 높으며, DPP의 경우 전극에서 열부하에 의한 병목 현상이 발생하기 때문에 고출력을 발생하는 것에는 문제가 있다. 지금까지 기술력의 향상으로 인해 LPP의 방울과 CO_2 레이저를 일치시키는 기술적인 것은 해법을 찾아 LPP로 이용하고 있으며, DPP는 생산성에 영향을 주기에 LPP가 선점하고 있다. CO_2 레이저를 통한 EUV의 전환 효율이 높은 Sn을 선택하여 방출되는 빛의 밀도가 높은 파장대 13.5nm로 EUV 파장을 선택하였다.

CHAPTER 08

식각 공정

8.1 실습 목적

1 개요

우리는 가끔 반도체라는 것 방송을 통해 보고 듣기를 하지만 막상 이와 관련하여 누군가 물어본다면 딱 무엇이라 말할 수 없었을 것이다. 누군가에게 "무슨 일 하세요?"라는 질문을 받았을 때 식각 공정이라는 것을 모르는 분에게 설명하기 어려워 "나는 반도체 공정 관련 업무를 하는 엔지니어입니다."라고 대답하면 "반도체 공정에서 무엇을 하시는데요?"라는 질문이 다시 들어오고 한다. 이는 생활 속에서 들어보지 않은 말이기 때문인데, 우선 식각의 사전적 의미는 갉아먹을 식, 새길 각으로 해석할 수 있다. 반도체 공정에서의 식각에 대한 의미를 회로 패턴의 필요한 부분을 남기고 불필요한 부분을 깎아내는 공정을 말하면서 '플라즈마'와 포토 공정에 관해 설명하여야 할 것이다.

반도체 공정에서 식각 공정은 확산과 화학 반응으로 표면에서 발생하는 확산에 의한 습식 식각과 가스와 플라스마에서 원자나 라디칼과 표면의 박막이 반응하는 건식 식각이 있다.

2 식각 공정의 원리 및 분류

식각 공정에 대한 메커니즘을 정의하기에 앞에 우선 건식 식각은 웨이퍼 표면에서의 이온끼리 충돌하여 물리적 현상이 일어나는데, 플라즈마에서 발생한 물질의 화학작용과 물리작용이 같이 발생하여 식각하는 공정을 의미한다. 물리적 식각은 이온이 식각 물질에 도달하여 전계에 의해 가속되어 충돌한 운동량에 의해 표면 마멸 현상이 발생하는 것으로서, 이는 이온 빔 식각 또는 이온 빔 밀링, 스퍼터 식각과 RF 식각이 있다.

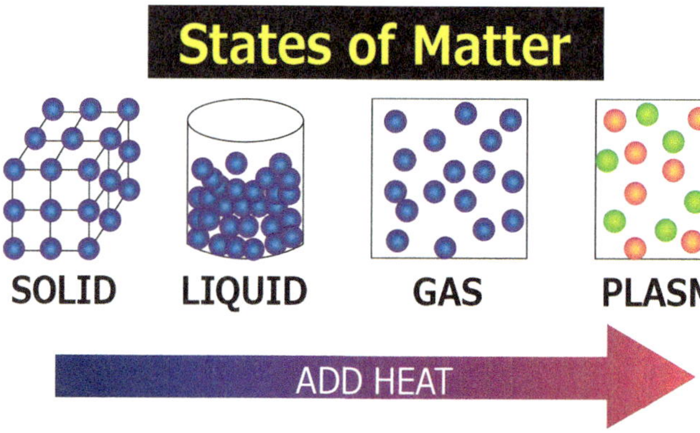

[그림 8-1] 플라즈마란 물질의 4번째 상태

1. 플라즈마란 무엇인가?

플라즈마는 일상에 밀접한 관계가 있으나 크게 느껴지는 것은 없다. 그래서 지금도 사람들이 많이 들어는 보았으나 생소하게 생각할 것이다. 예전에, TV에서 광고하고 판매되었던 PDP (Plasma Display Panel)가 있을 때, 간혹 플라즈마라는 단어를 들어 보았을 것이다. 최근에는 살균 정화, 치료에 플라즈마를 이용하여 직간접적으로 듣고 있을 것이다. 플라즈마는 표면상으로 알려지지는 않지만, 많은 산업에 기반이 되는 기술이다. 반도체에서도 미세 코팅에도 플라즈마가 이용되면서 미세 패터닝 공정이 가능하게 되었다. 여기서 막상 플라즈마에 대해 인터넷을 검색하여 보면 네온사인이나 제4원소 또는 상태라고 설명하고 있는데, 그럼 제4원소 또는 상태가 무슨 말일까? 일반적으로 물질 구분은 고체, 액체 그리고 기체로 분류하는데 열을 에너지원으로 했을 때 얼음에서 물로, 물에서 수증기로 바뀌는 것을 대표적인 예로 할 수 있다.

기체 상태에 높은 에너지를 인가한다면 전자와 양전하를 띤 이온으로 생성되어 빛을 발생하는데 이를 플라즈마라 하고 제4원소 또는 상태라 한다. 18세기에 낮은 압력의 기체를 관 속에 만들어서 에너지를 인가하면 방전되어 기체가 빛을 낸다는 것을 확인하였다. 플라즈마의 특징은 기체가 빛을 내는 것과 함께 기체에 전기가 통한다는 것이다. 지금 우리가 살고 있는 생활 속의 환경에서의 압력은 기체가 이온화된 상태로 존재하지 않는다. 하지만 기체의 압력을 낮추고 전기 에너지를 인가하면 기체가 이온화되어 전하를 띠고 전류가 흐르게 된다.

미국 물리학자 Irving Lengmuir는 기체의 현상을 보면서 연구하였고, 방전관의 형태를 통해 모양이 변화되는 것을 알고 플라즈마라 칭하였다. 그러나 처음 인공적으로 플라즈마를 만든 것은 패러데이(1835년)이고 이를 물질의 제4원소 및 상태라 한 것은 크룩스(1879년)이며, 이를 플라즈마라 칭하고 연구를 시작한 것은 랭뮤어(1928년)이다. 이처럼 새로운 물질 상태에 매료된 과학자들은 플라즈마의 기본 성질을 해석하기 위해 지속해서 연구하면서 복잡하게 표현된 플라즈마를 간단하게 정의하였다.

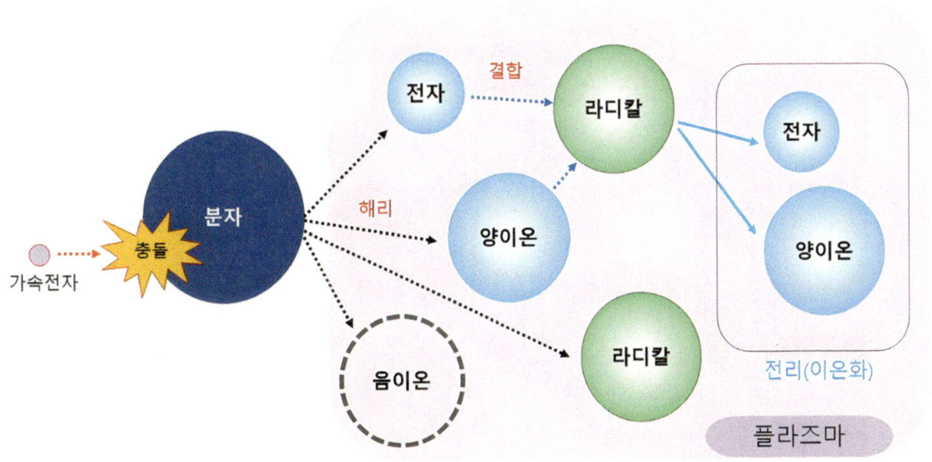

[그림 8-2] 플라즈마 구성

[그림 8-2]에서 보는 것처럼, 플라즈마는 '이온화된 기체'로 정의하며, 이온화는 기체에 에너지를 인가하면 기체가 구성하는 원자와 분자로 분류되고, 가해진 에너지가 많으면 원자는 원자핵과 전자로 분리된다. 그래서 Plasma는 이온(Ion), 전자(Electron), 중성 입자, 라디칼(Radical)로 구성된 것이다. 이는 기체의 특징에서 전기와 중성 입자 상태로 전자와 이온 전하들이 수평적인 관계로 형성되어 있다. 전하라는 것은 입자들이 상호작용을 하는 것으로 전기적으로 연결되어 있다는 것이다.

이제는 플라즈마가 어떤 역할과 기능으로 식각 공정에 쓰이게 되는지를 크게 2가지로 정리하도록 하겠다.

① 전기적 특성 : Sheath(쉬스: 플라즈마를 둘러싼 챔버와의 경계층을 의미하며 이 영역은 양전하 공간)를 활용한 직진성을 지니고 있어서 전도성을 가지고 있다.
② 화학적 특성 : 이온화된 분자들은 서로 다른 분자들과 화학적 반응이 쉽다.

기체인 반응성 가스들이 챔버 안으로 들어가면 플라즈마화 되도록 하여 전자와 양이온으로 생성되고, 여기서 분자 결속이 안 된 원자가 생기는데 이를 라디칼이라 한다. 화학적으로 불안정한 상태인 라디칼은 빠르게 안정화된 상태로 가려는 성질이 지니고 있어서 라디칼로 인한 플라즈마는 화학적 식각이 가능하다. 그리고 플라즈마 안에는 이온이 있기에 표면에 Ion Bombardmaent(충격)가 발생할 수 있어서 화학 반응이 활성화될 수 있다. 플라즈마는 물리적이고 화학적 식각 특성을 지내고 있어서 정도에 따른 특성을 제어가 가능하다. 전압의 크기를 통해, 물리적 반응 제어를 하고, 화학적 반응은 챔버에 인가하는 전기 에너지나 압력 조절로 표면에서 반응하는 라디칼 밀도를 제어한다.

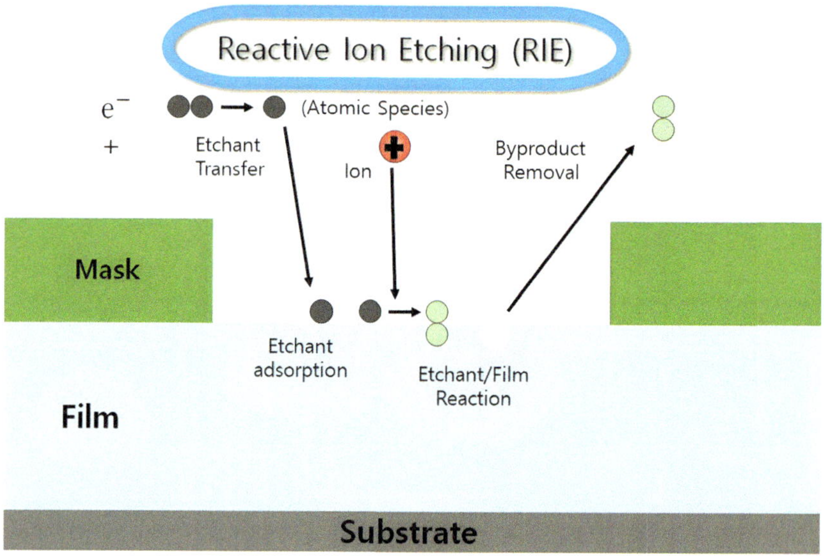

[그림 8-3] 대표적인 플라즈마 식각 과정

[그림 8-3]에서 보면 지금까지 설명한 플라즈마 식각 반응 과정을 나타낸 것이다. 예를 들면,

① 반응 입자의 형성 : 챔버 안으로 투입된 반응성 가스를 이온화 과정을 통해 활성화된 이온과 라디칼을 생성한다.
② 반응 입자의 이동 : 라디칼은 확산하고 이온은 전기장에 의해 웨이퍼로 이동한다.
③ 표면 반응에 의한 부산물(By-Product) 생성과 휘발성 기체화 : 웨이퍼 표면에서 이온의 물리적 현상과 라디칼의 화학적 반응을 통해 반응 생성물이 발생하고 이는 휘발성 물질로 증발한다.
④ 증발 부산물은 Vacuum Pump(진공펌프)을 이용하여 배기를 통해 제거한다.

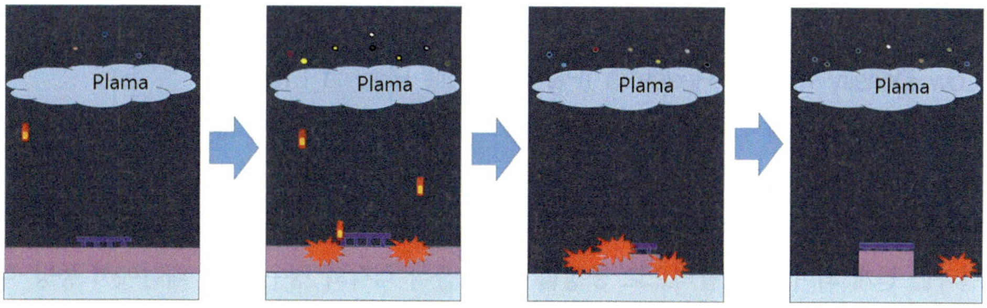

[그림 8-4] 대표적인 플라즈마 식각 진행 과정

[그림 8-4]에서 보면서 플라즈마 식각 과정을 형상화하여 기억하면서 식각은 플라즈마 상태에서 이온의 물리적 타격과 박막의 휘발성으로 기체화되어 제거되는 것이다.

2. 건식 식각의 분류

반도체 건식 식각 공정은 웨이퍼 표면에서 이온들의 물리적 타격, 플라즈마 속에서 박막 물질들의 화학작용 그리고 물리적과 화학적 작용이 같이 발생하여 식각 되는 공정을 의미한다.

Physical Etch (물리적 식각)	Physical Etch (물리적 식각)	Physical + Chemical Etch (물리적 식각 + 화학적식각)
Sputter Etching	Reactive Radical Etching	Reactive Ion Etching (RIE).

[그림 8-5] 건식 식각의 분류

(1) Sputter Etching

반도체 기판에 플라즈마 내의 이온을 가속해 물리적으로 식각하는 것을 의미한다.

(2) Reactive Radical Etching

반도체 기판에 피식각체와 화학적으로 반응성이 있는 가스를 사용하여 플라즈마 발생을 시켜 플라즈마 내의 반응성 라디칼을 사용하여 화학적으로 식각하는 것이다.

(3) Reactive Ion Etching (RIE)

반도체 기판에 피식각체와 화학적으로 반응성이 있는 가스를 사용하여 플라즈마 발생을 시켜 플라즈마 내의 반응성 라디칼을 사용하여 물리적인 방법과 화학적인 방법을 동시에 사용하여 식각하는 것이다.

(4) MERIE(Magnetically Enhanced RIE)

자기적으로 강화된 RIE로 마그네트론은 물리적, 화학적으로 결합 된 식각 시스템이다. RIE와 유사하게 챔버 벽에서 떨어져서 플라즈마를 고정하는 자기장이 있고 High Density Plasma를 생성하기 위해 웨이퍼 근처에서 전자와 이온 농도를 증가시킨다.

자기장은 쌍극자 원형 자석 시스템에 의해 물리적으로 회전하거나 3상 교류 전원 공급을 통해 전기적으로 회전할 수 있다. 자기장을 갖는 플라즈마는 High Density Plasma를 생성하고 낮은 압력에서도 동작과 높은 Aspect Ratio 특성을 갖고 방향성과 균일성을 유지하는 효과적인 방법이다.

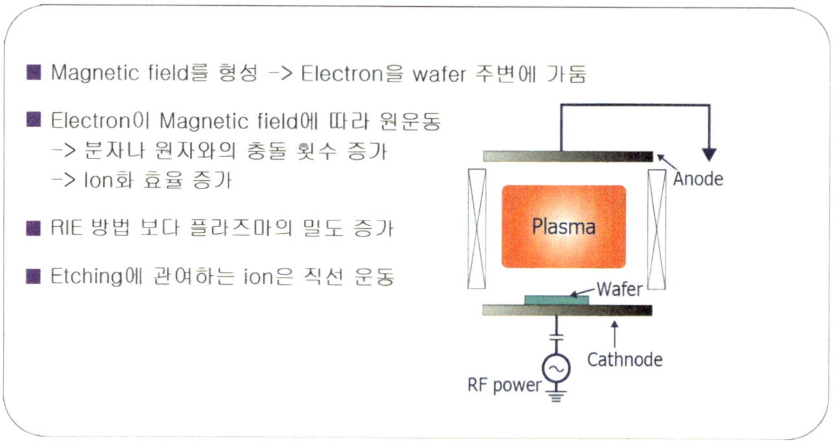

[그림 8-9] MERIE(Magnetically Enhanced RIE)

(5) TCP(Transformer Coupled Plasma) & ICP(Inductively Coupled Plasma)

유도결합 플라즈마는 2가지 형태의 플라즈마 발생 소스를 지니고 있다. Planner와 Cylindrical Type로 분류하고 있다. 유도결합 플라즈마의 발생 원리는 와선형이나 나선형 인덕터에 코일을 이용하여 가스방전과 플라즈마가 생길 수 있는 가스 주변에 놓아서 코일에 교류 전류를 가해 발생한 시간에 따라 변화는 자기장이 챔버안 플라즈마에 침투하게 된다. 이 자기장을 이용하여 외부의 코일에 가하는 전력이 챔버 내부에서 발생된 플라즈마 내 전자에 에너지를 전달함으로써 High Density Plasma를 얻는 것이다.

- Chamber 상부에 원형으로 Coil 설치
- RF Power를 인가
- Coil을 흐르는 전류에 의해 Plasma 내에도 Inductance 성분 유기
- 플레밍의 왼손법칙에 따라 수직방향의 자계(B-Field), 수평방향의 전계(E-Field) 형성
- Skin Depth 내에 형성된 전계를 따라 전자가 회전운동 -> 가속

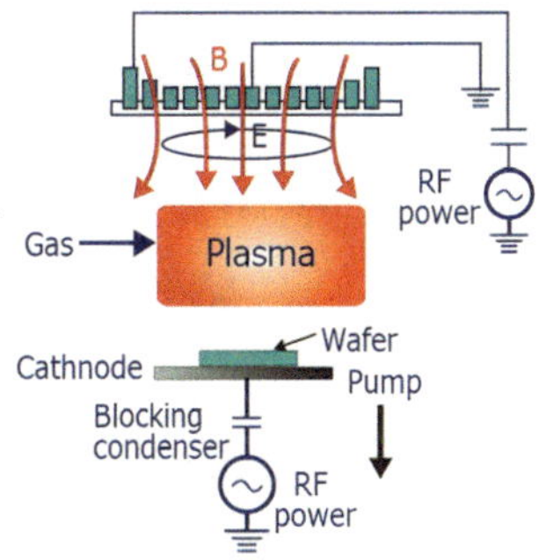

[그림 8-10] TCP(Transformer Coupled Plasma)

- Chamber의 측면에 coil
- 13.56MH의 RF POWER를 인가
- 고밀도 Plasma형성 -> Etch rate 탁월
- Chamber의 구조가 간단
- Plasma가 넓고 이온을 가속시키지 않음 -> Ion 충격에 의한 damage가 없음

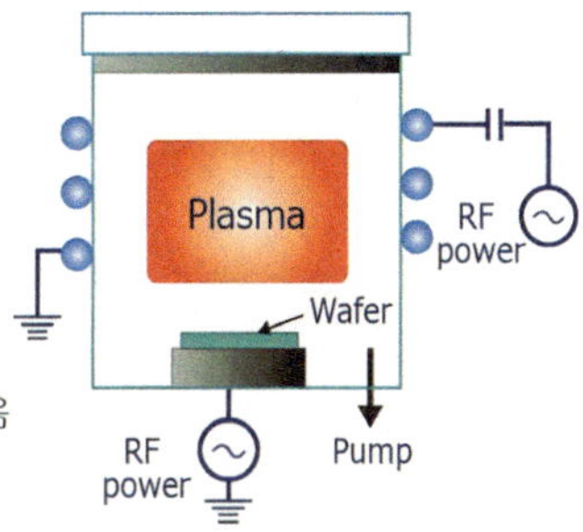

[그림 8-11] ICP(Inductively Coupled Plasma)

4. 습식 식각 공정 분류

습식 식각 공정의 메커니즘 원리를 이해하고, 공정별 특징을 알아야 한다. 반도체 공정 과정에서는 기판 표면으로부터 특정 물질을 제거하는 공정으로 여러 종류의 산성 용액(Acid) 부식 용액(Caustic Solution)들이 사용된다. 화학적 식각액(Etchant)은 광학적으로 평평하고, 결함이 없는 표면을 만들기 위해 Polishing과 Lapping에 사용된다.

에피택시 성장 또는 열적 산화 이전에 반도체 기판은 저장과 취급 방법에 따라 발생하는 불순물을 제거하기 위해 화학적으로 세척되어야 한다. 특히 다결정 실리콘, 산화물, 질화물, 금속, III-V 족 화합물의 blanket etches에 활용되고 있다.

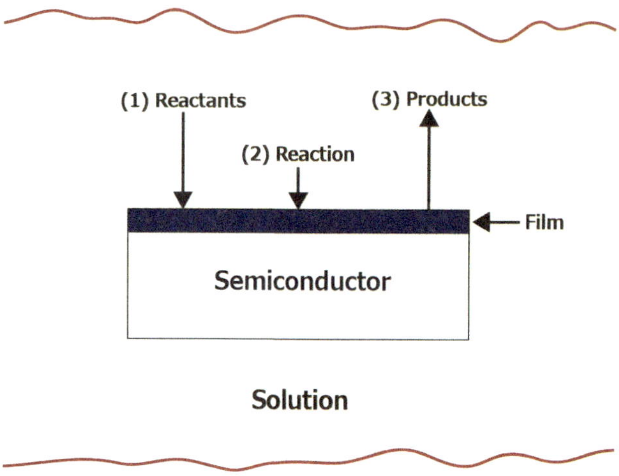

[그림 8-12] 습식 식각 공정 메커니즘

습식 식각액의 온도와 교반 모두는 식각속도에 영향을 미치며, 여기서 식각속도는 단위 시간당 식각 때문에 제거된 막의 양으로 정의한다. IC 공정에서 대부분의 습식 식각은 반도체 기판에 식각액을 분무하거나, 화학 용액에 기판을 담가 진행하며 식각속도는 패턴 밀도와 특정 크기에서 어떤 변화에 대해서도 기판 전체에서 일정해야 한다.

5. 습식 식각 공정의 종류

반도체 습식 식각 공정은 웨이퍼 표면에서의 식각액에 의한 화학적 반응으로 식각이 진행된다는 사실을 알 것이다.

(1) 실리콘 습식 식각

반도체 재료에서 습식 식각은 화학 반응에 의한 산화물의 분해로 진행된다. 실리콘에 사용되는 식각액으로는 Nitric Acid(HNO_3)와 초순수(DI-Water)에 희석된 Hydrofluoric Acid(HF) 또는 Acetic Acid(CH_3COOH)이고, 초순수는 이런 식각액에 대한 희석액으로써 사용되고 있다. 그러나 Acetic Acid는 Nitric Acid의 분해를 감소시키기 때문에 많이 이용되고 있다.

$$Si + 4HNO_3 \Rightarrow SiO_2 + 2H_2O + 4NO_2$$
$$SiO_2 + 6HF \Rightarrow H_2SiF_6 + 2H_2O$$

몇몇 식각액은 단결정 실리콘의 어떤 다른 면보다 특정한 면을 더 빠르게 분해하며, 이것은 방향성이 있는 식각을 발생하여 실리콘 격자에서 (111) 면은 (110)과 (100) 면보다 단위 면적당 결합의 수가 많아 식각속도는 (111) 면에서 더 늦을 것이다.

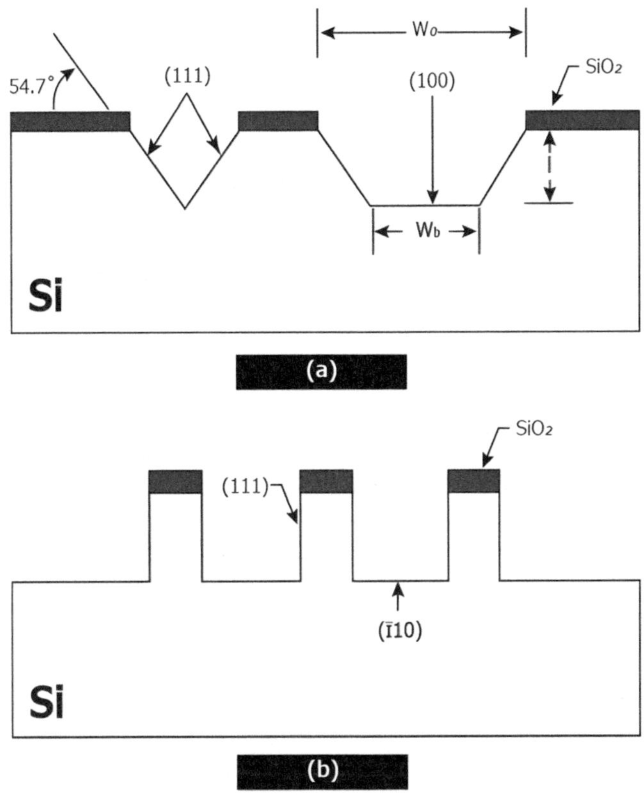

[그림 8-13] 실리콘 습식 식각 방향성에 따른 공정 (a)100 (b) 110

실리콘에서 공통으로 사용되는 방향성을 갖는 식각은 물에 희석된 KOH와 Isopropyl Alcohol의 혼합물로 구성된다. 〈100〉 방향 실리콘의 방향성을 갖는 식각은 (100) 면에 54.7°의 경사각에서 모서리 부분이 (111) 면이 되도록 정확히 V형의 홈을 만들고, 마스크에서의 창이 충분히 크거나 식각 시간이 짧다면 U형의 홈이 형성된다. 밑면 길이 Wb와 웨이퍼 표면 마스크 창의 폭 Wo 및 식각 된 깊이 l 사이에는 다음과 같은 식이 성립된다.

$$W_b = W_0 - 2l\cot 54.7^o$$
$$W_b = W_0 - \sqrt{2}\,l$$

(110) 방향의 실리콘이 사용된다면 (111) 면의 수직 벽과 같은 직각을 갖는 에칭이 이루어짐으로써 초미세한 특정 길이를 가진 소자를 만들기 위해 에칭 속도의 큰 방향 의존성을 사용한다.

(2) 실리콘 산화막의 습식 식각

SiO_2의 습식 식각은 일반적으로 NH_3F를 첨가하여 또는 NH_3F를 첨가하지 않은 희석된 HF를 사용하는 데, NH_4F의 첨가는 완충용액(Buffered HF Solution, BHF)을 만들고, 이러한 것을 Buffered Oxide Etch(BOE)라 부른다. HF에 NH_4F의 첨가는 pH 값을 조절하고, fluoride ions의 부족분을 보충해 줌으로써 안정적으로 식각을 유지한다.

SiO_2 식각속도에 영향을 주는 인자는 식각액, 식각액 농도 밀도, 휘저음, 온도, 산화막 밀도, 구멍, 미세구조, 불순물 침전이다. 예를 들면, 산화물에서 고농도의 Phosphorus(P)는 식각속도를 빠르게 증가시키고, CVD 또는 스퍼터링에 의해 증착되어 느슨하게 결합한 산화막은 열로 성장된 산화막보다 더 빠른 식각속도를 나타낸다. 실리콘 산화막은 HF에 의해 식각되기도 한다.

(3) 실리콘 질화막과 폴리실리콘 습식 식각

실리콘 질화막은 실온에서 고농도 HF 또는 완충 HF와 끓는 인산(H_3PO_4) 용액으로 식각되어 산화막에 대한 질화막의 선택적 식각은 180℃, 85% H_3PO_4를 사용하며, 그 이유는 이 용액이 실리콘 산화막을 느리게 식각시키기 때문이다. (일반적으로 실리콘 질화막은 10nm/min, 실리콘 산화막은 1nm/min보다 작음)

감광제와 흡착 문제는 끓는 H_3PO_4 용액을 가지고 질화막을 식각할 때 발생하는데 좋은 패턴 감광제를 나타내기 위해서 질화막 맨 위에 얇은 산화막을 증착시킴으로써 좋은 결과를 얻는다.

폴리실리콘 식각은 단결정 실리콘의 식각과 유사하지만, 결정 경계선 때문에 식각속도가 비교적 빠르다. 폴리실리콘의 식각속도에 영향을 주는 인자는 도핑 농도와 온도이다.

(4) 알루미늄 습식 식각

알루미늄(Al)과 알루미늄 합금막은 일반적으로 가열된 인산, 질산, 초산과 초순수 용액에서 식각이 된다. 일반적인 식각액은 73% H_3PO_4, 4% HNO_3, 3.5% CH_3COOH, 19.5% 초순수(DI-Water)의 용액에 공정 온도 30~80℃이다. 알루미늄 습식 식각은 HNO_3가 Al을 산화시키고 H_3PO_4가 산화된 Al을 분해한다. 식각속도에 영향을 주는 인자는 물의 교반, 식각액 농도, 온도, 알루미늄 막에 있는 불순물과 합금이다.

부도체와 금속막의 습식 식각은 보통 용해되는 염 또는 합성물로 전환하고, 물질을 분해하는 크기에 따라 화학액를 선택하여 사용한다. 일반적으로 박막은 재료의 부피보다 더 빠르게 식각 되고, 그중에서도 자외선의 영향을 받았거나 화학량이 맞지 않거나 증착 시 Stress를 받은 막이 나쁜 미세구조로 되어 있어서 박막의 식각속도가 더 빠르다.

8.2 식각 공정의 특징

1 식각 원리 및 메커니즘

공정의 미세화라는 것은 회로의 선 폭이 작다는 말로 식각공정은 마스크에서 형성한 패턴을 그대로 만드는 것을 의미한다. 그럼, 모양이 얼마나 정확하게 직각(Verticality)으로 되어 있느냐가 중요한데, 모양이 설계된 것처럼, 나오지 않는다면 이는 정확하게 식각한 것이라 할 수 없다. 패턴을 모양은 식각 매커니즘이 화학적/물리적에 따라 차이가 발생하는데, 식각은 방향에 따라 등방성(Isotropic), 비등방성(Anisotropic) 또는 이방성으로 구분하여 용어를 정의하고 있다. 식각의 모양에 의해서 성질이 달라 [그림 8-14]에서처럼 구분하여 정의하여 보았다.

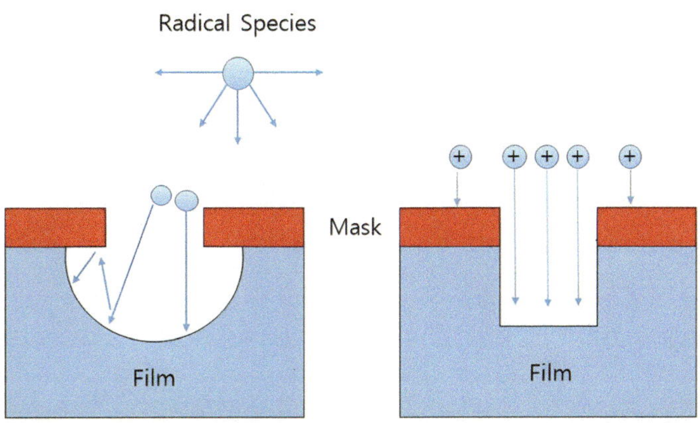

방향성	Isotropic	Anisotropic
특징	등방성(방향성이 없음) → 모든 방향으로 균일하게 파임	비등방성(방향성 있음) → 한 방향으로 균일하게 파임
Etchant	Chemical	반응 Gas(라디칼) + Ion(이온)
제어	어려움	가능
Size	20nm 이하 패턴 불가	미세 패턴 가공 가능
Etch Rate	빠름	느림
Selectivity	높음	낮음
Damage	HF Damage 있음	Plasma Damage 있음
생산성	높음	낮음
가격	저렴	비쌈
응용	표면 세정, No-Pattern 식각	미세 Pattern 가공 Contact, Spacer

[그림 8-14] 등방성과 비등방성

식각 공정을 이야기하면 습식 식각과 건식 식각으로 구분하여 특성에 따라 설명하는데, 현재 반도체 제조 공정은 건식 식각(Dry Etch) 또는 플라즈마 식각(Plasma Etch)이 많이 이용되고 있다. 그러면 지금부터 각 공정을 알아보도록 하겠다.

우선, 건식 식각 공정의 메커니즘 원리를 이해하고, 공정별 특징을 알아야 한다. 반도체 공정 과정에서는 진공과 가스, RF 전력, 바이어스 전력, 압력의 조건에서 이루는 가스 플라즈마로부터 원자나 라디칼과 증착된 물질이 반응하는 현상을 이용한 것이다. 이것은 반응속도가 패턴을 식각하며, 진공 챔버 안에서 반응이 이루어진다.

1. 건식 식각 공정 메커니즘

건식 식각은 반응성 가스가 사방으로 확산이 되기에 등방성 식각이라 하기도 한다. 그러나 어떻게 비등방성 식각이 될까? 비등방성 식각은 수직 방향으로 식각속도가 빠르다. 이는 물리적 식각이 많은데 플라즈마가 물리적 식각이다. 건식 식각이란 넓은 의미에서 포괄적으로 표현하는 것인데 플라즈마에 대해서는 앞에서 말한 것처럼, 플라즈마라는 것은 진공 상태에서 가스가 전기장 에너지를 받으면 전자(-), 이온(+), 라디칼로 분해된다. 여기서 이온(+)은 전기장의 영향으로 직진 방향성을 가지고, 표면에 물리적 충격으로 때려 뜯어내는 식각이 된다. 따라서 이온(+)으로 식각 되는 것을 스퍼터링이라 하고 이온(+)들은 높은 에너지를 통해 식각이 되기 때문에 선택성이 없어 소자에 물리적 피해를 일으킬 수 있다. 또한, 라디칼은 물질과 화학 반응을 통해 휘발성 반응물을 생성해 화학적 식각을 한다. 건식 식각 공정은 물리적/화학적 반응을 혼합하여 이용하는데, 두 방식의 장점이 혼합되면 2가지 특성이 가능하다. 이온(+) 충돌 상태에 라디칼을 이용하여 식각하면 화학 반응이 활성화되어 방향성과 식각속도가 높은 효과가 있다. 이온은 물질 결합을 깨고 라디칼은 물질과 반응해 휘발되는 원리이다. 이런 효과에 의한 플라즈마 식각을 우리는 RIE라 부른다. 다른 특성은 반응성이 높고 흡착이 잘되는 가스를 이용하면 측면과 바닥에 보호막 형성이 가능하여 화학 반응이 일어나지 않게 할 수 있다. 이런 경우 바닥은 이온이 폴리머(Polymer)를 제거하고 반응되도록 하는데 상대적으로 측면은 물리적으로 제거가 어려워 비등방성 식각 특성을 가질 수 있다. 그렇다면, 지금까지 내용들을 4가지 식각 메커니즘으로 정리할 수 있다.

① 화학적 식각(Chemical Etch) : 휘발성, 높은 선택비
② 물리적 식각(Physical Etch) : 직진성, 낮은 선택비
③ 반응성 이온 식각(Reactive Ion Etch) : 화학적 반응 가속 효과, 식각속도 상승
④ Protective Ion Enhanced Etching : 식각 전 측벽과 바닥을 보호 효과

점차 반도체 집적회로가 고기능화, 고집적화가 되면서 미세패턴 가공이 기술이 많이 요구되고 습식 식각은 등방성 식각 특성 때문에 미세패턴 가공이 어려워, 고집적화 소자에서는 플라즈마 식각 기술을 사용하고 있다. 고집적화 소자는 이 기술은 어떻게 나노 크기의 구조를 정교하게 깎아내는가에 그 성패가 달려 있다고 할 수 있다. 반도체에서 구현하고자 하는 설계 도면상의 패턴을 건식 식각은 활성 기체와 박막 물질과의 화학 반응 및 이온의 물리적 충돌로 박막이 제거되는 공정으로 플라즈마, 진공 및 공정 조건에 따라 식각 성능이 달라지며, 기판의 손상과 오염 등의 부작용을 생각해야 한다.

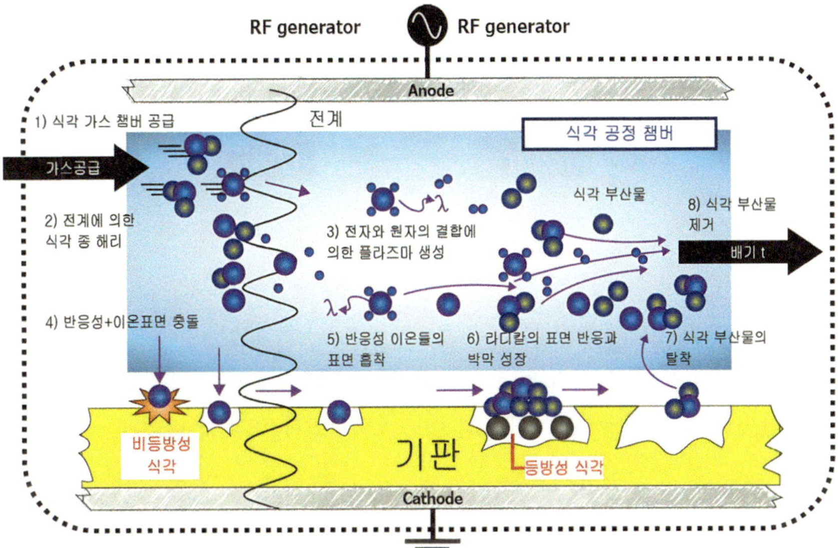

[그림 8-15] 플라즈마 식각 공정 메커니즘

(1) 식각속도(Etch Rate)

반도체 기판 패턴을 비등방성으로 식각 시 수직 방향으로만 식각되는 것을 말한다. 식각속도는 분당 식각하고자 하는 박막이 어느 정도의 두께로 식각되는지 알 수 있는 값이다. 이는 공정과 장비의 상태를 나타내는 중요한 요소이다. 보통 FAB은 Bare 웨이퍼에 폴리 실리콘과 산화막 등의 박막이 증착된 웨이퍼를 이용하며 식각 전에 박막의 두께를 측정해 일정 시간 동안 Blanket Etch(전면 식각) 후 식각 된 영역을 측정하여 분당 얼마만큼 식각되었는지를 계산이 가능하다. 단위는 보통 nm/min 또는 nm/sec로 표현한다. 식각속도를 알면 식각 공정을 진행하기 박막 두께만으로도 그에 필요한 시간을 알 수 있다. 예를 들면 산화막의 두께가 100nm를 지니고 있다고 가정하였을 때, 식각속도가 2nm/sec이면 식각 시간은 50sec를 진행해야 한다고 설정할 수 있다. 그렇다면 식각속도가 빠른 것이 좋은지 느린 것이 좋은지 판단하여 보면, 생산성 측면에서 빠른 것이 도움이 되어 좋을 것이다. 그러나 이는 다른 고려 사항과의 조건도 충족되어야 하는데, 설정한 식각속도로 시간 설정을 판단하는 것에는 패턴이 없는 Blanket Etch와 패턴이 있는 상태의 식각속도가 다를 수 있어 꼭 생산용 웨이퍼에 적용하기 전에 식각 Profile과 비교 검증 작업이 필요하다는 점을 유의해야 한다.

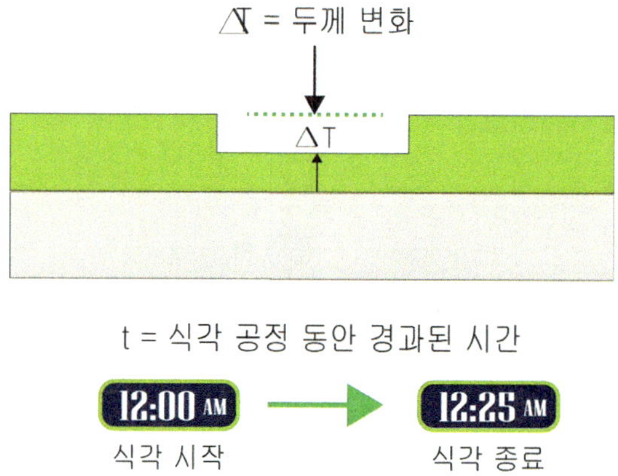

[그림 8-16] 플라즈마 식각속도

(2) 식각 형상

식각이 진행되면서 등방성 식각과 비등방성 식각으로 진행이 된다. 등방성 식각은 수직과 수평 방향으로 같게 식각되는 것을 말하며, 비등방성 식각은 수직 방향으로만 식각되는 것을 의미한다.

식각 종류	측벽 형산	그림
습식 식각	등방성	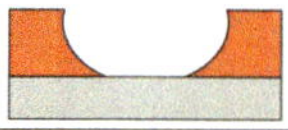
건식 식각	비등방성 (장비 & 변수 의존)	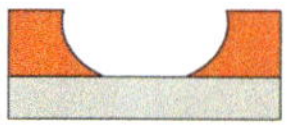
	비등방성 (장비 & 변수 의존)	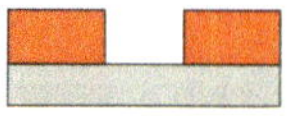
	비등방 - Taper	
	실리콘 트렌치	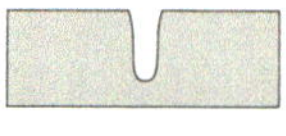

[그림 8-17] 식각 형상

(3) 식각 바이어스(Bias)

반도체 기판 패턴을 비등방성으로 식각 시 수직 방향으로만 식각 되는 것을 말한다.

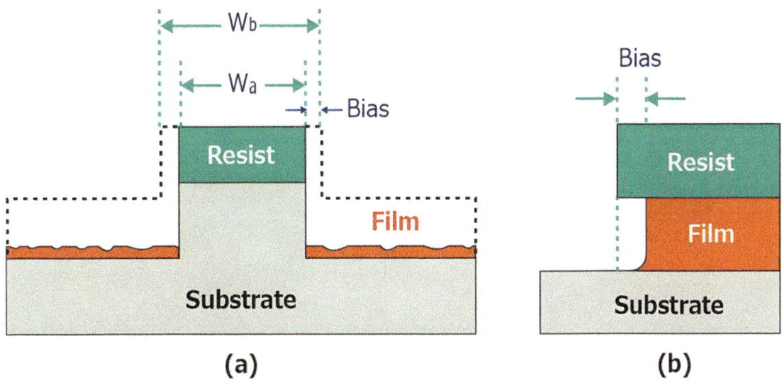

[그림 8-18] 식각 바이어스

(4) 식각 Undercut & Slope

반도체 기판 패턴을 비등방성으로 식각 시 수직 방향으로만 식각되지 않고 측벽으로 식각이 되는 것을 Undercut이라 하며 더 많이 식각이 진행된 것을 Over-Etch라 한다. 식각 공정의 필요하지 않은 부분을 제거하면서 원하는 패턴을 형성하는 것을 말한다. 제거할 부분이 남으면 안 되어 식각 부분을 완벽히 제거하기 위해 박막 두께의 균일도 및 식각 균일도를 확인하여, 추가로 시간을 진행해야 하는데 일반적으로는 Over-Etch는 ± 30% 정도를 진행한다.

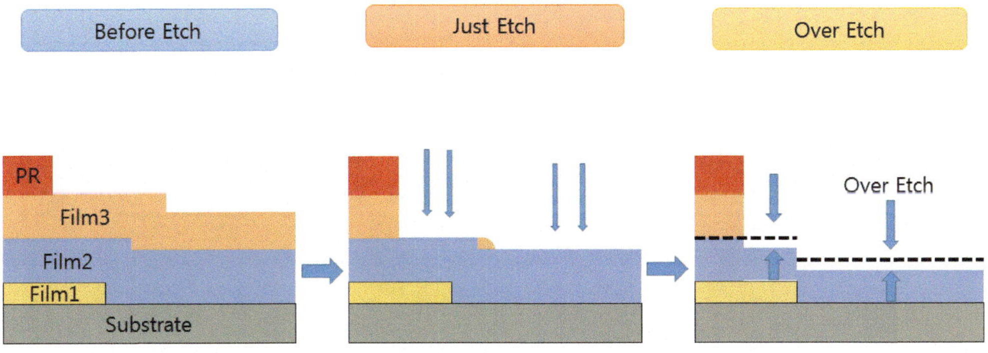

[그림 8-19] Over-Etch

예를 들어, [그림 8-19]와 같이 구조적으로 측면을 식각한다면, Over-Etch의 필요와 표면 균일도을 생각해 공간 분포를 판단하여야 한다. 여기서 식각속도는 설정된 식각속도의 ±% 오차를 있을 것이다. 박막을 제거하는 속도는 평균보다 빠른 곳과 느린 곳이 존재할 것이다. 이는 증착된 박막의 두께도 부분별로 두께 오차가 존재하여, 제거하려는 박막도 평균 두께

±% 오차를 가진다. 식각은 제거하고자 하는 부분이 남으면 안 된다. 남으면 Defect에 대한 원인이 되기도 하며, 소자가 큰 문제가 될 것이다. 박막 간 선택비를 높이는 것도 완벽한 제거를 위한 것이고, Over-Etch는 부작용에 대해 허용 가능 수준을 정립하는 것이 관건이다.

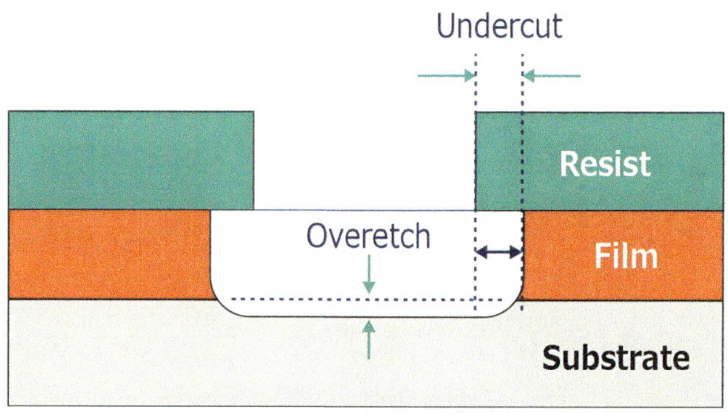

[그림 8-20] Undercut & Overetch

(5) 식각 선택비(Selectivity)

반도체 기판 패턴을 비등방성으로 식각 시 수직과 수평 방향으로 같게 식각되는 것을 말한다. [그림 8-21]에서 보는 것처럼 A를 제거하기 위해서 식각할 때 B도 같이 식각될 것이다. 이처럼 같은 조건의 식각에서 박막 간의 식각속도의 비율을 선택비라 한다. 분자와 분모에 대해 혼동하는 일이 많이 발생하는데, 분자는 제거할 박막이고 분모는 제거되지 않을 박막의 비율이다.

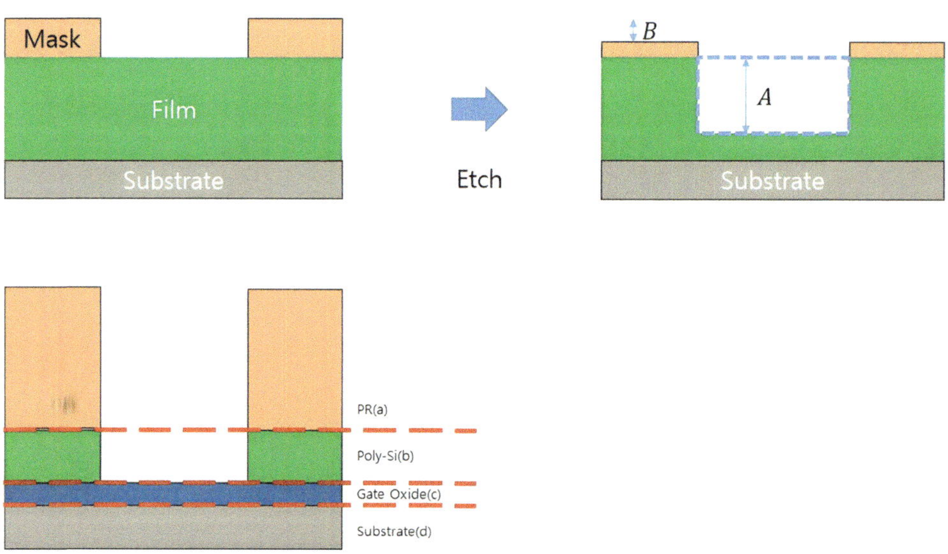

[그림 8-21] 선택비의 예시

예를 들어, 그림에서 B와 같이 (a), (b), (c)와 (d)의 구조에서 제거해야 할 박막이 (b)라 하면 (a)와 (b)의 선택비가 1이라면 (b)를 끝까지 식각 전에 (a)이 전부 제거되어 마스크의 의미가 전혀 없게 되므로 패턴이 형성되지 않을 것이다. 그에 반해 선택비가 10이라면 (a)는 적게 식각되어 정상적으로 패턴을 만들 것이다. 또한, (b)를 완전히 제거하고 (c)에 도달하여 식각을 원한다면 선택비가 필요하므로 (c)가 식각되기 전에 멈출 것이다. 높은 선택비는 식각하고 있는 박막이 끝까지 도달하기 전에 보호하는 박막이 Barrier 역할을 하는지를 판단하는 데 중요하다. 선택비는 Gas Chemistry에 의해 변화되며, 선택비가 높으면 Over Etch가 가능하고 공정 Margin 확보와 균일도에 대한 전략이 되어 가스 조합을 통해서 선택비를 크게 하는 것이 중요하다. 하지만, 지속해서 미세패턴 정확도 구현은 PR만으로 패턴을 형성하는 것에는 문제가 있다. 공정에 요구되는 패턴이 작고, 깊은 식각을 하려면 PR의 두께도 그만큼 높여야 한다. 그러나 두꺼운 두께 PR을 사용하게 되면, [그림 8-22]에서 보는 것처럼, 패턴이 쓰러지는 문제점도 발생하게 된다. 그리고 파장이 낮으면 PR의 내성도 약해진다.

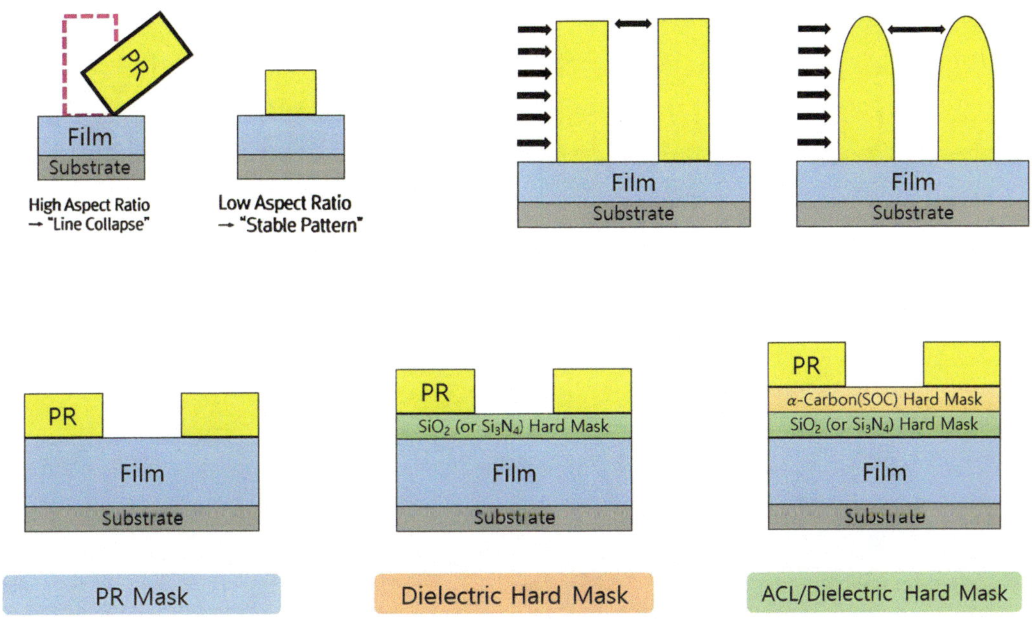

[그림 8-22] PR 문제점과 Hard Mask의 예시

이러한 문제들로 PR을 단단한 물질로 대체해서 사용하는 것으로 이를 Hard Mask Patterning 이라 하며, Hard Mask의 재료로는 SiO_2, Si_3N_4, ACL(Amorphous Carbon Layer) 등을 증착하여 이용하고 있다.

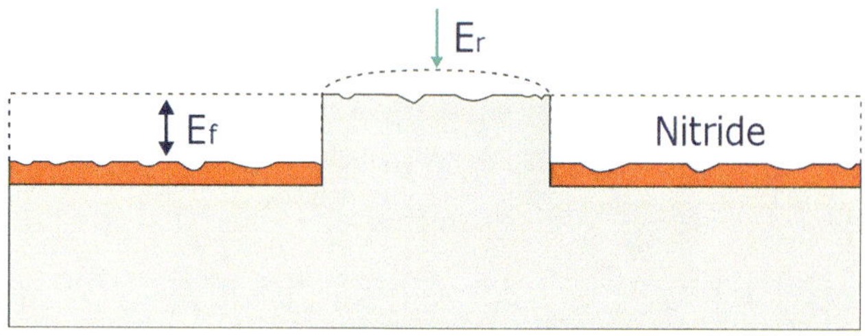

[그림 8-23] 식각 선택비

$$S = \frac{E_f}{Er} \quad (S = \text{선택비},\ E = \text{식각속도})$$

(6) 식각 균일도 (Uniformity)

반도체 기판 패턴을 비등방성으로 식각 시 한 개의 Lot에서 3~5개의 웨이퍼를 선택하고 각 웨이퍼의 5~9포인트 지점의 식각속도 측정 후 각 웨이퍼에 대한 식각 균일도도 계산하고 웨이퍼에서 웨이퍼 식각속도도 비교하는 것이다.

균일도는 흩어짐 정도를 나타내며, 웨이퍼 내 식각속도가 균일하게 나타내어졌는지를 말한다. 표현하는 방법은 여러 가지가 있지만, FAB에서는 [그림 8-24]와 같이 무자비한 선택과 원하는 포인트에서 측정된 식각속도를 식에서 계산하여 값을 나타내고 있다. 웨이퍼 중앙과 가장자리를 측정했을 때의 균등한 정도를 나타내는 방법으로 평균 식각속도 대비 식각속도의 최대값과 최소값을 이용하여 %로 정의하고 3% 이하로 설정하여 사용하고 있다. 식각 균일도는 플라즈마 균일도에 영향을 받기에, 플라즈마 변수 및 챔버 구성 요소의 변경을 통해 제거가 가능하다.

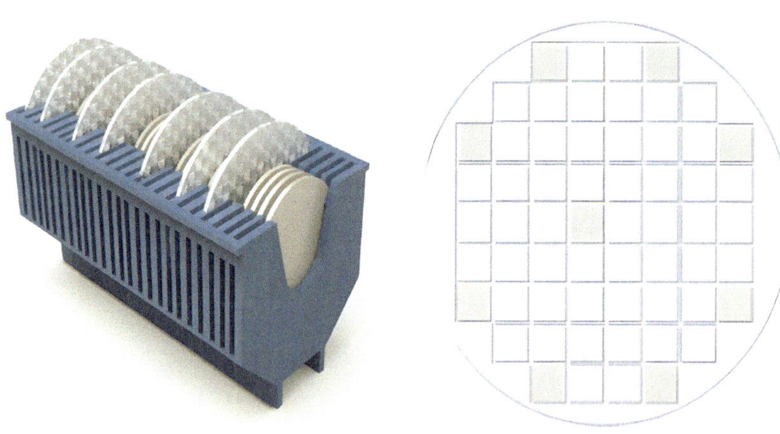

[그림 8-24] 식각 균일도

$$Uniformity(\pm\%) = \frac{[E_{max} - E_{min}]}{2 \times \sum Ei/N} \times 100$$

(Ei = 측정된 식각속도, E_{max} = 최대 식각속도, E_{min} = 최소 식각속도, N = 각 측정된 식각속도)

(7) 잔류 물질(Residual)

식각 잔류 물질은 식각 후 웨이퍼 표면에 남아있는 불필요한 물질이다. 이것은 반응로의 벽과 식각되는 부분의 바닥을 코팅하게 된다. 그것은 너무 빠른 식각 때문에 부적합하게 선택에서 오염물질로 인해서 발생할 수 있다. 식각 후에 남겨지는 잔류 물질은 스트링거(stringers), 덮개(veils), 크라운(crown), 장애물(fences)을 포함하는 다양한 이름을 갖는다. 스트링거는 완전히 제거되지 않는, 식각되는 동안 전기적으로 활성화되는 작은 잔류물로 원치 않는 연결을 의미한다. 잔류 물질들은 IC 제조를 위한 웨이퍼의 오염 원인으로 감광제를 제거하는 동안 생기는 것이다. 과도한 식각은 Over-etch는 가끔 잔여 물질을 제거하기 위해서 식각 공정의 끝부분에 수행된다. 식각 잔류 물질의 몇 가지 경우는 습식 화학적 식각이나 감광제 벗김 공정을 통해서 제거될 수 있다. 폴리머 형성은 때에 따라 수평 식각을 방지하는 식각 저항막을 구성하기 위해 식각 특징의 측벽에서 의도적으로 증착된다. 이것은 측벽의 식각을 방해하기 때문에 높은 이방성 특징을 발생시키게 된다. 따라서 식각 방향성을 증가시키게 된다. 측벽 폴리머의 필요성은 사용되는 식각 가스의 형태에 의존한다. 이런 측벽 폴리머들은 부식액 요소들과 알루미늄, 경계층의 티타늄과 같은 재료들에 의해 발생된 반응 복합체이다.

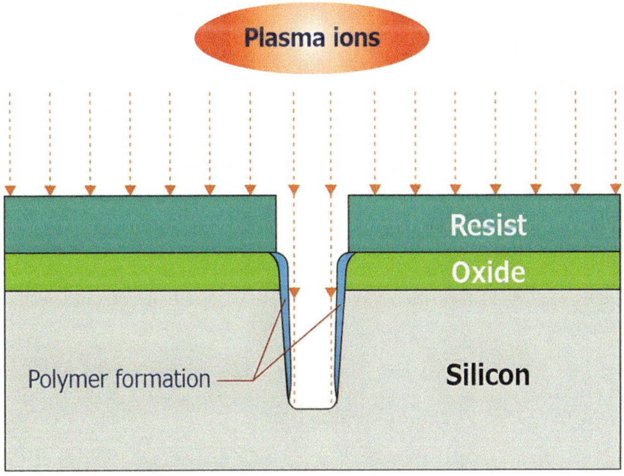

[그림 8-25] 식각 잔류 물질(Residual)

폴리머 사슬은 산화시키고 제거하기 어려운 견고한 탄소-불소 결합을 한다. 그렇지만 폴리머들은 식각 공정 후에 반드시 제거돼야 하며 생산수율과 신뢰도에 영향을 미친다. 측벽의 세정에는 잔혹 플라즈마 벗김 공정을 위한 특수한 가스나 초순수(DI water) 헹굼에 의해서 수행되는 강한 용제를 사용하는 습식 세정이 가능하게 한다. 불행하게도 폴리머 증착의 바람직하지 못한 측벽 효과는 공정실의 내부가 폴리머로 코팅된다. 식각 공정실은 세정 되지 않는 부분을 교체하고 폴리머를 제거하기 위해서 주기적인 세척이 필요하다.

(8) 플라즈마 유도손상(Plasma-Induced Damage)

플라즈마는 웨이퍼 표면에서 민감한 소자에 손상을 유도하는 플라즈마에 기인해 활성화된 이온과 전자 상태의 분자로 구성된다. 손상의 주요한 형태는 얇은 게이트 산화물의 고장을 초래하는 트랜지스터의 게이트 전극에 포획되는 전자를 발생시키는 불균일한 플라즈마이다. 플라즈마는 잘못된 장비 설계나 최적의 공정 창의 바깥에서 플라즈마 반응기를 조작하는 데서 불균일해진다. 시표 손상의 다른 원인은 이온에 직접 노출된 게이트 산화물에 충돌하는 활성화된 이온 입자 충격이다.

이런 손상은 게이트 전극의 가장자리에서 식각이 진행되는 동안 발생할 수 있다. 플라즈마 손상은 경우에 따라 어닐링이나 화학 습식 식각을 통해서 웨이퍼로부터 제거된다.

(9) 입자 오염(Particle Contamination)

플라즈마로부터 발생하는 웨이퍼 손상은 웨이퍼 표면 근처에서 플라즈마에 의해 생성된 입자 오염에서 생길 수 있다. 이미 앞에서 언급한 바와 같이 입자들은 전기적 전위차에 의해서 플라즈마 근처나 외피의 경계면에서 트립(Trap)된다.

〈표 6-1〉 부도체와 금속막의 식각액

Material	Etchant Composition	Etch Rate (nm/min)
SiO_2	Buffered HF = 28ml HF, 170ml HF, 113g NH_4F P Etch = 15ml HF, 10ml HNO_3, 300ml H_2O	100 12
Si_3N_4	Buffered HF	0.5
Al	H_3PO_4 4ml HNO_3, 3.5ml CH_2COOH, 73ml H_3PO_4, 19.5ml H_2O	10 30
Au	4g KI	1000
Mo	1g I_2, 40ml H_2O, 5ml H_3PO_4, 2ml HNO_3, 4ml CH_3COOH, 150ml H_2O	500
Pt	1ml HNO_3, 7ml HCl, 8 mlH_2O	50
W	34g KH_3PO_4, 13.4g KOH, 33g $K_3Fe(CN)_6$, H_2O to make 1 liter	160

플라즈마가 커질 때 이런 입자들은 웨이퍼 표면에서 떨어지게 된다. 플라즈마의 기초에서 불소는 높은 압력에서 식각 부산물을 발생하기 때문에 불소가스의 화학적 작용으로 생성되는 입자들은 염소나 브롬가스의 화학적 작용으로 발생하는 것보다 개수가 적다. 입자 오염의 조절은 최적화된 가스 화합물이 사용된다.

(10) EPD(End Point Detection)

증착 박막과 식각 균일도를 위해 Over Etch를 진행한다고 설명하였다. 하지만, 과한 Over -Etch는 하부층에 대한 Damage을 주기도 하여, 실시간 식각 상태를 모니터링하는 장치를 EPD라 하며, 신호 분석을 통해 알고리즘으로 종료점을 나타낸다.

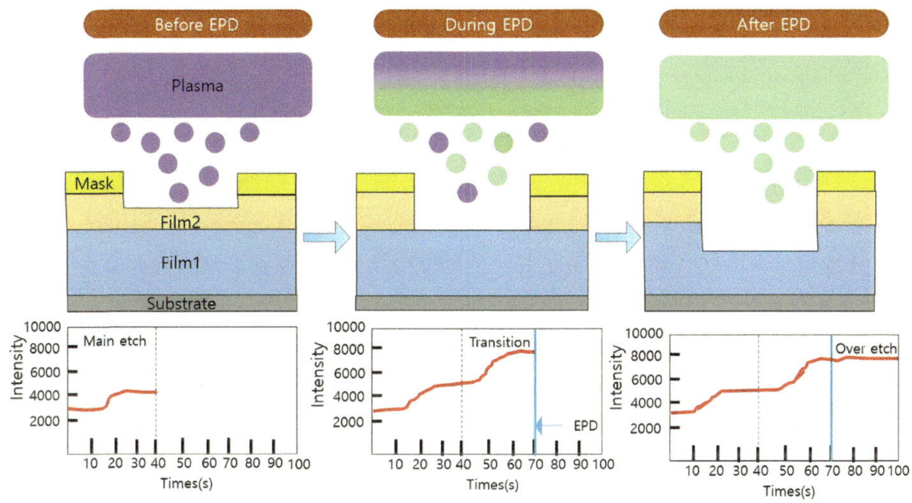

[그림 8-26] OES을 이용한 EPD 검출

[그림 8-26]처럼 식각하고자 하는 박막과 하부 박막의 경계면에서 식각 종료점을 확인하고 일정량이 식각되도록 할 수 있기에 불균일도 문제 해결이 가능하다. FAB에서는 OES(Optical Emission Spectrometer)을 플라즈마 상태 모니터링을 위해 사용하고 있다. OES는 플라즈마 내 광원의 스펙트럼으로 이를 분석해 특정 파장의 Intensity 변화를 측정하여 식각 종료점을 나타낸다.

(11) 종횡비(Aspect Ratio)

종횡비는 가로(폭)와 세로(높이)의 비율을 말하는데, 식각 공정에서 높은 종횡비를 가지는 플라즈마 식각에서 가능하여 식각 방식이 습식에서 건식으로 바뀌게 되었다고 할 수 있다. 종횡비를 요구하는 공정은 주로 Contact 식각이 많다. 특히, 종횡비가 커지면 High Aspect

Ratio Contact라고 부른다. 이 값이 클수록, 식각에서는 어려움이 증가하는데 예를 들어 위에서 아래로 식각하여 갈 때 완전 수직인 구멍을 파는 것은 어려워 실제로 깊이 팔수록 상부보다는 바닥이 좁아지는 모양이 발생할 수밖에 없어 이 현상이 많은 문제를 유발한다.

2 습식 식각 공정

앞장에서 간단하게 설명하였지만. 습식 식각 공정의 메커니즘 원리를 이해하고, 공정별 특징을 알아야 한다. 반도체 공정 과정에서는 기판 표면으로부터 특정 물질을 제거하는 공정으로 여러 종류의 산성 용액(Acid) 부식 용액(Caustic Solution)들이 사용된다. 화학적 식각액은 광학적으로 평평하고, 결함이 없는 표면을 만들기 위해 Polishing과 Lapping에 사용된다. 에피택시 성장 또는 열적 산화 이전에 반도체 기판은 저장과 취급방법에 따라 야기되는 불순물을 제거하기 위해 화학적으로 세척되어야 한다. 특히 다결정 실리콘, 산화물, 질화물, 금속, III-V족 화합물의 blanket etches에 활용되고 있다.

습식 식각액의 온도와 교반 모두는 식각속도에 영향을 미치며, 여기서 식각속도는 단위 시간당 식각에 제거된 막의 양으로 정의한다. IC 공정에서 대부분의 습식 식각은 반도체 기판에 식각액을 분무하거나, 화학 용액에 기판을 담가 진행한다. 식각속도는 패턴 밀도와 특정 크기에서 어떤 변화에 대해서도 기판 전체에서 일정해야 하고, 식각속도는 건식 식각에서와 같이 이용되고 있다.

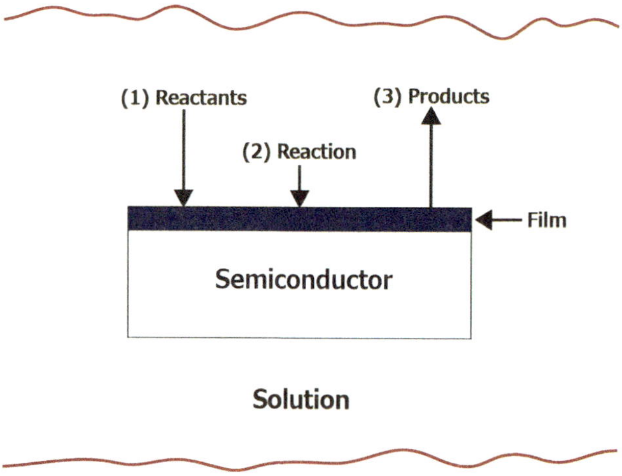

[그림 8-27] 습식 식각 공정 메커니즘

1. 습식 식각 공정 메커니즘

습식 식각은 액체를 사용하여 수조에 담갔다 빼는 것으로, 화학적 식각을 이용하여 Batch(25장) 단위로 한 번에 진행한다. 액체이기에 밀도가 높아 식각속도도 높고, 화학 반응을 이용하기 때문에 식각 선택비도 우수하다. 그러나 액체이기에 사방으로 균일하게 진행되어 등방성이기에 크기 손실이 발생하고, 미세 패턴에서는 표면 장력으로 용액이 침투하지 못하는 문제가 생긴다. 이는 균일한 식각 문제는 우리가 원하는 패턴을 위해서는 마스크 패턴 크기보다 크게 형성되는 것이다. 따라서 패턴을 작게 하려고 마스크 패턴도 작아지는데, 이후에 그 차이를 고려해 제작하여도 아래 패턴이 없어지는 일이 생긴다. 이런 이유로 지금은 습식 식각은 미세 패턴보다는 웨이퍼 표면 처리나 세정, 그리고 패턴이 없는 식각 등에 이용되고 있다. 반도체에서 구현하고자 하는 설계 도면상의 패턴을 습식 식각은 반응물의 반응 표면 확산으로 진행이 된다. 화학 반응은 표면에서 발생하며, 표면으로부터 제품의 확산으로 제거된다. 또한, 모든 식각적인 문제점이나 발생되어지는 각각의 요소들은 건식 식각 공정의 요소들과 같이 적용되고 있다.

(1) 식각속도

반도체 기판 패턴을 등방성으로 식각 시 수평 및 수직 방향으로만 식각되는 것을 말한다.

(2) 식각 형상

식각이 진행되면서 등방성 식각과 비등방성 식각으로 진행된다. 등방성 식각은 수직과 수평 방향으로 같게 식각되는 것을 말하며, 비등방성 식각은 수직 방향으로만 식각되는 것을 의미한다.

(3) 식각 바이어스

반도체 기판 패턴을 등방성으로 식각 시 수직 방향으로만 식각되는 것을 말한다.

(4) 식각 선택비

반도체 기판 패턴을 등방성으로 식각 시 수직과 수평 방향이 같게 식각되는 것을 말한다.

3 식각 공정 관리

성공적인 식각을 위해 고려해야 할 여러 가지 변수들과 식각 방식의 메커니즘에 대해 알아보았다. 실제 식각 공정을 진행하고 나면 공정이 정상적으로 진행이 되었는지 측정을 통해 결과물을 확인하여 판단하게 된다.

1. 패턴 크기 및 모양 측정

(1) CD 정의

임계 치수, 임계 크기의 약자로 웨이퍼에 형성된 패턴의 선 폭 크기를 말한다. 이를 측정하는 장비를 CD-SEM이라 한다. 공정이 진행되었다면 ㎚ 단위의 측정을 통해 회로에서 발생할 수 있는 요인을 확인하여 관리한다. 이는 만들어진 패턴의 거리 측정과 간격 측정을 하기도 한다. 복잡한 회로에서 균일하게 하는 것은 높은 기술력이 필요하다.

(2) CD 종류

(가) DICD(Develop Inspection CD)

포토 공정에서 마스크 공정 후 측정되는 CD를 의미한다.

(나) FICD (Final Inspection CD)

식각 공정, PR Remove 공정과 세정공정 완료 후 측정된 CD로 최종 CD를 의미한다.

2. 식각 가스와 물질(Etch Chemical & Film)

반도체에 이용되는 여러 가지 물질에 식각 가스에 관해 이야기하도록 하겠다. 주로 Etchant는 F, Cl, Br 원소의 가스를 이용하며, 물질에 따라 O_2, N_2, H_2 가스를 첨가하여 식각 선택비를 제어한다. 그래서 물질에 따른 적절한 조합을 해야 한다. 식각에 이용되는 반응 가스 원소의 특성과 Recipe를 구성하는 화학적 성질의 이해가 필요하다.

(1) Si (Silicon or Poly-Silicon)

불소(F) 계열의 가스를 이용하는 경우, 실리콘에 불소 원자가 노출되면 SiF_2, SiF_4층이 형성되고, 이는 낮은 끓는점을 가져 상온에서 휘발되므로 등방성 식각이 된다. 그래서 실리콘 식각을 위해 불소가 함유된 가스를 이용하는데, 주로 SF_6, NF_3와 CF_4 가스를 그리고 O_2 가스 첨가로 불소 생성 비율을 높이고, 실리콘 표면에 형성되는 폴리머 형성을 방지한다. 패턴이 형성된 웨이퍼의 경우는 식각 시 CF 계열 가스에 H_2를 첨가해 HF 형성되도록 하여 F 생성을 작게 하고, C_xF_y 폴리머 형성을 하여 패턴 측벽 Passivation 시켜 이방성 식각이 가능하다.

염소계 Cl 가스를 이용하는 경우, 실리콘에 염소 원자와 이온 결합을 하게 되어 이온 충돌을 통해 식각 된다. Cl 가스는 산화막 대비 실리콘에 선택적 식각이 중요한 요소일 때 사용한다. 주로 Cl_2와 BCl_3 가스를 이용하고 첨가 가스로 Ar 가스를 통해 식각속도를 높이고 있다.

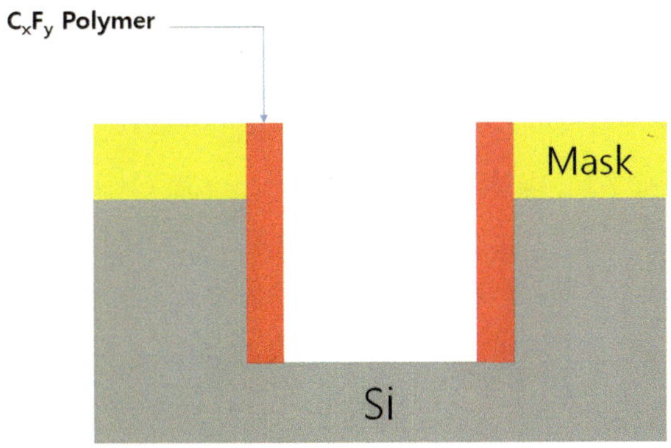

[그림 8-28] CF 계열 실리콘 식각 현상

Br 가스를 사용하는 경우, 이방성 식각 또는 산화막과 높은 선택비를 위해 이용한다. 주로 HBr 가스를 사용하며 할로겐 원소 중 실리콘과의 반응성은 낮은 식각속도지만 선택비가 우수하다.

(2) SiO_2(Silicon Oxide)

산화막 식각 가스는 발열 반응인 Fluorocarbon 계열 가스를 이용한다. 주로 CF_4, C_2F_6, C_3F_8, C_4F_6, C_4F_8, CHF_3 가스를 사용하고 실리콘과 선택비를 높이기 위해 C/F 비율이 높은 가스를 이용한다. 산화막 위에 C_xF_y 폴리머를 형성하고, 이온 충돌로 CO, CO_2 등의 반응으로 계속 표면에 형성된 C 제거와 함께 SiF_x를 제거하면서 식각한다.

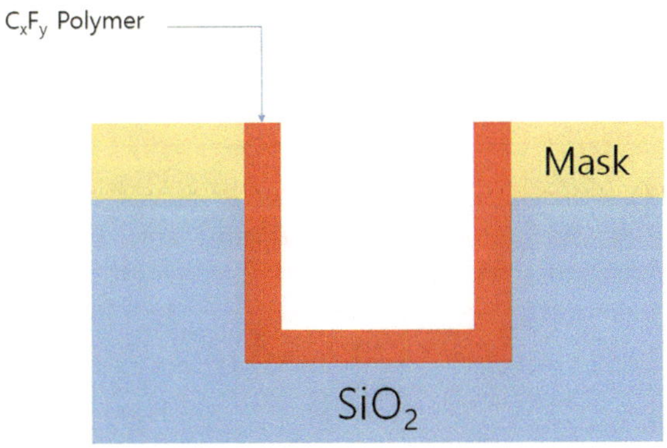

[그림 8-29] SiO_2 식각 특성

(3) Si_3N_4 (Silicon Nitride)

질화막 식각 가스는, 산화막 식각과 유사한 Fluorocarbon 계열 CF_x 계열 가스를 이용한다. 식각 특성은 실리콘과 산화막의 중간이라 보면될 것이고 식각속도는 실리콘이 높고, C-F 폴리머 형성도 두껍다. 그에 반해, 산화막은 식각속도가 느리고, C-F 폴리머 형성도 얇다. 질화막에 대한 식각 매커니즘은 정확하게 구명된 것은 없다. 실리콘은 F과 반응하고, 질화막은 N_2, HCN, FCN, C_2N_2와 반응하여 제거되는 것으로 알려져 있다. 그리고 첨가 가스를 이용하면 식각속도는 증가되는데, 이는 질소와 결합하여 N_2O 형태로 제거된다는 것을 알 수 있다.

(4) 기타 박막

반도체에 사용되는 대표적 물질 외 W, Ti, TiN, PR 또는 a-carbon 등에 사용되는 식각 가스 및 반응 부산물에 대해서는 [그림 8-30]에 정리하였으며 정확한 식각 특성을 위해서는 적합한 가스 조합이 최우선이 되어야 할 것이다.

	Etchant	additives	Inert Gas
Purpose	Primary Etchant	Selectivity Control	Stabilize Plasma, Dilute Etchant
Examples	See Below Table	O_2, N_2, He, etc.	He, Ar, Xe, etc.
Solid	Etchant	By-Product(Tb)	Applications
Si	NF_3, SF_6, CF_4, etc. Cl_2, CCl_4, HBr	SiF_4(-86℃), $SiCl_4$(58℃), $SiBr_4$(154℃)	STI, Gate
SiO_2(Si_3N_4, SiON)	$CF_4C_4F_6$, C_4F_8, etc. CHF_3, CH_2F_2, CH_3F, etc.	SiF_4(-86℃), CO(-191℃), CO_2(-57℃) HCN(26℃)	Contact
Al	Cl_2, BCl_3	$AlCl_3$(180℃, Sub.)	Interconnection
Ti, TiN	Cl_2, CCl_4	$TiCl_3$(136℃)	
W	NF_3, SF_6, CF_4, etc., Cl_2	WF_6(19℃), WCl_4(337℃)	
PR(a-Carbon)	O_2, N_2, etc.	CO(-191℃), CO_2(-57℃), HCN(26℃)	Mask
Cu, Fe, Ni, Co, Pt etc.	Difficult to etch	Cu_2Cl_2(1,490℃) Cu_2F_2(1,100℃)	Metal

[그림 8-30] 박막에 따른 플라즈마 식각 가스 종류

8.3 식각 공정 장비의 특징

1 개요

지금까지 식각에 대한 종류와 메커니즘의 기본 그리고 패턴 형성을 고려해야 할 점을 설명하였다. 여기서는 다양한 식각 공정에 대한 소개를 통해 어떻게 응용되는지 그리고 플라즈마 생성하고 식각 장치 구조와 플라즈마 식각에 어떠한 입력 변수들이 있는지 확인하도록 하겠다.

1. 식각 구조 공정

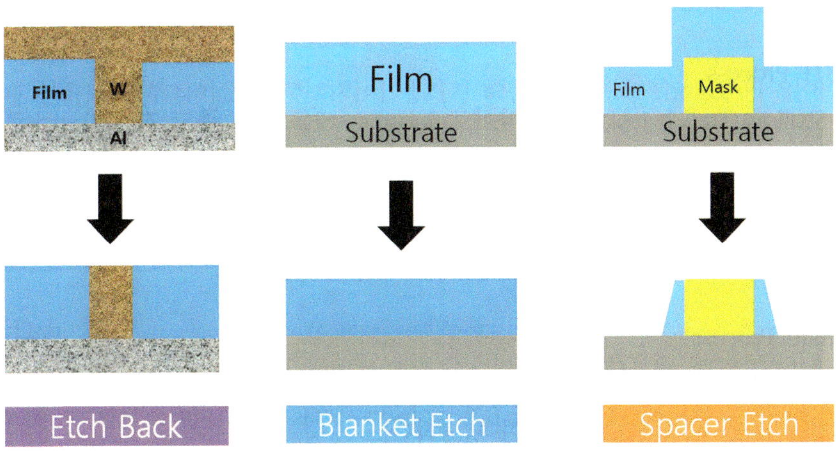

[그림 8-31] Etch Back

(1) Etch Back 공정

PR 마스크 없이 전면의 물질을 식각하는 방법을 지칭하는 표현은 여러 가지가 있다. 아래 언급한 표현이 있는데 사용하는 용도에 따라 차이가 있다.

(가) Etch Back

식각을 진행했더니 기존에 증착되어 있는 박막의 표면이 Open 되었다는 의미에서 사용한다. 예를 들어, Contact 후 전도성 물질을 증착하고 식각 시 물질과의 선택비를 갖는 식각을 진행해 전도성 물질이 유지되도록 하고 나머지는 기존 박막 상태가 되는 것을 말한다.

(나) Blanket Etch

Blanket은 말 의미로 담요이다. 무엇을 덮고 보호하기 위해 마스크 없이 진행하는 것으로 증착 공정에서 부여된 것이다. 보통 Bare 웨이퍼에 폴리 실리콘이나 산화막을 증착 후 식각을 진행하면 각 박막의 식각속도를 측정하는데 이 식각을 진행하는 것이라 할 수 있다.

1. 식각 장비 구성

장비에서 본체는 Transfer Moudule과 Process Module로 구성하며 식각은 웨이퍼 1장씩 Process Chamber 안에서 진행하는 Single Type으로 Transfer Moudule을 통해 캐리어 Loading 부터 Robot System을 이용해 진행한다. Process Module은 생산성을 높이기 위해 여러 Chamber로 구성이 되어 있으며, 각 Chamber의 상부는 플라즈마 발생을 위한 Plasma Source 및 가스 공급 장치로 구성하고 하부에는 웨이퍼를 올릴 기판과 식각을 위한 ESC(Electrostatic Chuck) 및 진공 시스템으로 되어 있다. 측면에는 OES가 장착되어 있다.

2. 본체 구성 요소

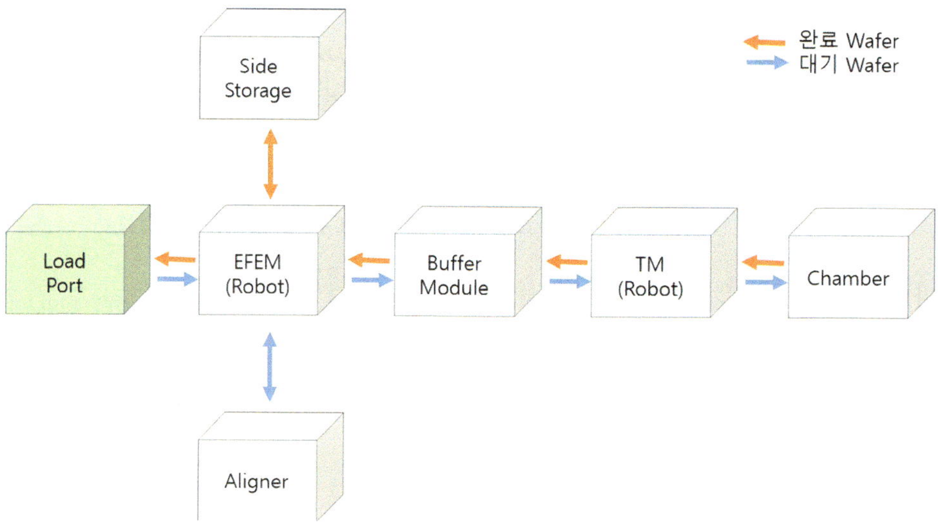

[그림 8-33] 식각 공정을 위한 웨이퍼 이동

Load Port는 캐리어를 놓아 웨이퍼를 Loading 하는 곳, EFEM(End Front Equipment Module)은 대기압 상태에서 동작하는 Robot과 Aligner가 있으며, Robot이 Load Port의 캐리어에서 웨이퍼를 1장씩 꺼내 Aligner에 놓고 웨이퍼를 방향 정렬을 시킨 후 BM(Buffer Module)로 이동한다. BM은 진공 상태와 대기압을 반복하는 곳으로 대기압에서 웨이퍼가 들어오면 진공 상태로 전환하여 TM(Transfer Module)을 거쳐 Chamber에 가는데 TM에서는 진공 상태에서 Robot이 BM에 놓인 웨이퍼를 각 Chamber로 운반한다. PM(Process Module)은 식각 공정을 진행하고, 공정이 끝난 후 PR 제거를 위한 Strip chamber로 구성하고 있다. PM에서 공정이 완료되면 BM을 거쳐 Side Storage에서 웨이퍼에 있는 유독가스를 제거 후 캐리어로 들어가면 공정이 완료된다.

3. Chamber 구성 요소

Chamber는 플라즈마 생성과 식각 공정이 진행되는 곳을 말한다. 본체의 이동을 통해 Chamber에 온 웨이퍼가 ESC 위에 놓으면, 여러 입력 변수를 통해 플라즈마를 형성하고 결과를 얻기 위해 조절해 공정을 진행한다. 장비 설계 모양, Chamber의 부피, 진공 상태, 가스 종류와 유량, Power Source가 플라즈마 특성에 영향을 미친다. Chamber는 플라즈마 발생을 위한 여러 입력 변수를 진행하기 위해 다양한 부품이 장착되어 중요한 곳이다.

4. RF 발생장치(Radio Frequency Generater)

주파수	사용 장비
400kHz	Strip 및 Cleaning용 RPS 전원 / Etch 장비 Bias 전원
2MHz	Etch 장비의 Bias 전원
13.56MHz	Etch 및 Thin Film용 전원
27.12MHz	Etch 장비의 Source 전원
40MHz	
60MHz	
2.45GHz	PR Strip용 전원

[그림 8-34] 반도체 공정에서 자주 사용되는 RF 주파수

RF는 Radio Frequency의 약자로서 Chamber 안에 플라즈마 생성을 위한 고주파 전력공급장치로 13.56MHz 등의 고주파를 생성 · 공급하는 장치다. 플라즈마를 오래 유지하려면 전기장 방향을 이용하여 입자 간 충돌이 잘 발생하게 해야 한다. 보편적으로 이용하는 13.56MHz는 100만 번 전기장 방향에 변화가 있었다는 것으로, 방향 변화는 한 쪽만 전력을 공급할 때보다 10~100배까지 빠른 이온화가 생긴다. 그리고 RF power가 Chamber에 전달 위해 공급되는 Power와 Power을 받아 소모되는 Load의 Impedance는 플라즈마가 같아야 하며 이를 위해 Matching Network가 필요하다. Matching Network의 Inductance와 가변 Capacitance을 이용하여 조절한다.

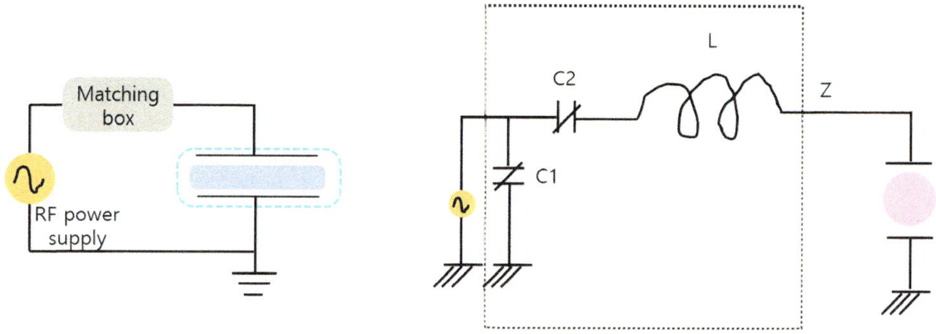

[그림 8-35] RF 전원의 Matching Network

5. 진공 시스템(Vacuum System)

진공은 대기압보다는 낮은 상태의 압력으로 압력 단위는 Torr를 사용한다. 진공의 단위는 [그림 8-36]에처럼 정의하고 나타내었다.

1기압 = 760Torr = 760mmHg = 101,330pa

압력	대기압	저진공	고진공	초고진공	완벽한 진공
Torr	760	760 ~ 25	10^{-3} ~ 10^{-9}	10^{-9} ~ 10^{-12}	0

[그림 8-36] 진공의 단위와 범위

식각 장비는 고진공을 이용하여 플라즈마의 생성을 쉽게 하고, 부산물 제거를 쉽게 하여 깨끗한 환경이 제공되어야 하기 때문이다. 이는 플라즈마를 한순간 생성하고 없애는 것이 아니라 원하는 만큼 상태를 유지할 수 있어야 한다. 이는 전자 가속에 의한 충돌로 이온화되고, 높은 전기장으로 전자를 가속해서 Chamber 안에 가스양을 적당한 진공 상태 유지해야 한다. 압력이 높다/낮다는 것은 가스 밀도가 높다/낮다로 해석할 수 있다. 이런 진공 상태를 위해 진공펌프가 필요하며, 하나의 펌프로 모든 진공 영역에서 사용할 수 있는 펌프는 없다.

[그림 8-37]은 식각 챔버의 진공 시스템과 만들어지는 과정을 나타내고 있는데, 저진공과 고진공 펌프로 구성하고 있다. Dry Pump로 대기압에서 저진공까지 기체를 뽑고, Turbo Pump로 고진공을 만든다. 이는 기체의 유동 특성에 의해 Pumping 효율을 극대화하기 위함이다.

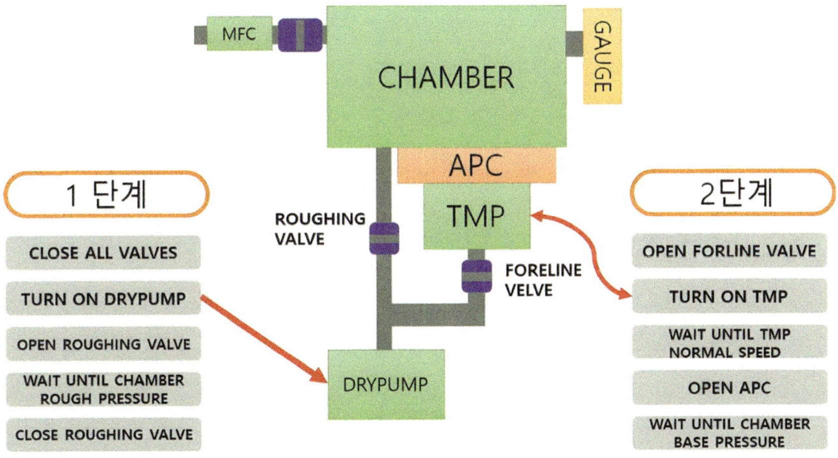

[그림 8-37] 식각 Chamber의 펌핑

6. 질량유량계(Mass Flow Controller Gas flow : MFC)

가스량을 주입하고 현재 주입되고 있는 가스의 양을 측정 제어를 위한 조절 장치가 질량유량계(MFC)라 한다. 식각 공정은 여러 기체 가스를 이용하여 각각의 MFC가 필요한데, Gas Box를 통해 Chamber 안으로 주입한다. 식각 공정은 가스양을 변수로 하여 지속해서 조절하고 여러 개의 가스 조합으로 구성한다. 기체의 경우 서로 다른 질량을 가지고 있어서 같은 양의 분자를 지닌 기체라도 온도와 압력에 따라 부피가 달라진다.

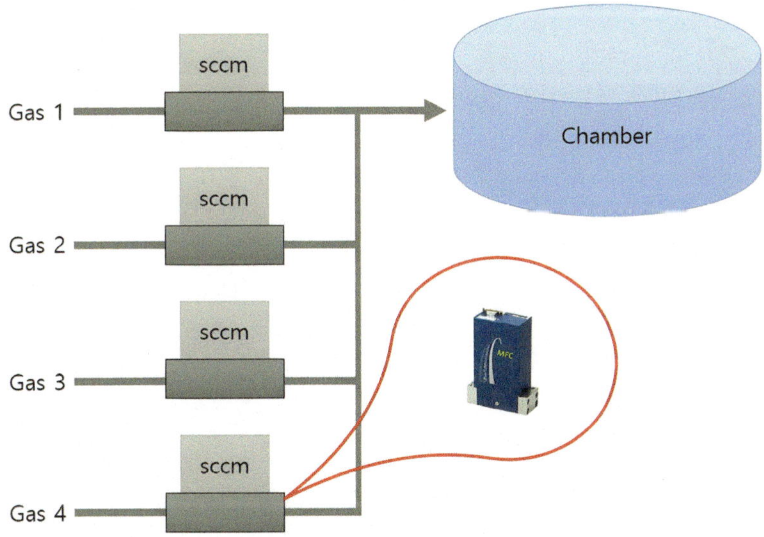

[그림 8-38] Chamber 구성에 따른 가스 MFC

그래서 MFC는 각 기체의 질량에 맞춰 장착하고 MFC는 sccm(Standard Cubic Centimeter per Minute)이라는 단위를 사용한다.

8.4 식각 공정 관리

1 개요

1. Fab. 양산

양산은 품질, 비용, 납기를 균형 있게 유지해 대량 생산하는 곳으로, 공정과 장비 바탕으로 생산계획과 관리를 철저히 하여 생산성의 효율을 증대하는 것이다. 따라서 반도체 제조 공정은 24시간 동안 생산되고 웨이퍼들은 각 단위 공정 통해 소자를 만든다. 이처럼 FAB에서는 생산성 향상을 위해, 양품률 관리 지표, 가동률 관리, 장비 효율 관리를 한다. 엔지니어는 최적의 조건에서 공정 운영을 위한 최적화와 최적 상태가 지속되도록 확인하는 업무를 가진다.

2. 장비의 유지 관리

장비는 24시간 가동으로 높은 부하 상태에 있게 되고 플라즈마 식각에서 사용되는 부식성 가스와 높은 전력으로 Chamber 안의 부품들도 식각 때문에 소모되고 오염된다. 이를 PM (Preventive Maintenance)을 통해, 공정시간 동안 RF 고주파 누적 시간, 공정 웨이퍼 수를 기억해, 챔버 세정과 소모 부품 교체한다. 웨이퍼가 누적될수록 장비는 오염과 부품 소모가 발생 때문에, 이후 공정 웨이퍼 품질에 악영향을 준다. 이에 엔지니어는 생산을 멈추고, 장비를 세정하고 소모품을 교체한다. 이후 생산을 위해 Dummy Wafer를 통해 공정을 진행하여 챔버 상태를 회복되도록 진행한다.

3. 엔지니어의 역할

식각 현장의 엔지니어는 최종 패턴을 형성하는 곳인 만큼 쉴 새 없이 발생하는 장비의 Trouble과 Error 웨이퍼들, 장비 PM 예방 정비와 샘플 웨이퍼의 검증, Operator의 요청에 대응해야 한다. 또한, 담당 공정 제품의 생산 상황과 측정 공정의 과도한 부하를 확인해야 한다. 그리고 공정이 정상으로 진행되고 있는지 관리도를 통한 확인하고 수율 부서로부터 분석 검증, 개선 평가 업무도 한다.

CHAPTER 09

CMP 공정

9.1 CMP 공정

1 개요

반도체 제조 공정의 CMP(Chemical Mechanical Process) 공정은 화학적이고 기계적 성질을 이용하여 웨이퍼에 증착된 박막을 슬러리(Slurry)하는 연마액으로 평탄화시키는 반도체 공정 중의 하나이다. 사전적 의미는 화학적 성질은 산화막에는 염기성을, 금속막에는 산성 슬러리를 이용하여 화학적 반응을 통해, 박막을 제거하는 것이고 기계적 성질이라 하는 것은 웨이퍼 영역에 서로 다른 압력을 주어 높은 압력을 받은 지역부터 먼저 평탄화가 되는 것을 말한다. 최근에는 소자의 크기가 줄어들면서, 단순 평탄화뿐만 아니라 Defect 개선, 경사도(Bevel), 영역별 박막 제거 등 여러 기술을 통해 뒷 공정에 막대한 역할을 하고 수율 향상에도 도움을 주고 있다. 이에 따라 소자의 성능이 높아지면서 요구되는 CMP의 공정 수가 늘어나고 있다.

1. CMP 공정

CMP 공정은 [그림 9-1]에서 보는 것처럼 공정에 따라 4가지로 구별하는데 첫 번째로 박막 증착한 웨이퍼에서 존재하는 단차를 없도록 평탄화시키는 Planarization CMP, 패턴과 패턴을 전기적으로 막아주는 Isolation CMP, 박막의 위상(Topology) 완화와 표면의 Defect 제거를 위한 Touch CMP와 웨이퍼 가장자리 부분의 불량 박막을 제거하여 균일도를 좋게 하는 Bevel CMP로 구별할 수 있다. 점점 기술의 고도화되면서 선폭 감소로 포토 공정에서의 노광 공정 진행 시 웨이퍼 내 균일도가 매우 중요한 요소이며, 지금까지의 Defect가 있으면 많은 Cell에 영향을 주어 수율 저하를 발생하고 있다.

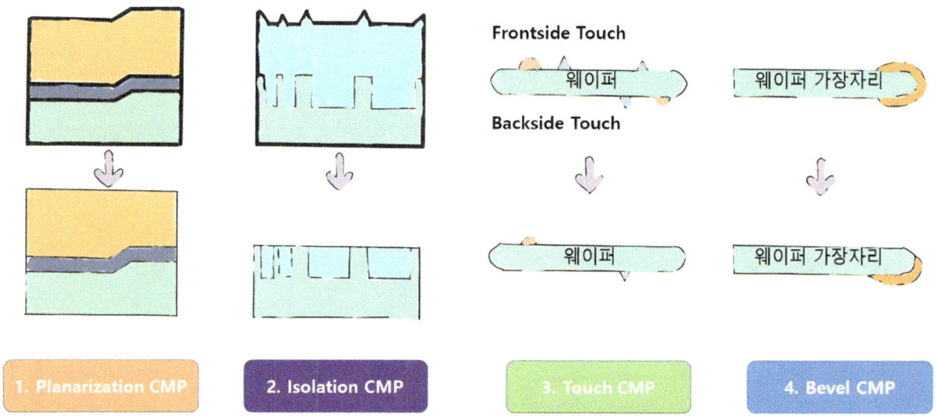

[그림 9-1] CMP 공정의 분류

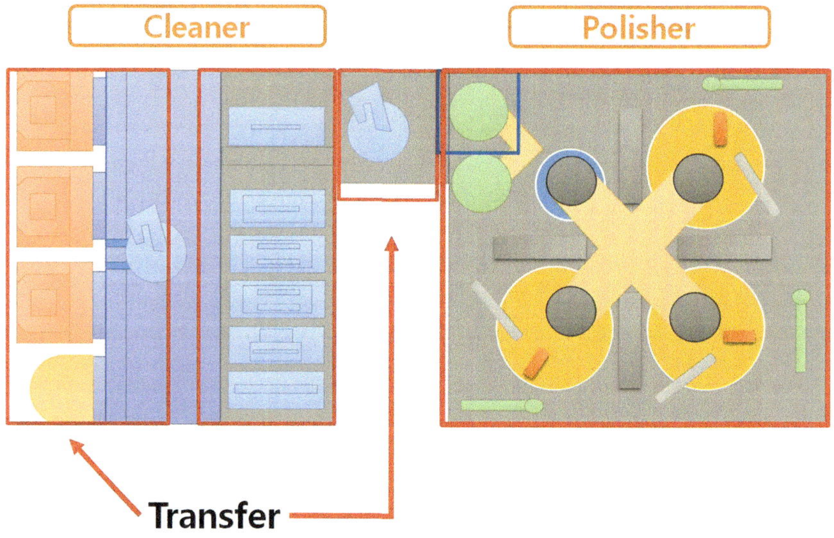

[그림 9-2] CMP 공정 장비의 모식도

CMP 장비는 3가지로 구별하고 있으며, [그림 9-2]에 보는 것처럼 슬러리, 물, 연마제와 첨가제로 웨이퍼 박막의 결정성을 낮추어 압력 주고 웨이퍼 박막을 일정하게 갈아주는 Polisher 연마, Polisher 연마 진행 후 갈아낸 웨이퍼의 부산물과 잔여 슬러리를 DHF(Diluted Hydrogen Fluoride), NH_4OH, SC-1 (Standard Clean-1) 세정 후 Brush를 이용하여 문질러 웨이퍼 표면을 씻어 깨끗이 하는 Cleaner와 Polisher와 Cleaner로 웨이퍼를 이동시켜 주는 Transfer로 구별하고 있다.

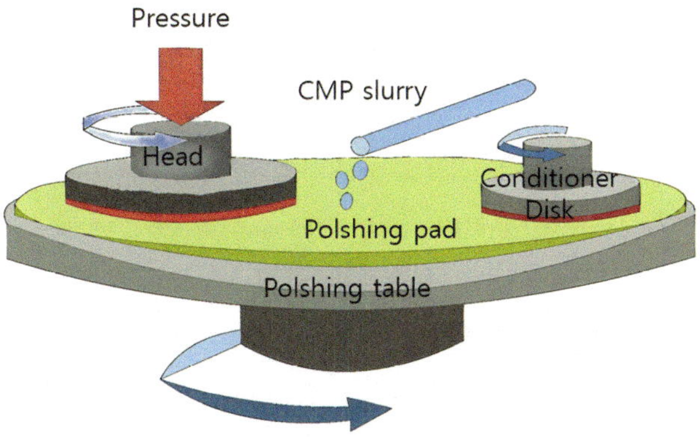

[그림 9-3] Polisher 연마의 기본적 구성

[그림 9-3]에서 보는 것처럼, Polisher는 웨이퍼가 평탄하게 연마되도록 하는 것이 주요 요소로 조건에 따라 좋은 조건을 찾아 이용하는 것이다. 웨이퍼의 중앙, 가운데와 가장자리의 구역을 구별하여 압력을 다르게 하기도 하고 연마 시간, 슬러리의 유량과 웨이퍼의 회전 속도로 웨이퍼 표면 박막에 갈아내는 양을 조율한다. 웨이퍼는 패드(Pad)에 압력을 가해 갈아내는데, 특히 패드는 공정이 계속 지속되면 변형 때문에 같은 조건이라 해도 연마량이 달라진다. 이런 공정의 안정화를 위해 지정된 이용 시간과 시간의 패드 연마량을 계산해 놓고 패드의 사용 시간에 따라 다른 압력 값과 연마 시간을 이용하여 웨이퍼 박막의 연마 두께를 맞추어 준다.

[그림 9-4] Cleaner의 기본적 구성

CMP는 이런 연마 두께의 일정한 산포가 중요하여 추가로 다른 기술이 사용하는데, EPD(End Point Detect), ITM(In-situ Thickness Measurement)와 APC(Advance Process Control) 등이 이용되고 있다.

[그림 9-4]에서 보는 것처럼 Cleaner는 웨이퍼 표면에 이물질이 없게 하는데, 웨이퍼를 회전과 Chemical을 웨이퍼 표면에 같이 분사하고, 회전하는 Brush로 문대어주어 웨이퍼 표면에 있는 Particle을 제거해 주는 것이다. 보편적으로 Cleaner의 첫 과정은 DHF를 이용하여 웨이퍼 표면에 슬러리로 발생한 금속성 이물질을 제거하는 것이 목적이지만 생성된 산화막질을 습식 식각공정으로 제거되는 불순물도 있다. NH_4OH와 SC-1은 공정에 따라 NH_4OH을 희석액으로 이용하던지 SC-1을 이용할지는 공정의 종류에 따라 바뀌게 된다. SC-1에는 NH_4OH 공정이 이용되기 때문에 비슷한 공정을 진행하며, NH_4OH에서 OH^-가 산화막을 용해하며 웨이퍼에서 실리콘 표면과 Particle에는 음전하를 띠게 하므로 Brush가 접촉 및 회전하는 힘으로 제거되는 것이다. [그림 9-5]에서 보는 것처럼 공정들이 진행된 후 남겨진 액체들을 건조하는 과정으로 이를 진행하지 않으면, 물 입자의 얼룩이 후공정에 결함으로 발생한다. 따라서 건조에도 2가지로 구분해 높은 회전을 이용해 웨이퍼 표면에 있는 액체들을 원심력으로 탈수하는 것과 IPA (Isopropyl Alcohol)의 표면장력을 통한 Marangoni Effect을 통한 웨이퍼 건조가 있다.

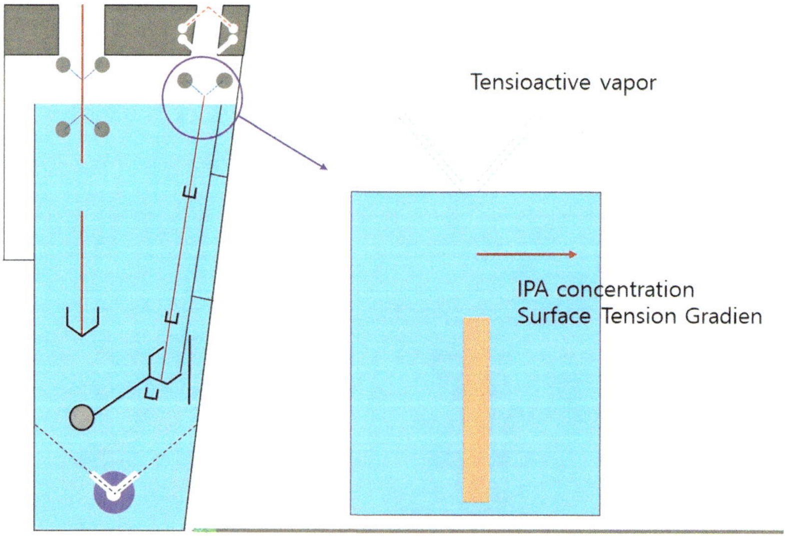

[그림 9-5] Dryer의 기본적 구성

웨이퍼를 이동시켜 주는 Transfer는 로봇 ARM을 통해 웨이퍼 이동 시 고정과 잡는 접촉면, 이를 구동하는 실린더, 웨이퍼의 유무를 확인하는 센서로 구성하고 있다. 이는 장비 동작 전에 설정을 완료하여, 위치값을 설정 후 사용하고, 이를 반복적 테스트를 거쳐 해당 값이 틀어지면 다시 설정해 주게 된다.

9.2 CMP 공정의 특징

1 평탄화 (Planarization)

1. 평탄화의 정의와 중요성

평탄화의 의미로 "도로의 시멘트나 목조 건물을 지을 때 바닥 또는 목조의 표면을 평평하게 하는 것과 같은 것을 말함."을 이야기할 수 있다. 반도체의 공정에서도 같은 의미로 이용되고 있다. 이런 평탄함은 패턴을 설계하고, 형성하는 마스크, 식각공정의 정확성과 균일도에 영향을 주게 된다. [그림 9-6]에서 보는 것처럼 마스크 공정 진행 시 단차로 인한 패턴 형상의 차이를 보이려는 것으로 평탄화의 필요성을 확인시켜 주고 있는데, 이는 기술 발전이 되면서 선폭이 줄어들고 많은 패턴의 정확성과 균일도가 중요한 요소가 되면서 CMP 공정을 이용한 평탄화는 꼭 필요한 공정이 되었다.

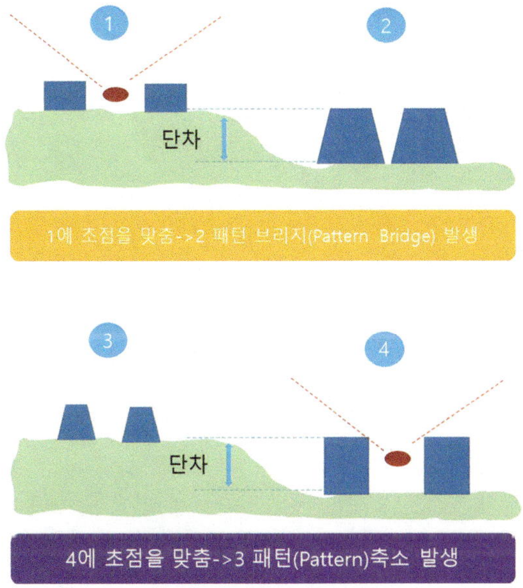

[그림 9-6] CMP 공정의 분류

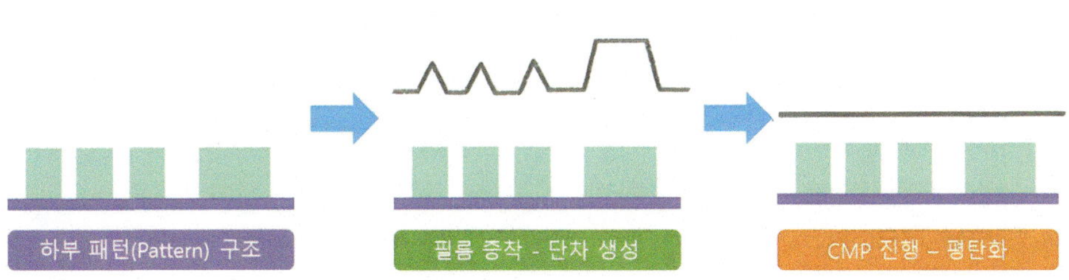

[그림 9-7] CMP 공정의 분류

평탄화는 패턴의 단차를 제거하는 공정으로 단차가 발생하는 것은 [그림 9-7]에서 보는 것처럼 하부 패턴 구조 위에 박막을 증착하면 하부 구조의 높낮이 때문에 단차가 발생하는 것이다. 이는 하부 패턴 구조에 의해 발생하는 단차를 CMP 공정을 통해 제거하는 것을 말한다.

2. 평탄화의 어려움과 해결 방법

평탄화은 하부에 패턴이 있고 없는 부분 간의 단차가 클수록 힘든데, 이는 반도체 구조들이 3차원으로 변화되면서 단차가 커지고 있다. 이러한 높은 단차를 제어하기 위한 대책으로 새로운 형태의 슬러리가 개발되었으며, 이 슬러리는 HRR(High Removal Rate)와 SSP(Self Stop Polishing)가 가능한 소재로 단차를 제어할 수 있게 되었다. SSP는 단차에서 슬러리 입자에 분사되는 압력 차에서 발생하는 연마율 차를 이용한 방법이다.

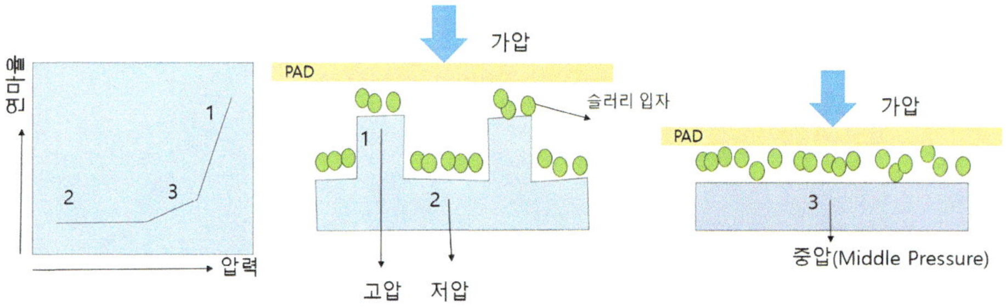

[그림 9-8] CMP 공정의 분류

2 격리 (Isolation)

1. 격리의 정의와 중요성

격리는 반도체 공정에서 패턴을 통해 전기적으로 분리하는 상태로 만드는 공정을 말한다. 격리가 정확하게 형성되지 않으면 패턴 간 간섭으로 불량을 발생하게 되어 정밀한 격리 기술이 필요하다. 격리를 위해 패턴을 막은 후 해당 패턴이 노출하여 가공하고 이를 통해 가공 능력이 좋은 CMP 공정이 필요한 것이다. Isolation CMP은 막아주는 박막에 패턴을 형성한 박막 사이에 물성 차이와 슬러리의 선택비를 이용하여 공정을 한다. [그림 9-9]에서 보는 바와 같이 STI (Shallow Trench Isolation) 공정은 질화막(Nitride)이 막는 역할을 하고, 산화막(Oxide)이 패턴을 채운 박막이 되는 것이다. 이러한 공정은 산화막의 연마 속도가 빠르고 질화막의 연마 속도가 느린 고선택비 슬러리를 이용하며, 공정 간 산화막이 연마되어 질화막이 노출되면, 질화막의 느린 연마 속도에 의해 질화막 위의 산화막이 제거되는 동안 질화막이 남게 되는 것이다. 산화막을 제거되면 격리가 되는 것으로 이를 EPD을 이용해서 감지하고 공정을 마무리하는 것이다.

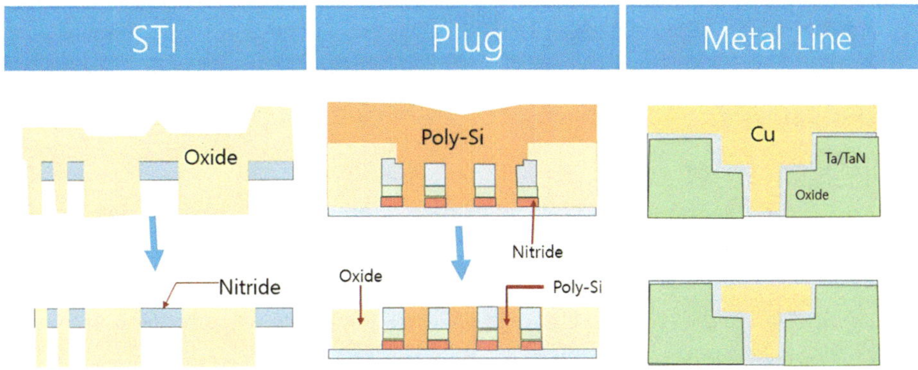

[그림 9-9] 격리 공정의 분류

2. 격리의 어려움과 해결 방법

[그림 9-10]에서 보는 바와 같이, Isolation CMP 공정 시 막아주는 박막과 연마되는 패턴 박막 사이 연마 속도 차에 의해 Dishing과 Erosion이라는 2가지 문제점이 생긴다. Dishing은 연마 속도가 빠르게 진행되어 패턴이 과하게 제거되면서 움푹 들어가 있게 보이는 것을 말하며, 직접적으로 패턴 형상에 미치기 때문에 전기적 특성에 영향을 준다. Erosion은 패턴이 모여 있는 곳에서 막아주는 박막도 함께 연마되는 것을 말하며, 이런 모습들은 다음 공정에 나쁜 요인이 된다. 이런 것들을 방지하기 위해 패턴 크기를 작게 하고 테스트 패턴을 넣어서 과한 연마를 방지하기도 한다.

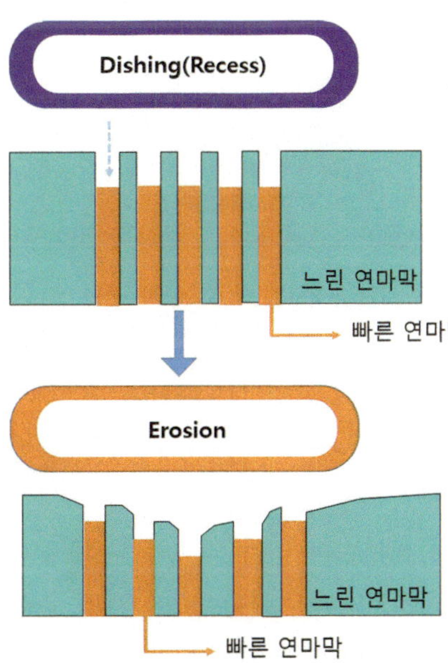

[그림 9-10] Dishing과 Erosion 의미

9.3 CMP 공정 장비의 특징

1 연마(Polisher)

1. 연마의 정의와 중요성

CMP 연마 장치의 구성은 [그림 9-11]에서 보는 바와 같이 웨이퍼에 압력을 가하는 헤드(Head), 플레이튼(Platen), 슬러리 분사 모듈(Slurry Arm), Pad Conditioner로 구성하고 있다. 모듈의 회전과 압력에 의한 마찰을 통해 웨이퍼 표면을 연마하는데, 연마해야 하는 웨이퍼의 패턴 면이 플레이튼 쪽으로 한다. 헤드는 고무 재질의 멤브레인(Membrane)을 통해 웨이퍼에 압력을 가해 동작을 반복하여 원하는 두께를 조절한다. 원하는 웨이퍼의 두께 조절을 위해 헤드의 가하는 압력 구성이 많아지고 최근에는 CMP 공정 헤드의 7 영역 이상의 가압으로 구성하기도 한다.

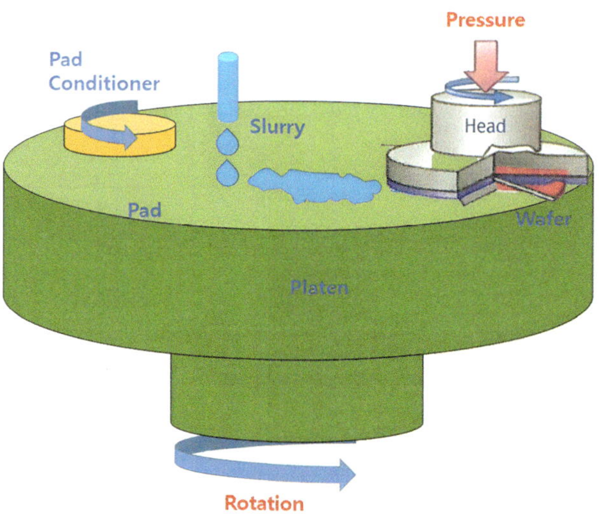

[그림 9-11] CMP 연마 구성

연마의 경우 슬러리를 사용하는 화학적 방법과 패드와 헤드의 마찰력에 의한 물리적인 웨이퍼 표면 연마를 진행하다 보니 평탄화 과정에서 부산물 제거 및 마찰로 인한 패드 Retainering의 성능 관리가 핵심이 된다.

산화막 CMP, 금속 CMP 등 웨이퍼의 연마 박막에 따라 소재 및 부품을 선택해야 하고, 웨이퍼의 특성에 따라 다른 조건이 되어야 한다. 또한 패드, Retainering, 멤브레인 등 웨이퍼 연마 시 중요한 부품들은 사용 경과에 따라 마모 및 성능 차이가 있기에 최적의 조건을 위해 주기적으로 PM(Preventive Maintanance)을 통해 교체해 주어야 한다. 이처럼 장비 유지 관리를 위해서는 정기적으로 연마 내부 소모품 교체하여 교체 전/후 품질 차이가 없게 데이터를 관찰해서 관리하여야 한다.

2. 연마 관리의 어려움과 해결 방법

이처럼 CMP 연마 관리의 포인트는 소모성 부품 관리와 부품의 특성을 파악하고 공정에 따른 소재 및 부품 선택이 우선시 되어 웨이퍼의 패턴 박막의 부분을 정확히 평탄화하는 것이 기술적 완성이며 CMP 공정의 주된 목적이다.

웨이퍼 연마 시 원하는 두께 조절을 위해 소모성 부품, 모터, 압력 및 유량제어의 성능, 그리고 웨이퍼의 패턴 박막을 수시로 확인하고 원하는 두께에서 연마를 정지할 수 있어야 한다. 이때 사용하는 플레이트 구성품인 EPD(End Point Detect) 모듈에서의 모터 토크 신호를 읽는 방법과 광원의 파장을 통해 두께를 관찰하는 방법으로 구분하고 있다. 최근에는 두께 확인과 연마 진행 중, 발생하는 신호로 지속해 헤드 압력 제어하는 기술이 CMP 연마의 핵심 기술이 되고 있다.

2 세정 (Cleaner)

1. 세정의 정의와 중요성

CMP 공정은 화학 및 기계적으로 웨이퍼 패턴 면을 연마하는 공정으로 부산물이 생기게 된다. 부산물이 웨이퍼 표면에 있게 되면 스크래치가 발생할 수 있고 다음 공정 불량을 발생할 수 있다. 이에 웨이퍼 연마 후에는 표면에 있는 부산물을 제거하기 위해 화학 용액과 브러시(Brush)를 이용하여 이물질을 제거한다. 세정 구성은 메가소닉(Megasonic)을 이용한 초음파 세정, 브러시 2개로 구성하고 있다. 브러시에서는 불산와 암모니아 또는 SC-1을 사용하여 오염된 웨이퍼를 세정하고, 브러시의 고속 회전을 통해 이물질을 제거한다. 브러시는 PVA (Polyviniyl Alcohol) 재질로 제거 능력이 뛰어나고, 단시간에 세정이 가능하여 브러시를 이용한 세정은 보편적으로 이용되고 있다.

브러시 세정이 끝나면 웨이퍼를 건조 후 마무리하는데, 웨이퍼를 건조하는 방식은 증기 건조를 통한 IPA 건조 방식과 고속 회전을 통한 SRD(Spin Rinse Dry) 방식이 이용된다.

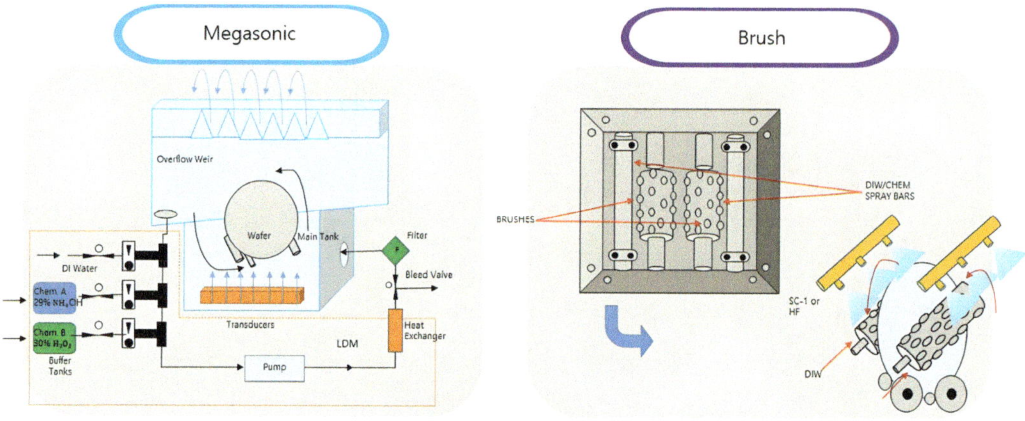

[그림 9-12] CMP 공정 후 세정 방식

2. 세정 관리의 어려움과 해결 방법

CMP 공정 후 생기는 부산물과 슬러리에서의 잔유물을 없애기 위해 사용되는 브러시의 상태를 유지하기 위해 주기적인 관리가 필요하다. 사용된 웨이퍼 매수에 의해 교체 주기를 설정하는데, 일반적으로 10,000매 주기로 관리를 하고, 진행된 웨이퍼의 패턴 박막에 따라 금속막과 산화막으로 구별하여 관리하고 있다. 브러시 주기 관리와 함께 브러시 간에 간격과 웨이퍼에 케미컬, 초순수를 공급해 주는 노즐의 각도 또한 관리되고 있다. 이러한 차이에 따라 웨이퍼 세정 효과가 달라지기 때문에, 같은 세정력을 위해서 노즐의 각도와 브러시 간격을 유지해 주어야 한다. 브러시 간격은 넓거나 좁을 때 웨이퍼 세정 효과가 낮아질 수 있고, 간격이 넓으면 브러시가 웨이퍼 표면과 닿지 않으면 세정이 안 되기 때문에 다음 공정에서 불량이 발생될 수 있다. 이러한 이유로 최근 브러시 간격을 수동 조정을 안 하고 자동 조정 기능으로 브러시 간격 관리가 운영하고 있다.

3 EPD (End Point Detection)

1. EPD의 정의와 중요성

EPD는 CMP 공정에서 상부 박막에서 하부 다른 박막까지 연마하는 경우가 있다. 연마 동안 여러 방식에 의해 웨이퍼 박막을 측정하여 나오는 신호의 변화값이나 변곡점을 가지고 연마 종착점을 찾는 것이다. 웨이퍼를 측정하는 방식은 표면 막질이 금속일 경우 자기장의 전류 세기를 이용하는 방법, 산화막과 질화막일 경우 빛의 굴절률을 통한 종착점을 찾는 방법, 그리고 모터의 전류로 감지하는 방법이 있다.

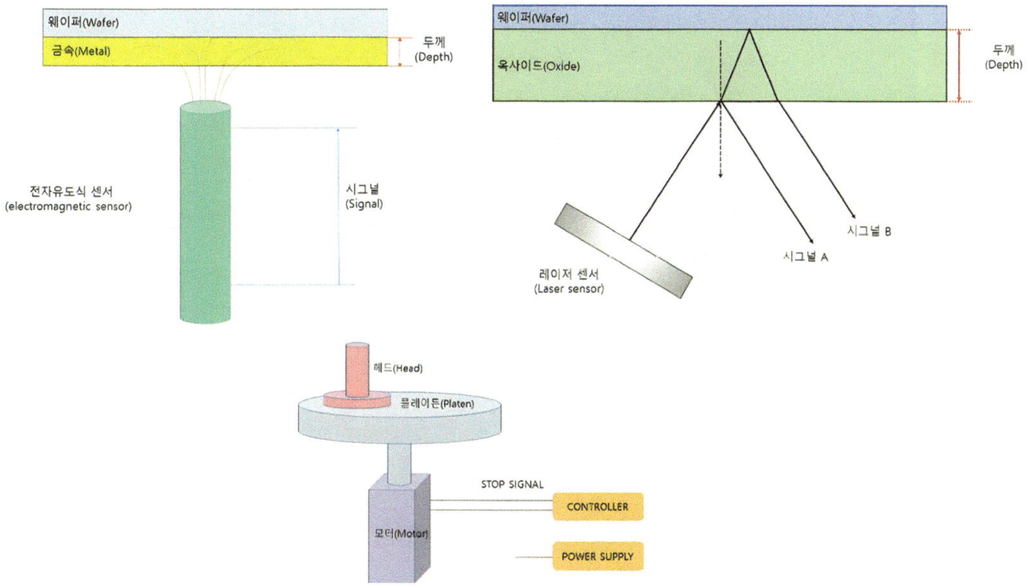

[그림 9-13] EPD 방식

2. EPD의 어려움과 해결 방법

EPD에서 신호가 발생하지 않는 경우 EPD 사용에 있어 무리가 있다. 웨이퍼 구조가 고도화되면서 언급한 종류의 EPD만으로 종착점을 해결하기 어렵다. 단차가 큰 공정들은 박막의 변화가 없어도 EPD를 사용하는데 파형의 변화가 크지 않아 많은 조건을 통해 감지하고 있지만, 웨이퍼의 종착점을 찾지 못하는 경우가 발생한다. 이에 언급한 EPD의 종류 말고도 지속해 EPD가 개발되고 있는데, 하나의 파장만이 아니라, 다파장으로 웨이퍼의 정보를 얻어 신호을 명확하게 한다. 이러한 EPD 프로그램으로 불안정한 신호를 더 명확하게 감지하면 웨이퍼의 종착점을 찾기가 쉬워진다. 앞으로 더 높은 수준의 프로그램이 개발되면, 고도화되는 웨이퍼들의 정보를 정확하게 받아 웨이퍼 종착점을 찾기가 가능할 것이다.

4 Defect & Scratch

1. Defect & Scratch의 정의와 중요성

CMP 공정은 웨이퍼의 표면 평탄화를 위해 꼭 적용되는 기술이지만, 웨이퍼의 표면을 물리적으로 폴리싱을 하므로 연마 표면에 연마 입자와 슬러리, 패드 사이에 간의 다양한 작용 때문에 웨이퍼 표면들은 Defect 영향에서 벗어날 수 없다. 공정에 발생하는 Defect은 2가지 종류로 구분할 수 있다.

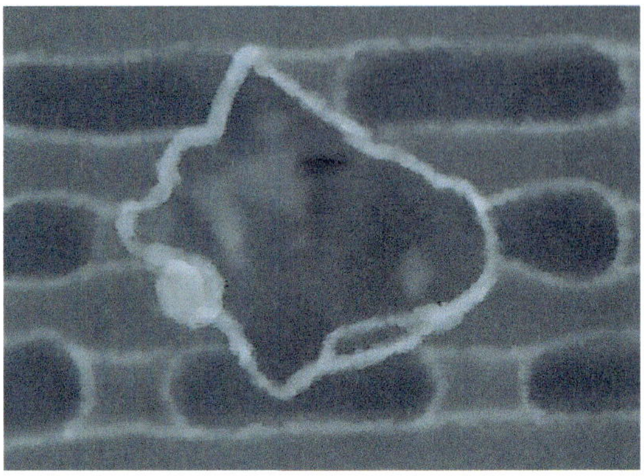

[그림 9-14] 잔유물 이미지

(1) 잔유물 (Residue)

[그림 9-14]에서 보는 것처럼, 부산물이나 슬러리 입자가 표면에 붙어 있는 상태를 Defect라 한다. 연마 동안 많은 부산물이 생기는데 이를 정리하기 위해 세정공정을 실시한다. 잔유물은 세정공정을 진행하였지만, 조건에 따라 처리 시간이 부족하게 하는 경우, 연마 표면에 부산물로 붙어 있는 것을 의미한다.

(2) Scratch

[그림 9-15]에서 보는 것처럼, 연마 표면에 긁힘이나 움푹 파인 상태도 역시 Defect이다. CMP 공정에서 스크래치는 명확하게 발전되어야 하는 Defect로써 물리적으로 웨이퍼 표면을 갈아내기에 부산물이 생기고, 이 부산물에서 발생하는 것이 Defect이다. 또한, 웨이퍼와 패드의 접촉 표면에 큰 부산물이 있을 때, 웨이퍼에 가해지는 압력과 회전 등의 물리적 힘에서도 발생한다. 이런 Defect는 다음 공정에서 불량이 생길 수 있으며, 수율과 품질 향상에 있어서 저해하는 요소이다.

[그림 9-15] Scratch 이미지

2. Defect & Scratch의 어려움과 해결 방법

웨이퍼 표면의 Defect 문제는 해결되어야 할 문제로써, 슬러리 물성, 입자의 크기, 웨이퍼 표면의 박막 물성, 패드의 경도, 모양과 압력 범위 등 다양하게 공정 제어가 이루지 못하고 있다. 이에, 세정공정 조건과 처리 시간을 늘리므로 효과는 볼 수 있었다. 그러나 생산에는 감소 현상으로 연마 표면의 박막 성질에 따라, 명확한 시간과 조건을 찾아 적용하는 것이 중요하다. Scratch는 다양한 작용에서 생기는 메커니즘을 명확히 정의 또는 정립은 못 하고 있다. 그러나 패드와 웨이퍼 표면의 간의 운동에서 생기는 것이므로 패드를 최상의 상태로 유지하는 것이 중요하다.

[그림 9-16]에서 보는 바와 같이, 공정 진행하면 패드 구멍(Pad Pore)에는 슬러리 입자나 연마 부산물이 붙어 Scratch 유발하는 요소가 된다. 따라서 패드의 상태를 최상으로 유지하도록 [그림 9-17]에서 보는 것처럼, 패드를 디스크로 긁어서 패드 구멍을 열어주는 패드 Conditioning을 하여 스크래치 발생을 줄이고 있다.

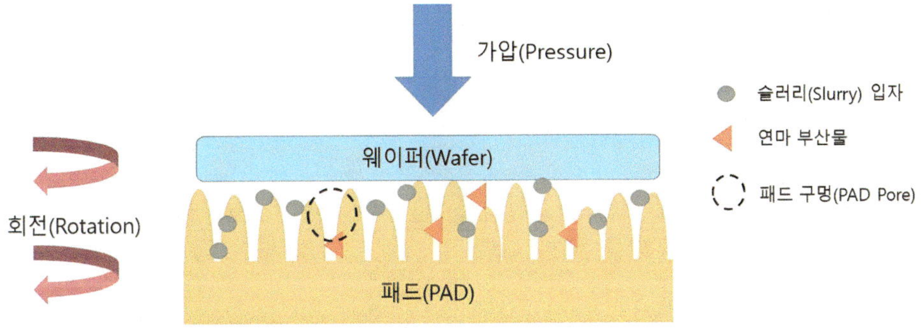

[그림 9-16] 패드와 웨이퍼 간의 공정 모식도

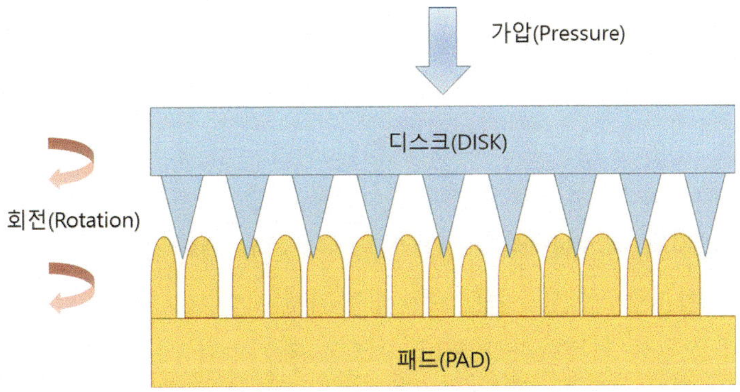

[그림 9-17] 패드 Conditioning의 모식도

5 균일성과 산포(Uniformity & APC, Advanced Process Control)

1. 산포의 정의와 중요성

산포는 공정 결과들의 흩어짐과 퍼짐 정도에 따라 나타나는 값들을 의미한다. 공정을 진행하면서 진행된 결과의 값들이 목표치에 도달할수록, 산포는 줄어들게 된다. 이는 불량을 낮추어가는 것을 의미하므로 공정이 잘되고 있다는 것이다. CMP 공정뿐만 아니라, 반도체 제조 공정에서는 공정 산포를 줄이기 위해 매번 엔지니어들은 노력한다. CMP 공정은 표면의 평탄화를 위한 것으로 목표에 맞춰 수 Å의 일정량을 갈아내는 것이다. 웨이퍼 전부를 얼마나 균일하고 일정하게 갈았는지가 바로 균일성이라 한다. [그림 9-18]에서 보는 것처럼 웨이퍼 크기와 각 명칭을 나타내고 있다. 센터, 에지와 극에지로 나누고 있는데, 세 영역 모두 같게 연마되면 균일성이 좋다고 할 수 있다.

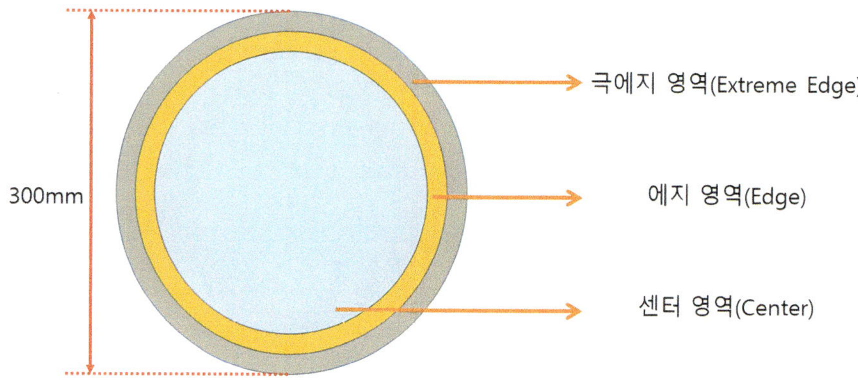

[그림 9-18] 웨이퍼 각 명칭

2. 산포의 어려움과 해결 방법

CMP 공정은 균일성을 좋게 만들기가 쉬운 문제는 아니다. 이는 전 증착에서 구역별 차이가 생길 수도 있고, 영역별로 차이가 발생할 수 있기 때문이다. 연마 표면은 패드와 웨이퍼의 물리적인 힘으로 연마가 되어 패드는 물리적인 힘에 노출되고, 공정시간이 계속되면, 연마 표면은 패드에 의해 연마량의 차이가 생긴다. 이는 패드가 소모품으로 물리적인 힘에 노출되어 표면에서 열화 현상이 생기기 때문에, 처음 설치하였을 때와 같은 연마량을 내지는 못하여 웨이퍼 구간별로 차이가 생긴다. 이를 보완하기 위해 APC(Advanced Process Control)를 이용하여 공정 진행 상황을 최적화하고 있다. APC는 웨이퍼의 계측, 공정의 제어 그리고 이상 진단을 통해 지금과 과거 공정의 규칙성을 찾아 조건을 변화시켜 주는 것을 말한다. 따라서 패드의 사용 시간과 계측값은 APC를 이용하여 균일성을 개선한다.

9.4 CMP 공정 관리

1 CMP 공정 품질 및 생산 관리

1. 슬러리(Slurry)

(1) 슬러리의 정의와 중요성

슬러리은 수십 ~ 나노 크기의 연마제와 첨가제를 구성하고 있는 90±9%가 물인 콜로이드 용액이다. 슬러리 내의 Chemical은 박막 표면과 반응하여 제거될 수 있는 층을 형성하고, 연마제는 이 층을 기계적으로 제거하는 일을 한다.

슬러리는 연마되는 막의 종류에 따라 산화막용, 금속막용, 실리콘 웨이퍼용 슬러리로 구분하고, 공정에 따라 Continuous CMP와 Stopping CMP 슬러리로 구분하기 때문에 종류와 특성이 다르다. 그리고 연마율(Removal Rate)과 스크래치에 직접 영향을 미치기 때문에 공정을 진행하는 목적과 상황에 맞게 종류별로 적당한 양을 이용하는 것이 중요하다.

(2) 슬러리의 어려움과 해결 방법

CMP 공정은 연마하는 막의 종류와 목적이 다양하여 슬러리 역시 해당 공정에 맞게 특성을 가져야 하며, 슬러리는 첨가제, 산화제, 분산제와 pH 조절제 등 다양한 Chemical 혼합이다. [그림 9-19]에서 보는 것처럼, 다른 막의 표면 연마 시 (-) 전하 첨가제를 넣으면 질화막 표면에만 선택적으로 흡착해 연마제 접촉을 방해하여 연마율 감소가 발생한다. 이는, 첨가제 농도를 높게 하여 선택비를 높이도록 하면 된다.

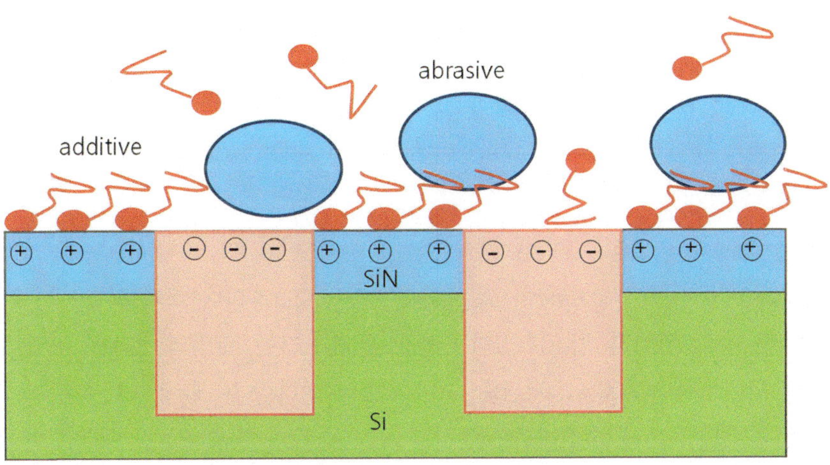

[그림 9-19] 첨가제의 선택비 조절

금속막 CMP는 산화제가 중요한 요소이다. 금속은 기계적 강도가 크기에 기계적 요소로는 Polishing이 안 된다. 그래서 산화제를 첨가하여 금속과의 화학 반응시켜 산화막을 형성하고 연마공정을 진행한다. 그리고 슬러리 내 연마제들은 (+), (-)로 대전 되는데, 여기서 절대값이 작으면 입자 간의 반발 에너지는 감소하고 인력 에너지는 증가해 응집하는 성질이 발생하는 것이다. 이에 따라 수십 ~ 나노 크기의 연마제들은 Paticle로 형성되어 스크래치 Source로써 이용된다. [그림 9-20]에서 보는 것처럼, 이런 응집 때문에 슬러리 안에 분산제를 첨부하여 연마제 간 응집을 막아준다.

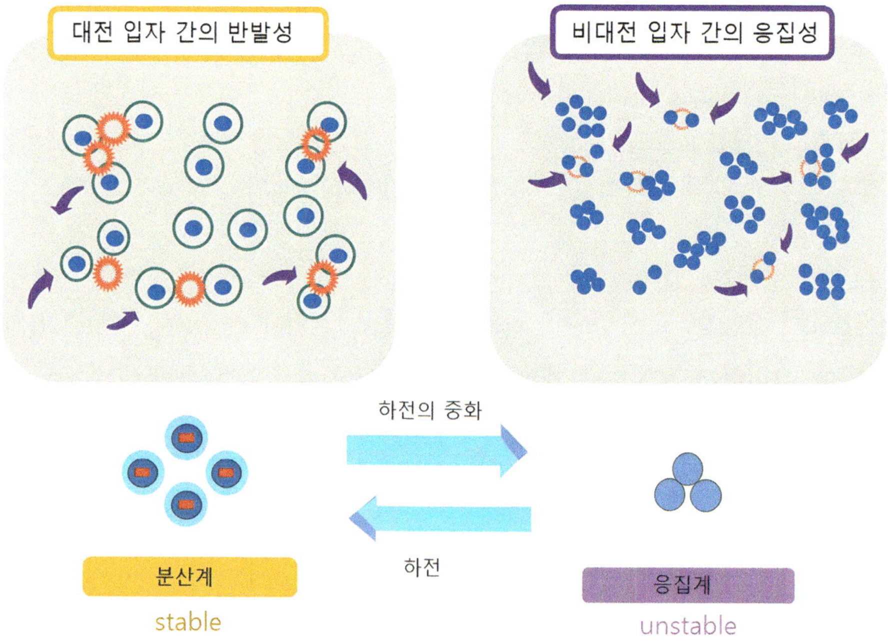

[그림 9-20] 분산계와 응집계

2. 선택비 (Selectivity)

(1) 선택비의 정의와 중요성

선택비는 CMP 공정에서 Chemical 요소에 해당하는 slurry의 선택비를 말하며 다른 박막이 가지는 연마량 속도 차이라 할 수 있다. 예를 들면 A라는 박막과 B라는 박막이 있을 때, 같은 슬러리 상에서 A는 100Å/sec, B는 10Å/sec의 연마량을 생긴다면, 슬러리의 선택비는 10:1이라 할 수 있다. [그림 9-21]에서 보는 것처럼 Isolation 공정 후, 상부의 A 박막을 연마한 뒤, B 박막 상부에서 멈추기 위한 슬러리의 선택비가 중요한 것이다.

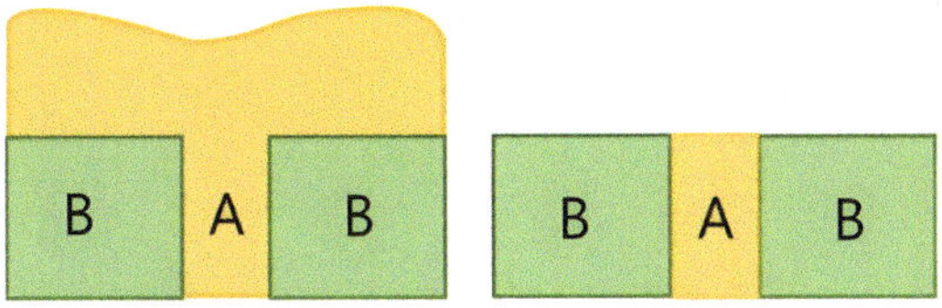

[그림 9-21] Isolation CMP 공정 전&후

(2) 선택비의 어려움과 해결 방법

[그림 9-21]에서 보면, A 박막을 연마할 때는 선택비가 중요하지 않고 빠른 연마량만 요구되는 것인데, 마지막으로 B 박막에서 연마를 멈추기 위해 선택비가 중요하기 때문에 단일 슬러리로 그림과 같은 공정을 진행하기 쉽지 않다. 그리고 일반적으로 높은 선택비를 위해 슬러리에는 다른 첨가물과 운영자 기술이 요구되며, 그를 위해, 비용이 많은 차이를 발생하게 된다.

3. Dishing & Erosion

(1) Dishing & Erosion의 정의와 중요성

Dishing과 Erosion은 CMP 공정에서만 발생하는 특이한 Defect로, 서로 다른 박막에서 슬러리 선택비 차로 생기는 결함이다. Dishing은 패턴이 넓은 곳에서 박막 사이의 특정 박막이, 주변보다 깊이 파이는 현상을 이야기한다. Erosion도 다른 물질로 이뤄진 박막에서 공정 시 패턴 밀도가 높은 곳에서 주변이 파이는 현상을 말한다. 이러한 결함은 상호연결 단면적의 감소와 금속 저항을 증가하기에 최소화해야 한다.

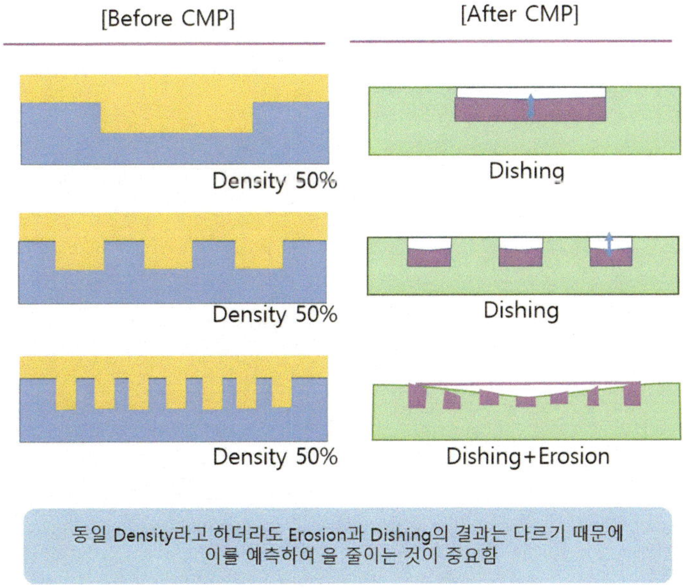

[그림 9-22] Dishing & Erosion

(2) Dishing & Erosion의 어려움과 해결 방법

Dishing을 위해 패턴을 조밀하게 만들어주면 되는데, 그렇게 하면 Erosion에 취약하고, 두 문제를 해결하기 위해 패턴의 크기를 작게 해주고 밀도를 유지하면서 더미(Dummy)를 넣어 절연막 대신 연마가 되게 하는 것이 있다. 그리고 경도가 낮은 패드를 사용하는 방법도 효과적이다.

2 CMP 공정의 발전

반도체의 발전으로 현재 10nm 공정이 양산되면서 CMP 공정에서 슬러리도 많이 연구되고 있다. 반도체의 모든 공정이 미세화되면서 슬러리 입자 크기도 작아지고 있는데 큰 이유는 CMP 공정의 주요 결함인 스크래치를 감소시키는 것으로 지난날에는 생기지 않았던 이슈들이 있기 때문이다. 스크래치 원인은 슬러리 입자 모서리의 날카로움, 균일하지 않은 입자 등에 있다. 앞으로 CMP 슬러리의 개발은 연마량을 상향하고 유지하면서 작은 입자 크기, 균일한 입자 분포를 보유하는 제품으로 개발될 것이다. 현재는 CMP의 소모성 부품의 수명에 따라 경향성 및 변화 등 지난 데이터를 이용하여 규칙을 갖고 제어하는 시스템으로 활용하고 있다.

CHAPTER 10

측정 및 검사 (Metrology & Inspection)

10.1 측정 및 검사

1 측정 장치의 분류

반도체 소자 제작 시 각 단위공정 진행 후 주어진 공정규격과의 합불 여부 판단, 장비의 셋업과 점검에 여러 가지 계측 장비를 이용하여 측정 및 분석을 하고 있다. 계측 장비들은 대부분 광학적 원리를 기본으로 모듈이 구성된다. 반도체 주요 공정에서 수행하는 계측은 수, 양, 길이, 모양, 성분, 전기적 특성 등을 측정한다.

1. 엘립소미터 (Ellipsometer)

엘립소미터는 빛의 편광에 의한 측정을 기반으로 한 것으로 편광광도계(Polarimeter)라고 하고 넓은 의미로는 광도계(Photometry)로 구별하고 있다. 빛의 편광 변화를 통해 표면, 구조, 물성과 물질의 광물성 등에 이용하여 사용되고 있는데 이는 반도체 연구에서 필수 초정밀 분석계측기로 이용되고 있다. 반사나 투과는 편광상태와 박막의 물성과 구조에 따라 다르게 측정되어 이와 관련된 정보를 얻을 수 있어서 산화막 두께 및 밀도분포 측정 등 박막 분석에 이용되고 있다. 엘립소미터는 분광인(Spectroscopic Ellipsometer:SE)와 단파장(Single Wavelength Ellipsometer: SWE, Dual Wavelength Ellipsometer: DWE)로 구분하고 있다. SE는 복잡한 물질, 정확하지 않은 시료의 두께와 광학적 흡수 부분의 구조해석에 좋다. 그러나 증착, 식각, 열처리, 표면 반응적인 공정 측면에서는 지속적인 측정값을 얻기에는 힘들어 단파장 타원계를 주로 이용되고 있다. 레이저를 이용하고, 빛의 흡수율(Absorbtivity)과 굴절률(Refractive Index)을 이용하여 두께 측정이 가능한 엘립소미터를 이용한다면, 0.1nm 두께도 측정할 수 있다. 투과도(Transmittance)의 역수에 log를 취한 값은 광학적 밀도에 비례하고, 광학적 밀도는 빛의 속도를 결정에 따라 굴절률을 결정한다.

구분	내용	
시료와의 작용	반사형 타원계 (reflection ellipsometer)	투과형(산란형) 타원계 (transmission or scattering ellipsometer)
분광	단파장 타원계 (SWE, single wavelength ellipsometer)	분광타원계 (SE, spectroscopic ellipsometer)
작동원리	소광 타원계 (nulling ellipsometer)	광량측정타원계 (photometric ellipsometer)
작동 모우드	in situ 타원계	ex situ 타원계
입사각 변화	고정입사각 타원계 (fixed angle ellipsometer)	가변입사각 타원계 (VAE, variable angle ellipsometer)
기계, 전자구동	능동형(active) 타원계	수동형(passive) 타원계
측정속도	일반타원계	고속(초고속) 타원계
측정소자배열	스캐닝 타원계	1차원(2차원) 소자배열 타원계 (PDA, CCD diode array)

[그림 10-1] 타원계의 분류

2. 광학현미경(Optical Microscope)

광학현미경은 대물과 접안렌즈가 결합 되어 있는데, 대물렌즈는 초점거리가 짧은 렌즈로 물체의 확대 실상을 만들고 접안렌즈는 이를 보는 확대경이다. 대물과 접안렌즈는 원통의 양단에 설치되며 원통의 길이는 기계통이라고 불린다. 광학현미경의 배율은 대물과 접안렌즈의 배율을 곱하여 이야기하고 배율의 수치는 렌즈에 표시하고 있다. 현미경의 성능은 배율과 식별되는 최소의 간격인 분해능(d)으로 확인할 수 있다. 이러한 크기는 빛의 회절로 결정되며, 분해능은 〈식 10-1〉을 통해 구할 수 있다.

$$d = 0.61\frac{\lambda}{n\sin a} \qquad \text{〈식 10-1〉}$$

식에서 n은 굴절률이고, λ는 광선의 파장이며 a는 대물렌즈에 입사되는 광선과 광축의 최대 각이다.

3. 4-Point Probe

4-Point Probe는 면저항을 측정하여 주어진 식을 이용해 박막의 두께를 계산해 내는 장비를 말한다.

(1) 체적저항(Volume resistance of a material, Rv, ohms-cm)

체적저항이란 주어진 물질의 고유저항으로 전기 이온에서 물질의 저항 R은 전류 흐름에 수직인 단면 A에 반비례하고 전류의 평행한 방향의 L에 비례한다. 이를 수식으로 나타내어 보면

$$R \propto \frac{L}{A} \qquad \langle 식\ 10\text{-}2\rangle$$

$$R = (상수) \times \frac{L}{A} \qquad \langle 식\ 10\text{-}3\rangle$$

$$\rho v = \frac{RA}{L} \qquad \langle 식\ 10\text{-}4\rangle$$

$$L = w \qquad \langle 식\ 10\text{-}5\rangle$$

$$\rho v = Rt \qquad \langle 식\ 10\text{-}6\rangle$$

여기서 상수는 체적저항으로 알려져 있으며 여러 가지 순수한 물질에 대한 것은 나와 있다. 단위는 Ohm-cm^2/cm이므로 Ohm-cm이다. 그러므로 위의 〈식 10-2〉가 〈식 10-3〉이 된다. 순수한 물질의 저항은 치수를 알고 있는 물질 (길이 : L, 폭 : W, 두께 : t)의 저항을 조사하여 얻을 수 있다. 단면이 정사각형인 물질은 〈식 10-4〉에서 〈식 10-6〉로 된다. 일정한 체적저항 ρv를 가진 Bench Top, Tote Box, Tray와 같이 덩어리로 된 전도체의 저항 R은 〈식 10-3〉으로부터 두께에 따라 변화하게 된다. ρv는 일반적으로 물질이 정사각형인 경우의 저항 R을 측정하고 〈식 10-6〉에서와 같이 이 저항을 t로 곱하므로 얻어진다. 현재 일반적으로 사용 중인 체적저항 측정 방법과 원리는 [그림 10-2]와 같고 체적저항 ρv를 구할 수 있다.

$$\rho v = \frac{A}{L}.\ \mathrm{Rm\ ohm\text{-}cm} \qquad \langle 식\ 10\text{-}7\rangle$$

A: 전극의 접촉 단면적(cm^2), t: 측정물의 두께(cm), Rm: 측정된 저항(ohms)

(2) 면저항

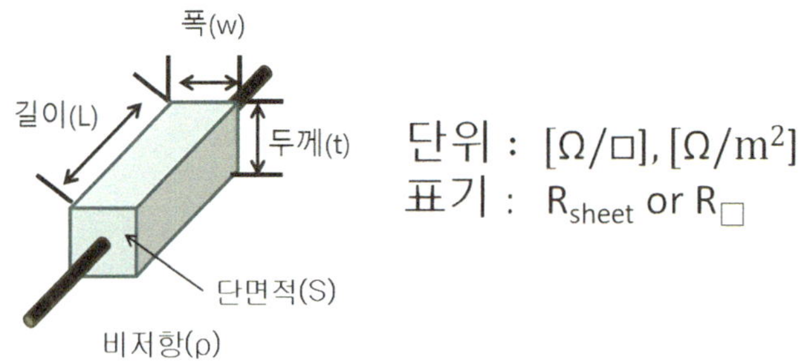

[그림 10-2] 면저항 측정 방법

모든 원자는 전기적으로 (+) 전기를 띄는 원자핵과 (-) 전기를 띄는 전자로 구성된다. 안정된 상태에서는 원자의 (+) 전기량이 (-) 전기량과 같아 전체적으로 중성 상태를 이루며 존재한다. 이때 원자가 외부 충격 때문에 (-) 전자를 잃게 되면 원자는 (+) 전기량이 많아져 전체적으로 (+) 전기를 띄게 된다. 이렇게 (+) 전기를 가지게 되는 상태를 양이온이라고 하며 이온 주입법에서는 다른 전자나 플라즈마를 이용하여 원자를 양이온 하게 된다. 또한 이온 주입 공정에서는 이러한 전자들을 발생시킬 수 있는 부대장비로 필라멘트라는 것을 사용하게 된다.

$$R = \rho \frac{L}{A} = \rho \frac{L}{Wt},\ R = \frac{\rho}{t}\frac{L}{W} = Rs\frac{L}{W},\quad \rho = Rs \cdot t \qquad \text{〈식 10-8〉}$$

ρ : 저항률 A : 단면적 L : 길이

(3) 비저항(ohm · cm)

$$Thickness(cm) = Ohm \cdot cm \div ohm/sq \qquad \text{〈식 10-9〉}$$

비저항은 물질이 가지고 있는 저항으로 일반적인 물질의 경우는 비저항값이 정의되어 있다. 그러나 혼합되어 있는 물질은 다양한 방법을 통해 확인이 가능하다. 4-Point Probe 장비를 이용하여, 면저항 측정하고 박막 두께를 알고 〈식 10-9〉을 이용하여 계산할 수 있다. 반도체 분야에서는 실리콘 웨이퍼의 비저항 및 웨이퍼의 균질성을 평가하기 위해서는 절대적으로 4-Point Probe 사용 시 박막 두께에 대해서는 알고 있어야 한다. 반도체 분야에서는 선 및 전극으로 사용되는 금속 물질의 물성과 박막의 증착 상태를 확인하는 중요한 평가 방법이 비저항을 활용하는 방법이다. 주어진 식에 비저항을 이용하여 박막 두께를 계산한다. 이는 순도 높은 물질인 경우에만 적용이 가능하다.

2 측정 장비의 원리

1. 엘립소미터 장치

(1) 엘립소미터 구성

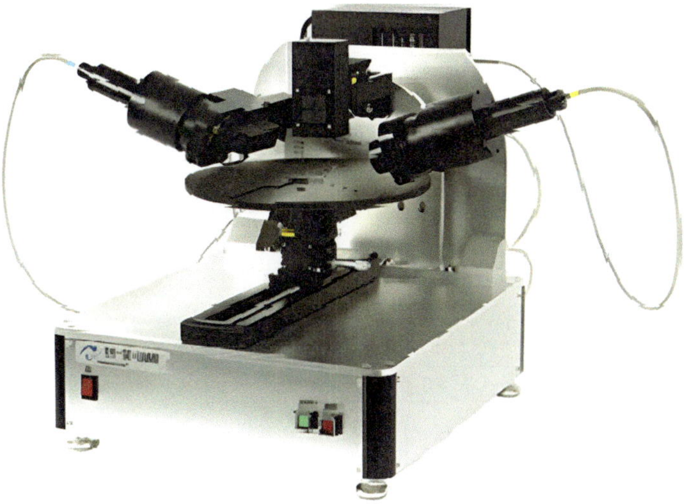

[그림 10-3] 엘립소미터 장치

장비의 구성으로는 단결정 편광판 (215nm~1,000nm), 광원 텅스텐 할로겐램프(380nm~1,500nm), 회전 편광판, 회전 분석기, 6인치 크기의 시료 거치대 등으로 구성되어 있다. 엘립소미터는 빛이 반사나 투과 후 편광의 변화를 측정하는데, 편광 변화에 측정된 시료의 특성들 특히 두께, 복소 굴절률에 따라 판단된다. 기타 광학적 측정기들은 빛의 파장 때문에, 회절 한계에 봉착하여 사용이 제한적이지만, 타원 방식은 위상의 정보를 파악하여 수 Å까지 확인이 가능하다. 시료는 단층 또는 다층 박막으로 구성이 되어 있어도, 각각의 박막층에 정보를 일부만이라도 알고 있다면 측정이 가능하고 이는 등방성과 비흡수성인 물질이라 가정하여 측정할 수 있다. 이런 가정이 안 맞으면 다른 변수를 생각해 측정 결과를 해석해야 한다.

타원 측정 장비는 반사형과 투과형 타원계로 구분하고 이를 모두 엘립소미터라 한다. 반사형 타원계는 시료로부터 반사되어 편광을 검출하는 것을 반사형이고, 시료로부터 투과되면서 변한 편광을 검출하는 것을 투과형 타원계라 하는데 다층 박막에 이용 시 반사형을 주로 이용한다. 광원에서의 전자기파가 Linear Polarizer를 지나 시료에 닿으면, 반사된 빛은 Analyzer를 지나 검출되는 기본적인 타원계이다. 그리고 Linear Polarizer의 위상을 이동할 때 변환 직선 편광축에 대해 45°로 설정하면 직선 편광을 타원편광으로 변환해 주기 위해 광원과 시료 사이에 Compensator를 설치하기도 한다. 기타 타원계는 Compensator 대신에 Phase Modulator를 사용하여 위상변조 방식으로 기계적인 신호를 제거하여 안정적인 결과를 얻을 수 있다.

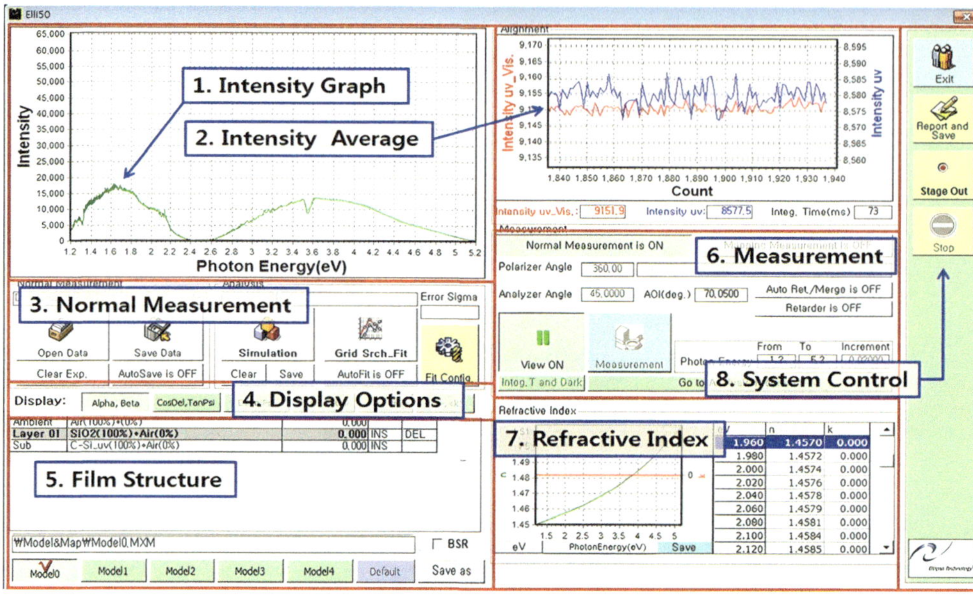

[그림 10-4] 엘립소미터 장치 화면 구성

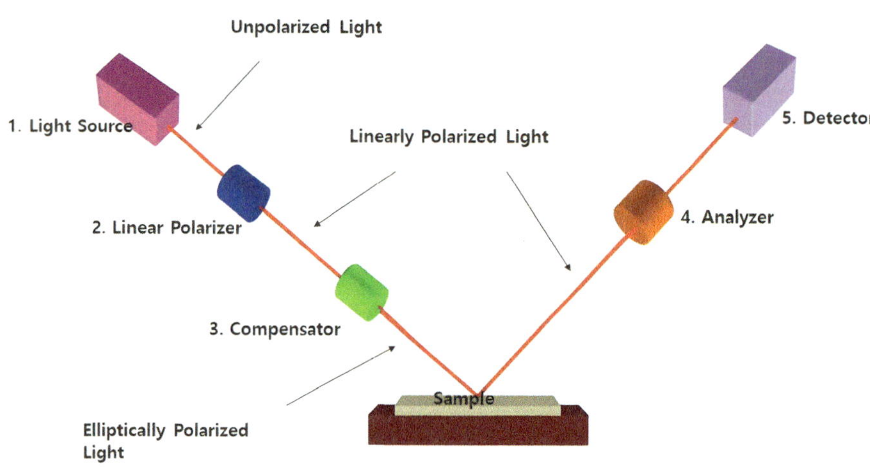

[그림 10-5] 엘립소미터의 기본 원리

(2) 엘립소미터 장치의 기능

(가) 박막 두께, 굴절률 측정 가능

(나) 성분 분석은 불가능

(다) 성분 분석 장비는 XRD, SIMS(파괴분석), EDX, AUGER 등

(3) 엘립소미터 사양

(가) 파장 영역 : 380nm~1,000nm (UV 옵션 : 240nm인 - 1000㎚)

(나) Beam 점 크기 : ≥ 1.5mm

(다) Thickness 범위 : sub Å~10㎛ (필름 타입에 따라 다름)

(라) Throughput(Foot note 1) : 10~15sec. per (필름 타입에 따라 다름)

(4) 엘립소미터 운용 원리

(가) 엘립소미터를 이용하여 시편의 (Δ, Ψ) 실험치를 측정한다.

(나) 이론적으로 시편의 (Δ, Ψ) 이론치를 계산한다.

(다) 실험치와 이론치를 비교하는 과정에서 원하는 물리량을 추출한다.

2. 광학현미경 장비

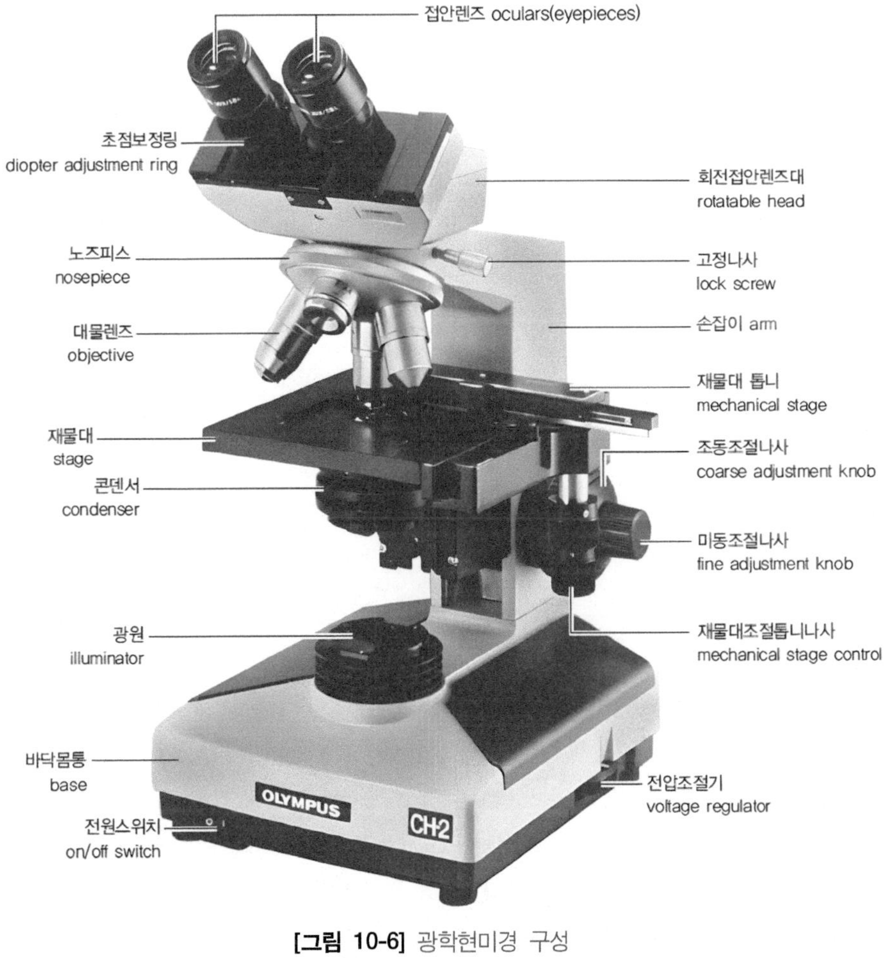

[그림 10-6] 광학현미경 구성

(1) 광학현미경 구성

(가) 노즈피스 관

대안렌즈를 부착하는 관으로 이는 한쪽 눈으로 보는 단안 대안렌즈 관과 두 눈으로 보는 양안 대안렌즈 관으로 구성되어 있으며, 이외에 양안 대안렌즈 관에 촬영이 가능하도록 별도의 사진 대안렌즈 관이 있는 삼안 대안렌즈 관이 있다.

(나) 대물렌즈

노즈피스의 원판에 보통 4~5개의 다른 배율 대물렌즈를 끼울 수 있는데, 대물렌즈 대가 없는 현미경은 노즈피스의 하단에 대물렌즈를 끼운다.

(다) 손잡이

현미경 몸통으로 수직 기둥이면서, 윗부분은 앞쪽으로 굽어 노즈피스가 있고, 아래로는 바디몸통, 중간 부분에는 재물대가 손잡이 앞으로 있다. 재물대의 옆면에 초점을 맞추는 조동 조절나사와 미동 조절나사가 있다.

(라) 재물대 조절 톱니 나사

이 나사를 돌려서 재물대를 옮길 수 있는 나사로 두 개의 나사로 구성되어 하나는 위아래로 하나는 좌우로 재물대를 이동시킨다.

(마) 재물대

표본 시료를 놓을 수 있는 받침대로서, 중앙에 둥근 구멍이 있고 바디몸통의 방향에 대해 직각으로 되어 있는데, 이 재물대를 힘으로 누르면 안 된다.

(2) 광학현미경의 원리

현미경은 물체의 상을 크게 하는 것으로, 원리는 대물렌즈를 물체에 가까이해서 얻는 1차로 얻은 모양을 접안렌즈로 다시 크게 하는 것이다. 상이 모양을 얻고 크게 하는 것은 물체와 대물렌즈 간의 거리가 변형이 있으면 상을 정확하게 잡지 못한다. 배율은 물체 크기에 보이는 크기의 비율과 대물렌즈 배율과 접안렌즈의 배율을 곱하여 계산한다. 대물렌즈 초점은 작은 물체를 놓으면 크게 실상으로 만들어지며 1차 큰 실상은 접안렌즈에서 물체 역할이 된다. 물체는 눈에 가깝게 보이지만 거리보다 더 가깝게 하면 물체는 더 커 보이나 초점은 맞지 않을 것이다. 이를 명시거리 한다. 1차 상은 명시거리 안쪽에 있어서 눈으로 확인 불가능하여, 볼록렌즈를 이용해 상을 반대하여 뚜렷하게 볼 수 있다. 결과적으로 물체를 명시거리 안쪽에 당겨 상을 볼록렌즈인 접안렌즈 반대를 확인하여 허상을 명확하게 볼 수 있다.

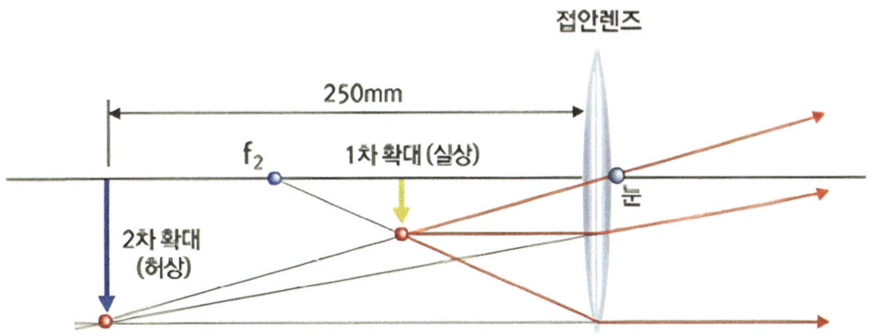

[그림 10-7] 대물렌즈와 2차 확대된 허상

(3) 광학현미경의 장/단점

(가) 장점

① 가공 과정이 없다.

② 살아있는 물체를 관찰할 수 있다.

(나) 단점

① 해상력이 전자현미경(SEM) 대비하여 떨어진다.

② 리보솜(두 물체가 매우 가까이 있을 때, 그 물체를 각각으로 인식할 수 있는 최소한의 거리)과 같은 정도의 크기만 되어도 관찰할 수 없다.

3. 4-Point Probe 원리

면저항 측정기는 옴의 법칙을 이용한다. 시료에 전류를 흘려주면 전압강하가 발생하게 되는데 이때의 전압을 측정하여 저항값을 확인하는 방식이다. 절연막에 대한 측정이 불가능하다는 단점이 있다. 면저항 측정 장비는 Probe Pin의 개수에 따라 2-Point Probe와 4-Point Probe로 나뉘고 방식에 따라서는 탐침법과 단자법으로 나뉜다.

실제로 시료의 체적 저항률을 구할 때는 3단자법과 2단자법의 전극 구성에 표시와 같이 4단자법이 사용된다. 이것은 일정 전류를 흘려보낼 때 전류 전극과 시료 표면과의 사이에 계면 현상(두 가지의 상이 맞닿는 경계면에서 일어나는 물리·화학적 현상) 때문에, 접촉 저항으로 불리는 전압강하가 발생하여 이것을 배제하고 시료 참의 체적 저항률을 구하기 위해 사용하는 방법이다.

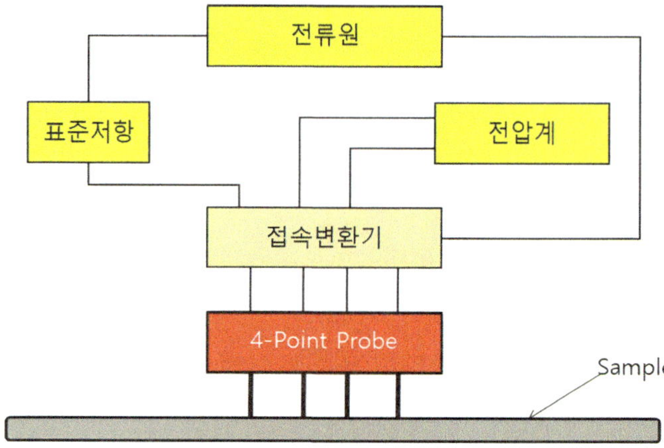

[그림 10-8] 4-Point Probe 구성

즉 4단자법은 전류인가 단자와 전압인가 단자를 분리하므로 접촉 저항(접촉면을 통하여 전류가 흐를 때, 그 접촉면에 생기는 전기 저항. 2개의 도체를 서로 접속해 전류를 보내면 그 접촉부에 전압은 강하하고 온도는 상승하게 된다. 이는 접촉부에 저항 발생)의 영향을 없애고 높은 정밀도 측정이 가능하다. 이때 전압 측정 단자에 전류가 흘러 들어가지 않도록 전압계의 입력 임피던스를 높게 해야 한다. 실제로 동일 시료 막의 저항을 4단자법과 2단자법으로 각각 측정했을 때 방법을 [그림 10-9]에서 확인이 가능하다. 또한, 이 상태를 등가 회로로 표시한 것이 그림이다. 2단자법에는 접촉 저항의 영향으로 저항이 높게 나오는 것을 알 수 있다. 접촉 저항은 시료 표면 상태에 의존하기에 정량적 측정이 힘들다.

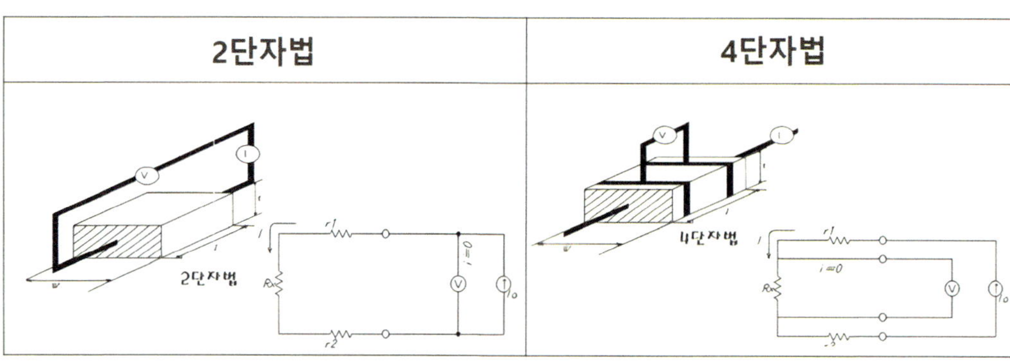

[그림 10-9] 2단자법과 4단자법의 등가 회로

고분자 재료 등을 2-Point Probe를 사용하면 전극과 시료의 경계면에서 분극 및 산화-환원이 일어날 수 있어서 4-Point Probe를 이용한다. 4-Point Probe에 두 개의 탐침은 전류를 흘려주는 것이고, 다른 두 개의 탐침은 전위차를 측정하는 데 이용된다. 전위차용 탐침에는 전류가

흐르지 않기 때문에 시료와 탐침의 경계면에서 분극이나 산화-환원이 일어나지 않으므로 정확한 전도도를 측정할 수 있다. [그림 10-10]는 4-Point Probe 중 Single 방식과 Dual 방식에 대해 비교한 것이다. Single 방식은 내부에 2개의 탐침으로 전압을 측정하고 외부 2개의 탐침으로 전류를 측정하는 방식이고 Dual은 1, 3번 탐침으로 전류를 측정하고 2, 4번 탐침으로 전압을 측정하는 방식이다. Single 탐침법과 달리 Dual 탐침법은 중복된 지역에 대한 전류, 전압값을 측정해 한 차례 보정이 이뤄지고 좀 더 정확한 값을 얻어낼 수 있어서 최근에는 Dual 방식을 많이 사용한다.

Single 4탐침법	Dual 4탐침법
• 내측2개의 탐침으로 전압을 측정하고 외측 2개의 탐침으로 전류를 측정하는 방식	• A와 C의 탐침에 전류를 측정하고 B와 D의 탐침은 전압을 측정하는 방식 • 중복된 지역에 대한 전류,전압의 값을 측정하여 좀 더 정확한 값을 얻을 수 있음
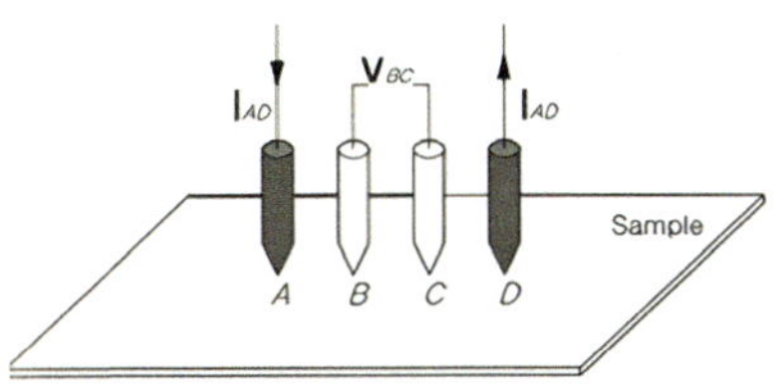	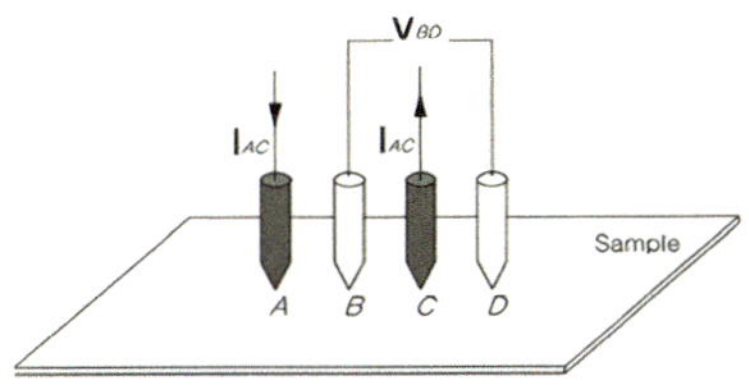

[그림 10-10] Single 방식과 Dual 방식의 비교

10.2 측정 및 검사 분류

[1] 측정 개요

최근 들어 컴퓨터 CPU(Central Processing Unit)와 CMOS 이미지 센서는 ~10nm, 메모리는 ~20nm의 미세패턴 소자가 양산되고 있다. 소자들의 미세화는 공정 단순화, 개발시간 단축, 품질 확보를 통해, 생산비용 감소에 필요한 측정 기술 필요성이 확대되고 있다.

1. 박막 두께 측정

(1) 엘립소미터(Ellipsometer)와 리플렉미터(Reflecmeter)

엘립소미터는 입사하여 반사된 빛의 반사도와 편광의 변화를 측정하는 것으로 반사도만 측정하는 리플렉미터와 같이 물질의 광학적 성질을 통해 수 Å에서 수 ㎛까지의 단일이나 다층 구조의 박막 두께 측정에 사용된다. 비파괴 또는 비접촉식으로 1Point를 수초 안에 측정하

는데 Å 이하의 정밀도를 지니고 있어서 반도체, 디스플레이에서 활용되고 있다. 엘립소미터로 측정하는 요소들은 박막의 두께, 굴절률, 표면거칠기(Surface Roughness), 조성비, 결정화도, 비등방성 등 여러 측정값을 얻을 수 있다.

앞에서 간단하게 정리하였지만, 엘립소미터는 입사된 빛의 Polarization Wave인 P파와 S파가 기판에 놓인 시료를 투과, 반사하면서 반사도와 위상의 변화량을 측정해 굴절률과 두께와의 관계에서 원하는 정보를 얻는다.

구분	Ellipsometer	Reflectometer
장비 구성	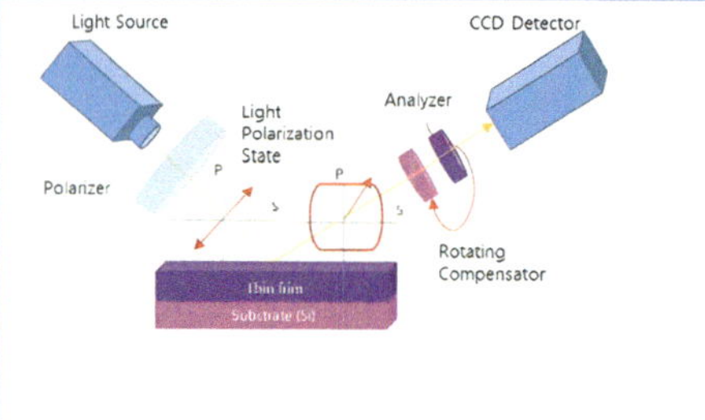	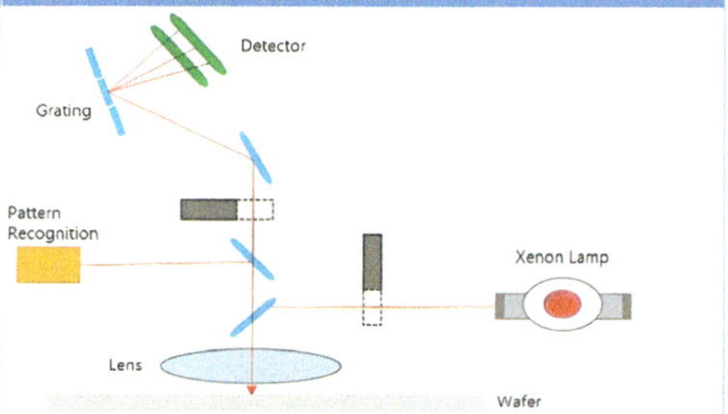
측정 인자	반사된 전기장의 세기와 위상의 변화를 측정	반사된 빛의 반사율(Reflectance) 변화를 측정
편광 상태/입사각	편광 / 경사 입각(65~72°)	무편광 / 수직 입사(0~24°)
	측정 속도 : Normal 반사계수, 위상 측정 기반 계측 신뢰도 : High Beam Spot Size : Normal	측정 속도 : High 반사율 측정 기반 계측 신뢰도 : Normal Beam Spot Size : Small

[그림 10-11] 엘립소미터와 리플렉미터의 비교

[그림 10-11]처럼 장비 구조 측면에서 엘립소미터은 P파와 S파의 반사 계수가 매개변수이기에 보편적으로 이용되어, 실리콘을 기준으로 편광 반사율 차가 ~70°로 광입사각를 설계하고 반사율만 측정하는 리플렉미터는 편광에 무관하게 반사광 확보를 위한 수직 입사로 구성한다. 엘립소미터와 리플렉미터 둘 다 박막 두께 측정에 이용되고 있다.

(2) 소나 스캔(Sonar Scan)

엘립소미터 및 리플렉미터와 같은 광학적으로 박막의 두께를 측정하려면, 박막의 질을 통과하는 입사광이 반사 후, 광검출기까지 가는 투명한 질이나 광에 손실이 있어도 질의 두께가 얇은 경우, 광 투과 깊이 이하에서도 가능하다. 반도체는 대부분 산화막, 질화막, 카본(Carbon), 폴리실리콘(Poly-Si), 폴리머(Polymer) 등을 말하고 있다.

반도체 소자의 전극과 특성 목적으로 광 투과 깊이 이상의 불투명한 금속의 경우는 음파를 사용하는 소나 스캔이 이용되고 있다. 초단파인 Pulse Laser를 금속 표면에 입사 시 0.2ps

내 10˚C 이하의 온도 상승과 열팽창으로 표면에 음파가 생기는데, 음파가 금속 내부를 왕복하는 시간을 측정하여 박막 두께를 측정한다.

2. 소자 구조와 형태 측정

(1) OCD(Optical Critical Dimension)

소자의 직접은 소자 내 기하학적 구조 측정에 대해 수요로 연결되면서 처리량(Throughput)과 측정 가능량을 축으로 Transmission Electron Microscope(TEM), Atomic Force Microscope (AFM), CD-Scanning Electron Microscope(CD-SEM), Optical Critical Dimension(OCD) 측정이 사용되고 있다. 소자 공정에서 측정 수준은 가시광 영역의 분해능 <200nm를 넘어 광 반사도와 위상를 통한 광학적 분해능 이하의 소자를 단시간에 측정이 가능한 OCD 측정 수요가 높아지고 있다. OCD 측정은 박막 두께을 측정하는 엘립소미터를 기준으로 하고 Beam Spot 영역에서 반복 패턴 구조 회절과 간섭으로 발생하는 반사광을 분석하여 구조를 측정한다. 높은 민감도로 구조 특성상, OCD 측정 장비의 Signal to Noise Ratio(SNR)을 개선하기 위한 광량 증가와 입사광을 위한 광학 부품을 추가 설치하여 측정의 정확도를 높이도록 이용된다.

(2) CD-SEM (Critical Dimension-Scanning Electron Microscope)

CD-SEM은 OCD와 함께 소자 구조 측정에 이용되는 장치로 Electron Gun에서 방출되는 Primary Electron이 빛과 달리 경로 변경에 제약이 있어서 수직 형태의 Column 내 다수의 전자렌즈로 초점을 맞추어 Collecting 된 전자를 측정 위치에 발생하여 시료 원자의 핵, 궤도 전자와 탄성 후방 산란 전자 및 비탄성 이차전자 산란이 생겨 산란 전자들로 이미지 변환하는 것이다.

2차 전자(SE : Secondary Electron	후방 산란 전자(BSE : Back Scattered Electron
· 일반 CD-SEM에서 사용 · 50eV 이하 Energy, 표면에서 발생 · 시료의 표면, 구조 정보 제공	· HV-SEM에서 사용 · 원자핵의 크기가 클수록 BSE 증가 · 구성 원소 구분 동해 물질 정보 제공

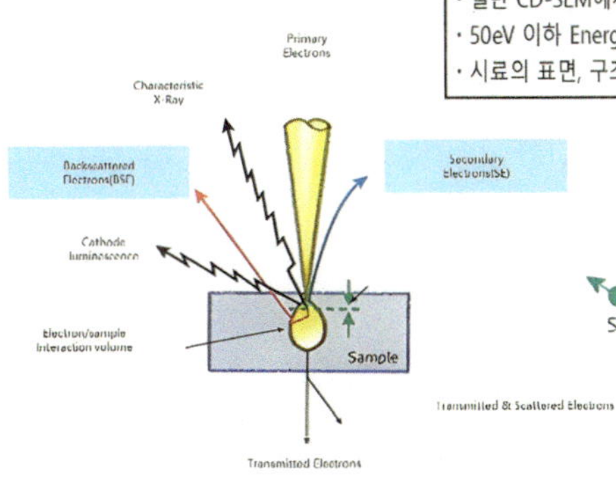

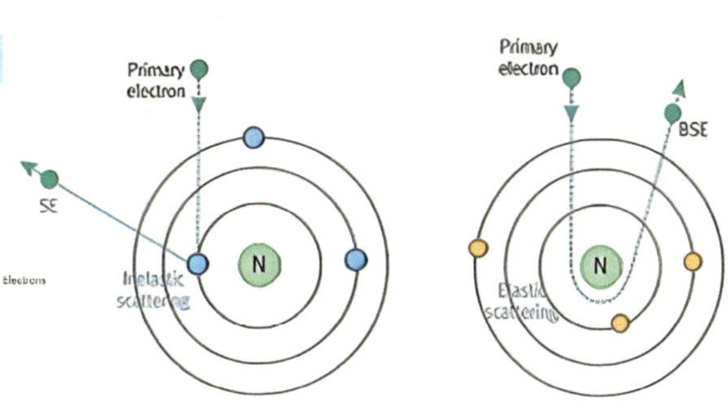

[그림 10-12] 입사전자에 의한 방출전자와 특성

일반적으로 전자 가속전압, 해상도, Detector Channel 수 등으로 변경해 이용하기도 한다. High Voltage SEM은 전자의 시료 침투가 가속전압이 높을수록 증가하여 깊이를 극대화해서 하부 구조와 충돌 후 나온 전자들을 통해 비파괴로 확인할 수 있다. High Throughput SEM의 경우 높은 전류와 전자 집속을 통해 전자 밀도를 증가시키고, 2차 전자 발생량으로 높은 계측 처리량 구현이 가능하다.

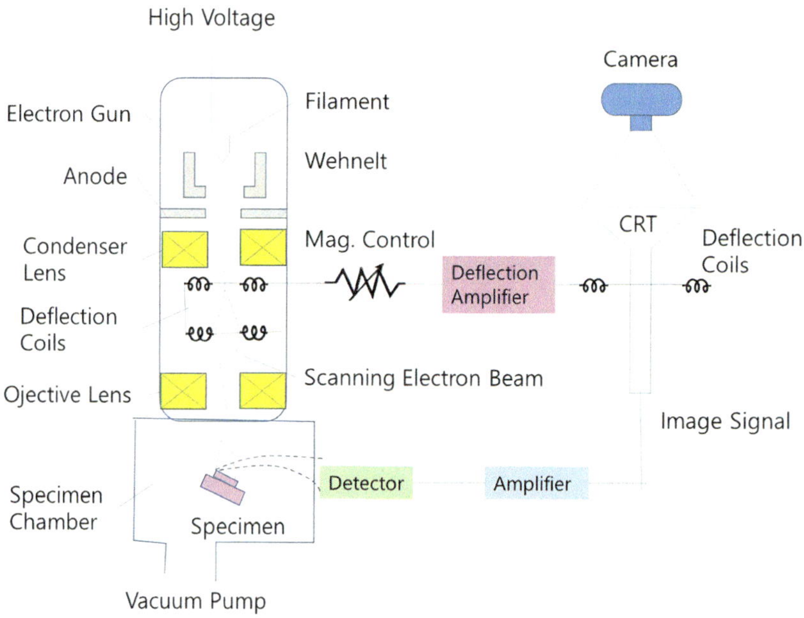

[그림 10-13] CD-SEM 구조도

2 검사 개요

반도체의 미세화와 고집적화로 제품 개발, 생산 기간 단축 외 신뢰성 확보를 위한 품질 관리가 반도체에서 중요한 경쟁력이 되고 있다. 반도체 공정 품질 관리 장비는 검사 속도, 불량 검출 감도에 따른 E-Beam 검사, Bright Field 검사, Dark Field 검사, Particle Counter 검사와 Macro 검사로 분류하고 있다.

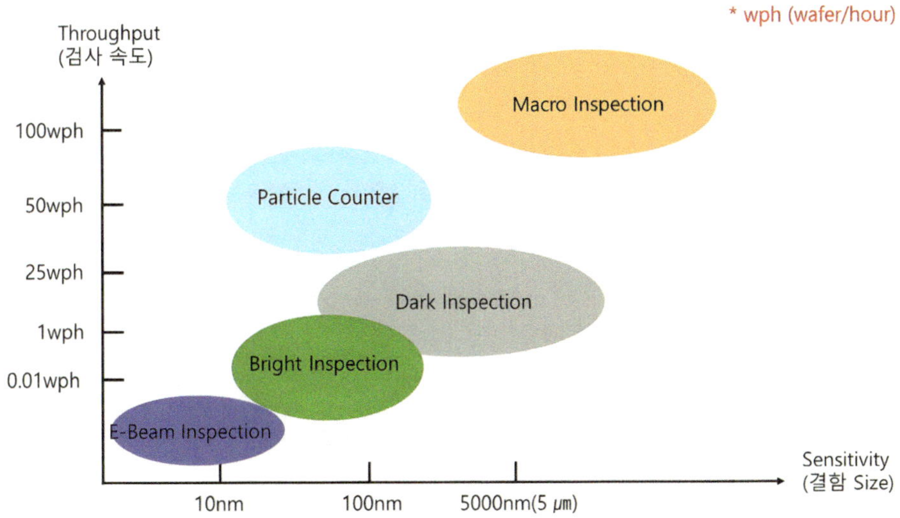

[그림 10-14] 검사속도와 민감도에 의한 검사 장비

1. BF(Bright Field)와 DF(Dark Field)

(1) BF 검사(Bright Field Inspection)

BF 장비는 Laser나 Lamp와 같은 광원을 이용하여 웨이퍼 표면에 빛을 통해 물질의 반사나 산란된 빛의 차를 이미지화해 패턴에 대한 미세 결함을 검사하는 장치로 높은 해상력과 검출 감도를 지니고 있다.

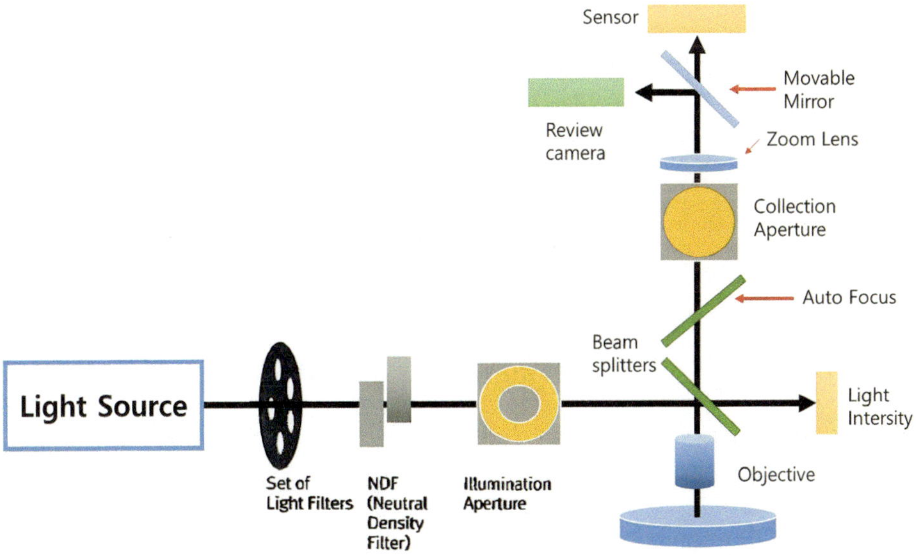

[그림 10-15] BF 장비의 구성

BF 장비는 입사 빛의 파장을 연결(Light Filter), 입사 빛의 광량 결정(Neutral Density Filter), 결함 이미지(Image Contrast)를 위한 조리개, 빛의 경로 결정(초점 렌즈), 빛의 경로 중 웨이퍼에서 반사나 산란된 빛의 Senser(광센서)로 구성하고 있다. 광원에서 나온 빛은 광학 필터, Neutral Density Filter와 조리개를 통과해 웨이퍼에 도달하고 반사된 빛은 조리개를 거쳐 광센서로 가게 된다. BF 장비는 Detector에서 검출된 아날로그 신호를 디지털 신호로 변환하여 이미지 처리 후 참고 이미지와 비교하여 불량을 판별하는 것이다. BF 장비는 높은 감도 때문에 미세패턴 결함 검사에 이용되고, 불량 구조와 형태에 의해 최적 파장을 선택한다. 그러나 BF 장비의 낮은 계측 처리량으로 대량 검사에는 이용되고 있지 않다.

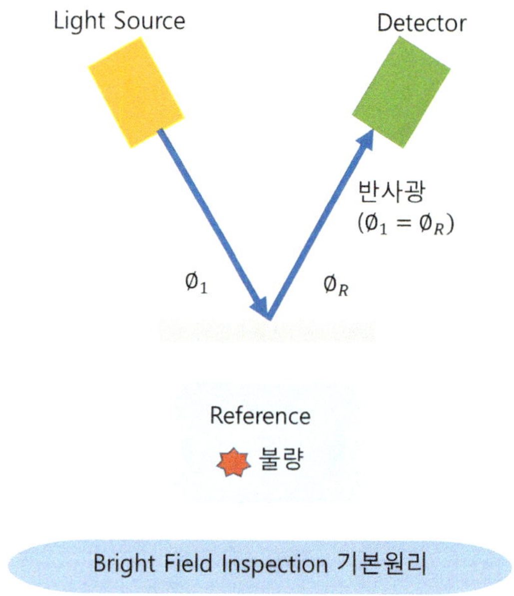

[그림 10-16] BF 장비의 원리

(2) DF 검사(Dark Field Inspection)

DF 장비는 반사광 변화의 결함을 검출하는 BF 장비와 다르게 산란광 측정으로 수백~수천 ㎚의 결함 검출에 사용된다. DF 장비는 웨이퍼 표면에서 산란광 Contrast 차에 의한 검사로 말할 수 있다. 결함에 따라 편광에 반사광 차를 광 산란 양과도 관계가 있으나 반사와 산란으로 구분하여 정의할 수 있다.

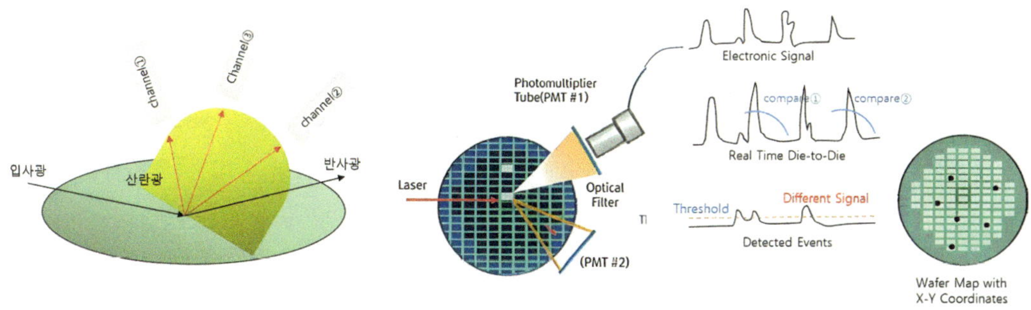

[그림 10-17] DF 장비의 원리

2. 파티클 카운터(Particle Counter)

반도체 공정이나 장비에서 생기는 결함 시 이용되는 장비로 BF, DF 장비와는 다르게 빠른 검사와 Bare 웨이퍼의 대면적 모니터링이 가능하다. 위상의 산란광 차를 이용하는 것은 DF 장비와 같으나 공정 웨이퍼 패턴에서 생긴 산란광 없이 별도의 신호 없이 결함 검출이 가능하다. 파티클 카운터는 웨이퍼 전면의 Haze를 측정하여 결함 신호를 검출하게 된다. Haze는 표면거칠기를 말하는 것으로 공정 박막의 종류나 두께에 필요한 요소로 분석에서 주의해야 한다. 결함의 크기가 작으면 생기는 신호의 구분이 어려워 검출 결정의 요소이다.

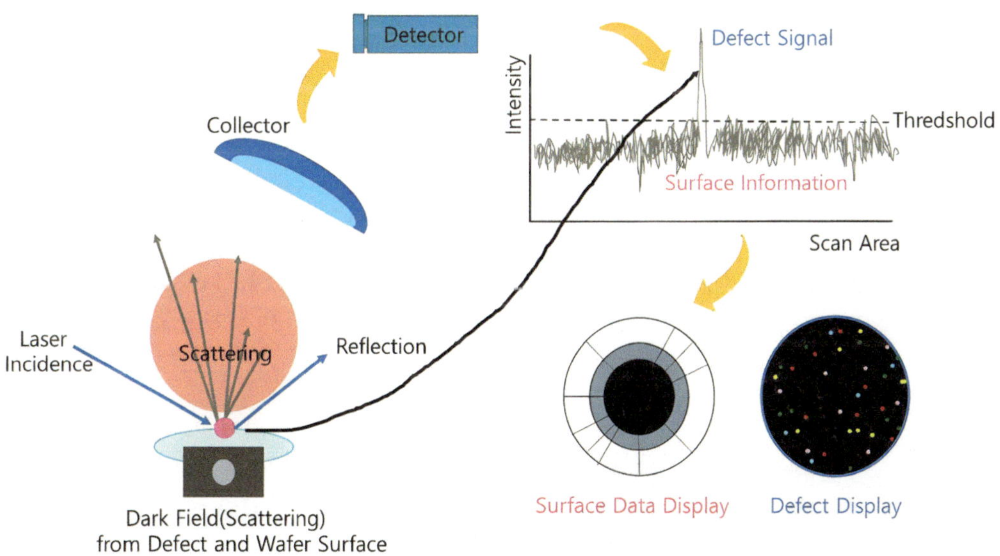

[그림 10-18] 파티클 카운터의 원리

3. 매크로 검사(Macro Inspection)

매크로 장비는 고해상도 광학카메라를 사용하여 짧은 시간에 정확한 재현성을 보이도록 하는 검사로 웨이퍼 박막 적층 상태와 구조 광간섭 분포를 검사한다. 공정에서 마이크로미터 단위의 오염이나 불량에 이용하는데 원리는 웨이퍼에서 반사와 산란된 빛을 측정하여 이미지와 참고 이미지를 비교하여 표면에 존재하는 결함을 검사하는 것이다. 매크로 장비는 타 광학 검사 장비보다는 해상도가 낮아 미세 결함 검출은 안 되지만, 검사속도가 빨라 대량 검사에 사용된다.

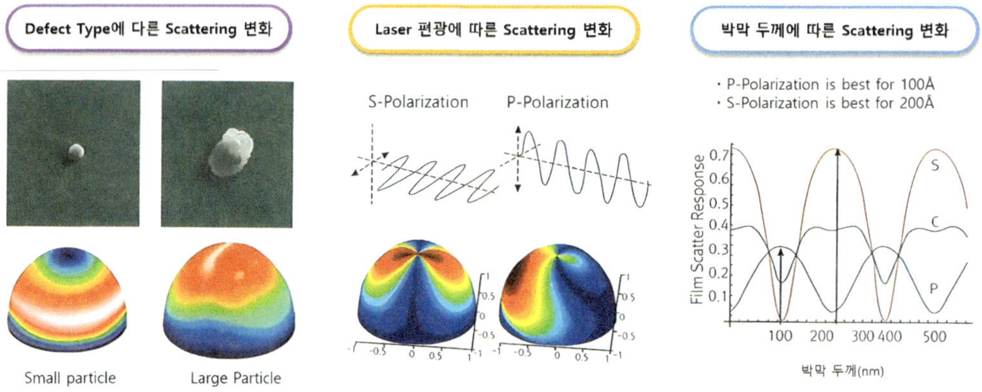

[그림 10-19] 결함, 표면, 입사광에 따른 광산란

4. 전자빔 검사(Electron Beam Inspection)

전자빔 검사는 웨이퍼에 Electron Beam을 주사해 물질에서 방출되는 2차 전자의 발생량 차를 이미지화해 패턴에 대한 미세 결함을 확인하는 것으로 높은 해상력과 검출 감도를 가진다. 이는 웨이퍼의 전위차 발생으로 전기적 특성의 결함을 검출하는 광학장비로 불가능한 회로 공정 구조물 간의 결합, 연결 층 간 단락과 Current Leakage 검사에 이용되고 있다. 전자빔 검사는 CD-SEM 측정과 같은 원리를 사용하는데, CD-SEM과 차이점은 정상 이미지와 비정상 이미지를 비교하여 결함 검사를 진행하는 방법과 목적에 따른 전자 입사 조건 전압, 전류, Beam Size 구현 기능이 다르다 할 수 있다.

전자빔 검사는 Electron Gun에서 전자가 렌즈를 통과하여 전자빔이 가속되고 편향되어 시료에 도달하면 시료에 입사된 전자는 탄성과 비탄성 산란 과정을 거쳐 산란 영역을 넓힌다. 전자 침투는 전자의 에너지에 따라 수 ㎚ ~ 수 ㎛이며 전자빔이 구성하는 원자와 상호작용하여 방향이 바뀌게 되나 입사된 에너지를 잃지 않으면 탄성 산란, 방향과 에너지를 모두 잃으면 비탄성 산란이라고 한다.

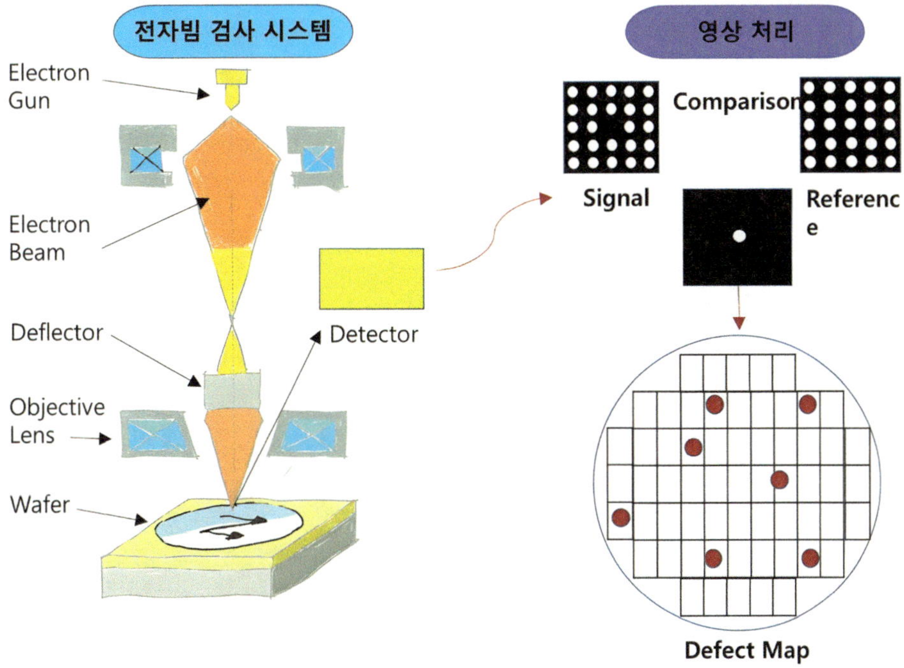

[그림 10-20] 전자빔 장비 구조도 및 원리

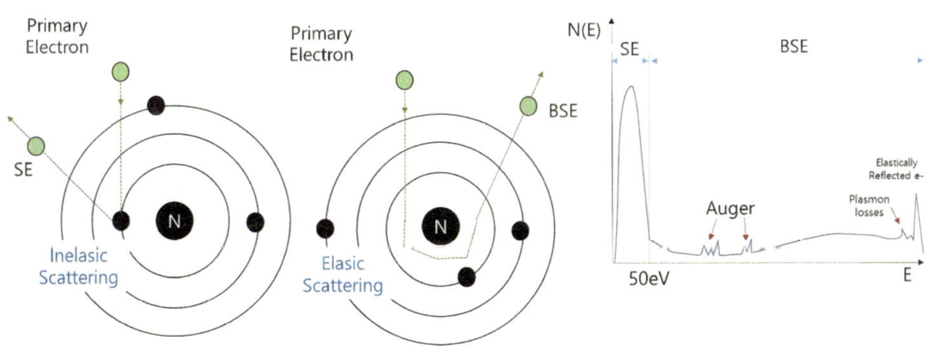

[그림 10-21] 탄성과 비탄성 산란의 원리

10.3 분석 방법

1 박막의 물성

반도체 측정에서는 X-ray를 다양하게 이용하고 있는데, [그림 10-22]에서와 같이 시료에 입사된 X-ray는 원자 내부의 전자와 충돌해서 Photoelectron을 발생하고 Core Energy Level에서 방출하는 전자를 다른 에너지 준위의 전자가 채워 생기는 Fluorescence X-ray, X-ray 반사광의 반사도와 회절을 측정에 이용하고 있다. 이는 광학장비와 비슷하게 비파괴 분석이 가능하여 또 다른 전처리 과정 없이 정밀 측정이 가능하다.

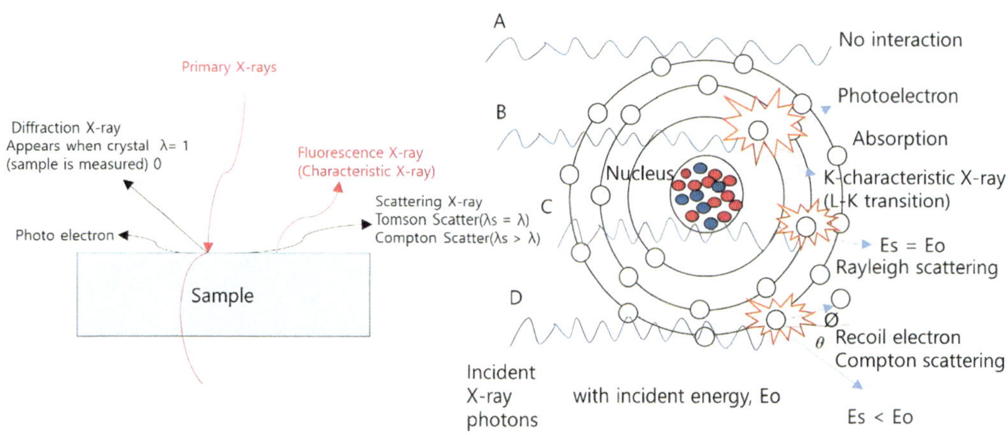

[그림 10-22] X-ray에 의한 방사광

1. XPS (X-ray Photoelectron Spectroscopy)

XPS는 정량적 원자와 화학적 결합에 대한 분석을 측정하는데, 기본적 원리는 광전 효과에 의한 것으로 대부분의 물질의 광전자 방출에 의한 에너지 결합과 일함수의 합보다 입사된 X-ray(1,486.7eV)가 크기에 방출된 광전자 운동 에너지를 확인하면, 구성 성분의 결합을 알 수 있다. 결합 에너지는 원소나 화학 결합에 의한 특성으로 정량 성분 분석이 가능하여 공정에서 도핑 원소 측정이나 박막의 변화된 형태 확인을 위해 이용된다. 진공 상태와 신뢰성 있는 값을 위해 오랜 시간을 통해 데이터를 확보하여 진행하다 보니 타 광학 계측기에 비해 처리량이 낮은 편이다.

2. XRF (X-ray Fluorescence Spectroscopy)

입사된 X-ray를 통해 방출된 전자로부터 불안정한 원자를 안정한 상태로 변화되게 하려면 다른 에너지 준위의 원자를 채우면서 방출되는 에너지를 X-ray Fluorescence라 하는데, 원소마다 에너지 준위를 갖고 있어 원소 구성을 알 수 있다. XRF는 고압 전류를 X-ray Tube에 가하여 생기는 X-ray를 시료에 입사하여 발생된 Fluorescence를 에너지 대역에 Count 하여 Spectrum을 얻는다. 측정된 Spectrum의 원소 라인 세기는 원소 농도와 시료 두께에 관련이 있으며, 원소 농도가 증가하면 원소 특성 Fluorescence 복사가 증가하고, 그에 반해 시료 두께가 증가하면 세기는 감소한다. 각 원소는 개별적인 특징을 지니고 있어서 측정된 Spectrum 라인으로 원소 판별이 가능하고 정성, 정량, 두께 분석이 가능하다.

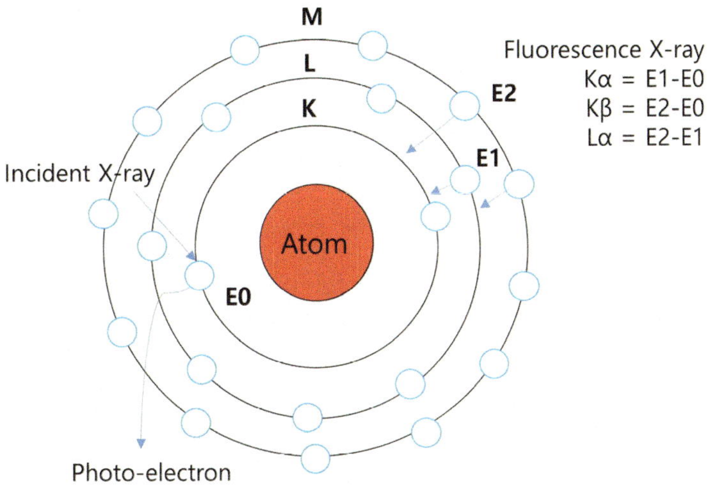

[그림 10-23] XRF 원리

3. XRD (X-ray Diffraction)

결정질에서 입사된 X-ray 빔이 결정격자 면에서 회절하는 것을 이용하여 수집된 X-ray 세기로 회절 각도를 측정하여, 격자 면간거리를 계산할 수 있는데 이를 Bagg's Law이라 한다. [그림 10-24]에서 보는 것처럼, 두 번째 주기 결정면과 충돌하는 광선의 이동 거리는 첫 번째 주기 결정면에 충돌한 광선보다 BC+CB'만큼 길다. 이는 두 광선 간 경로 차가 파장의 정수배인 경우를 같은 위상에 의한 간섭이 발생하는 것이다. 특정 회절 각도에서의 회절 X-ray를 통해 결정질의 양과 결정화 정도의 각도를 알 수 있고 면간거리 계산으로 격자의 스트레스 분석이 가능한 측정이다.

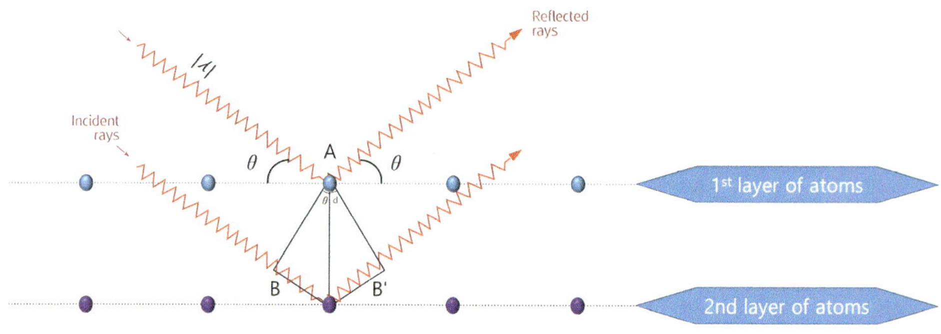

[그림 10-24] XRD 원리

2 박막의 조성

1. Rs (Resistance of Sheet)

Rs는 단위 면적당 저항을 말하는데, 4-Point Probe로 금속 박막의 Rs를 측정하여 박막의 두께를 간접적으로 측정하는 것이다. 4-Point Probe 측정은 Probe Tip이나 Pin의 배열에 따라 선형 및 사각 배열로 나누며, 원리는 두 개의 Pin 사이에 흐르는 전류에 의한 전압강하를 다른 두 개의 Pin에서 측정하여 저항값을 확인하는 것이다. 반도체 제조 공정 관리를 위한 Rs 저항값은 주로 금속 박막 두께 측정을 위해 Sonar Scan 장비를 이용한다.

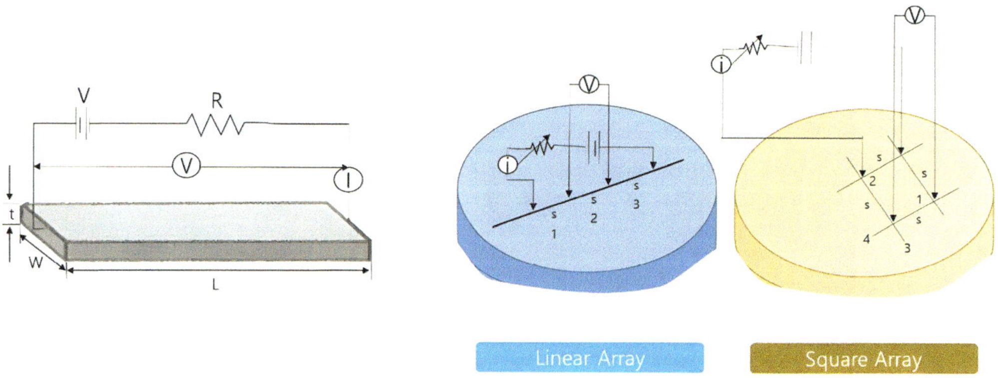

[그림 10-25] 4-Point Probe와 선형 세분 배열

2. 스트레스(Stress)

박막의 스트레스 변화를 측정하는 것으로 Laser가 웨이퍼 표면을 Line Scan 하면 웨이퍼 표면에서 반사된 빛이 검출기 내부로 도달하면 위치를 수집하는 데, 측정된 반사각을 통해 곡률 반경, 휨을 공정 전·후로 확인한다. 휨은 RPD(Removable Partial Denture) 최대값과

최소값의 차로 정의하는데 RPD 기준선은 측정 대상 표면의 편차를 의미한다. 휨 측정 장비는 구조가 단순하여 빠른 시간에 측정할 수 있다.

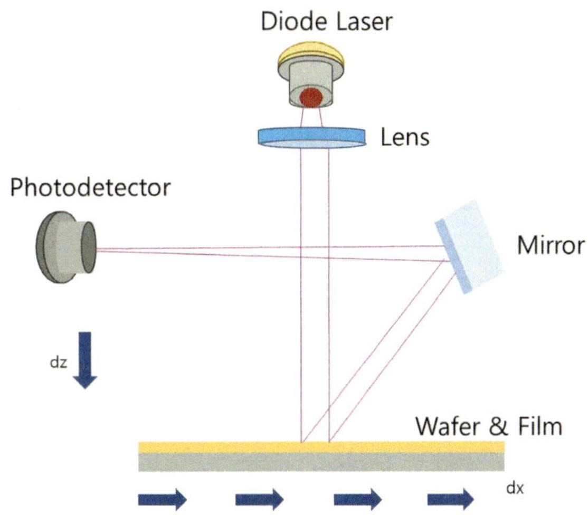

[그림 10-26] 장비 구조도

CHAPTER 11

반도체 실습 결과 분석

11.1 실습 결과 분석

1 반도체 공정 실습

반도체 제조공정기술 교재를 참조하여 진행하도록 한다.

1. 실험 준비물 및 안전사항

(1) 재료 · 자료

- 웨이퍼(Wafer), Teflon 캐리어, 웨이퍼 Tweezer, 보호용 테프론 장갑 및 앞치마, 보안경, 마스크, 세정 공정 용 화학약품, N_2, DIW

(2) 기기(장비 · 공구)

- Wet Station, Spin Rinse Dryer

(3) 안전 · 유의 사항

- 세정 공정 실습 시에는 보안경, Poly grove 등을 착용하고 진행한다.
- 산성의 화학약품을 이용한 실험에서는 내식성이 강한 테프론 재질의 비커, Tweezers 및 웨이퍼 캐리어를 사용하여 안전에 유의하여 실습한다.

2 산화막 두께 측정 실습

❶ SiO_2, Si_3N_4 등의 산화막 증착 시 엘립소미터를 이용하여 다음 위치의 두께를 측정하기 위하여 측정 Map을 설정하고, 적절한 레시피를 불러와 측정한다.

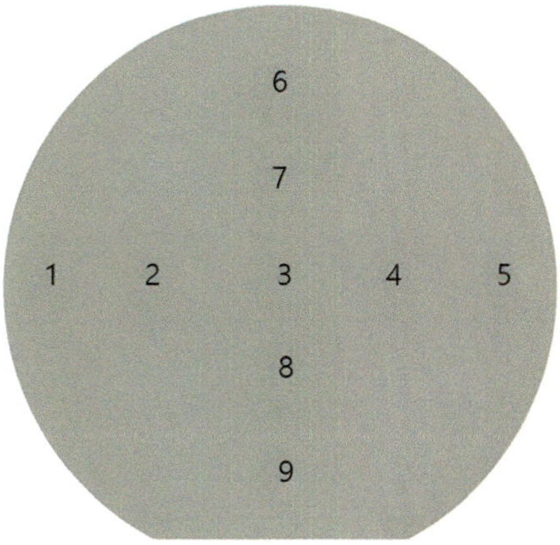

[그림 11-1] 산화막 두께 측정 위치

〈표 11-1〉 위치별 산화막의 두께

측정위치	x 좌표	y 좌표	박막 두께
1			
2			
3			
4			
5			
6			
7			
8			
9			
minimum			
maximum			
average			
uniformity			

❷ 아래 그림에 y축 눈금 및 두께의 단위를 기입하고 측정 위치별 박막의 두께를 표시하고 선으로 연결하시오.

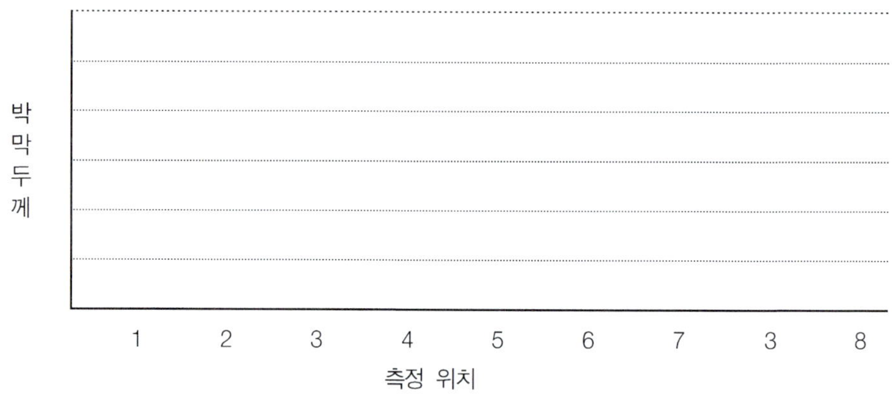

[그림 11-2] 웨이퍼 위치별 산화막 두께

3 금속 박막 두께 측정 실습

❶ Al, Ti 등의 금속 박막 증착 시 4-point probe를 이용하여 다음 위치의 두께를 측정하기 위하여 측정 Map을 설정하고, 적절한 레시피를 불러와 측정한다.

〈표 11-2〉 위치별 금속 박막의 두께

측정위치	x 좌표	y 좌표	박막 두께
1			
2			
3			
4			
5			
6			
7			
8			
9			
minimum			
maximum			
average			
uniformity			

❷ 아래 그림에 y축 눈금 및 두께의 단위를 기입하고 측정 위치별 박막의 두께를 표시하고 선으로 연결하시오.

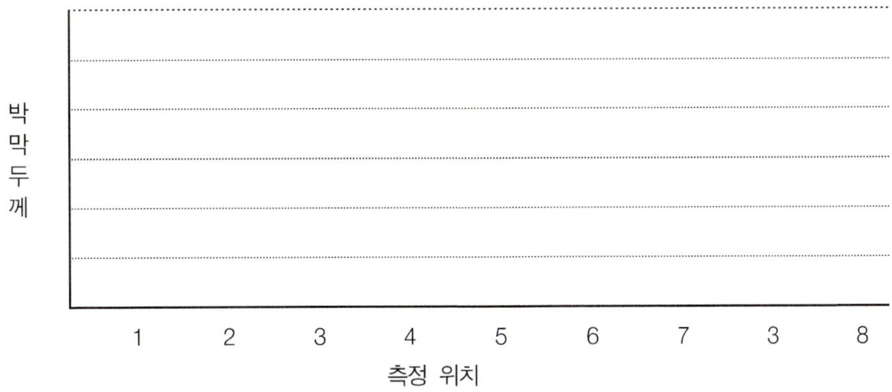

[그림 11-3] 웨이퍼 위치별 금속 박막 두께

4 반도체 사진 공정 실습

❶ 소프트 베이크 공정 후 엘립소미터를 이용하여 다음 위치의 두께를 측정하기 위하여 측정 Map을 설정하고, 적절한 레시피를 불러와 측정한다.

〈표 11-3〉 위치별 PR의 두께

측정위치	x 좌표	y 좌표	박막 두께
1			
2			
3			
4			
5			
6			
7			
8			
9			
minimum			
maximum			
average			
uniformity			

❷ 아래 그림에 y축 눈금 및 두께의 단위를 기입하고 측정 위치별 PR의 두께를 표시하고 선으로 연결하시오.

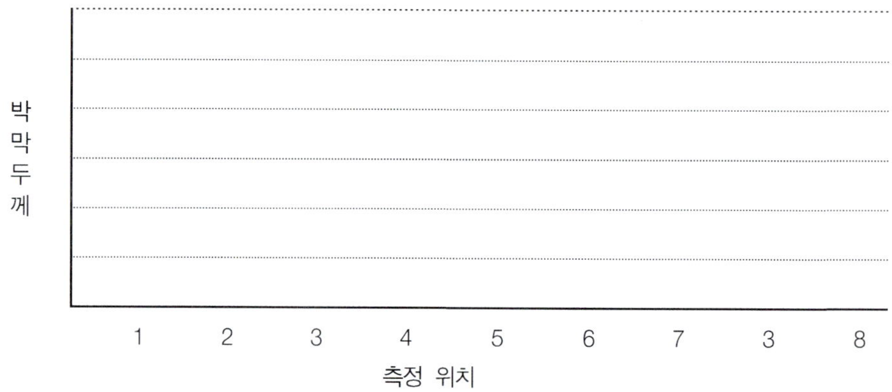

[그림 11-4] 웨이퍼 위치별 PR 두께

❸ 현상 공정 진행 후 표면단차 측정기를 이용하여 감광막 두께를 측정한다.

〈표 11-4〉 위치별 PR의 두께

측정위치	x 좌표	y 좌표	박막 두께
1			
2			
3			
4			
5			
6			
7			
8			
9			
minimum			
maximum			
average			
uniformity			

❹ 아래 그림에 y축 눈금 및 두께의 단위를 기입하고 측정 위치별 PR의 두께를 표시하고 선으로 연결하시오.

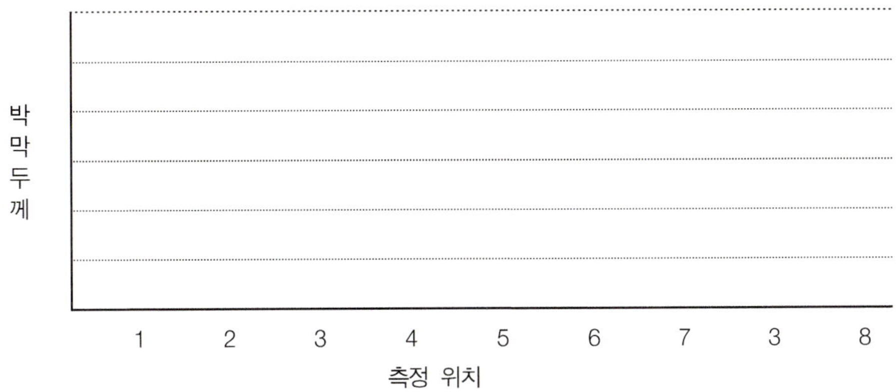

[그림 11-5] 웨이퍼 위치별 PR 두께

❺ 현상 공정 진행 후 표면단차 측정기를 이용하여 패턴의 CD를 측정한다.

〈표 11-5〉 위치별 PR의 두께

측정위치	x 좌표	y 좌표	CD
1			
2			
3			
4			
5			
6			
7			
8			
minimum			
maximum			
average			
uniformity			

❻ 아래 그림에 y축 눈금 및 CD의 단위를 기입하고 측정 위치별 패턴의 CD를 표시하고 선으로 연결하시오.

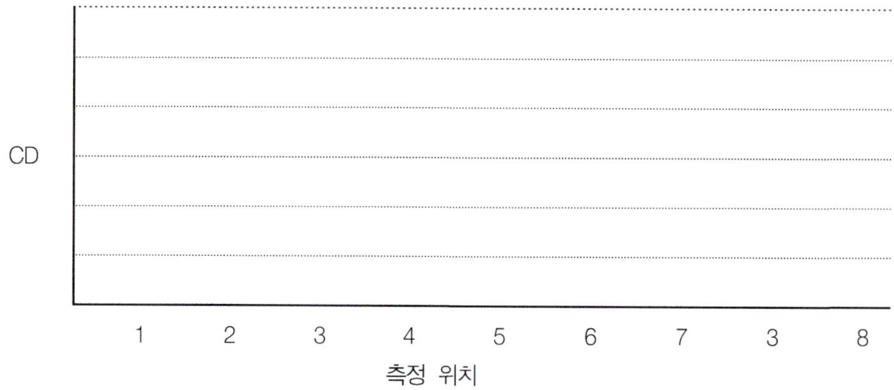

[그림 11-6] 웨이퍼 위치별 PR 두께

5 반도체 습식 식각 공정 실습

❶ 실리콘 산화막 습식식각 공정 후 표면 단차 측정기를 이용하여 웨이퍼 다음 위치의 식각 단차를 측정한다.

〈표 11-6〉 위치별 산화막의 식각 단차

측정위치	x 좌표	y 좌표	식각 단차
1			
2			
3			
4			
5			
6			
7			
8			
9			
minimum			
maximum			
average			
uniformity			

❷ 아래 그림에 y축 눈금 및 식각 속도의 단위를 기재하고 측정 위치별 식각속도를 표시하고 선으로 연결한다.

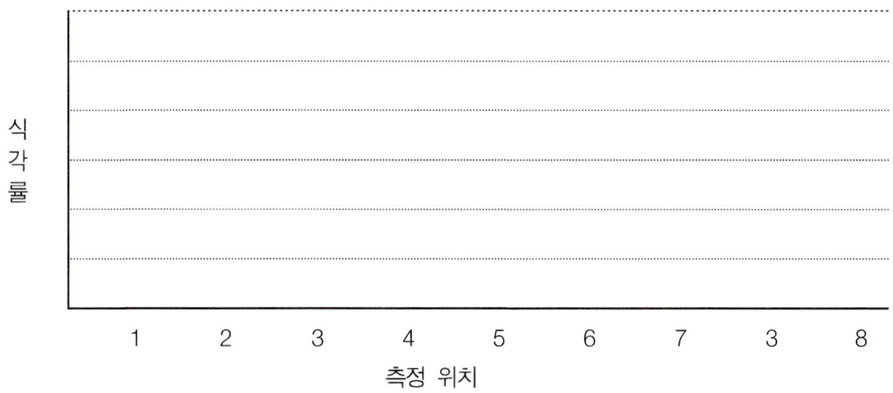

[그림 11-7] 웨이퍼 위치별 식각속도

❹ 알루미늄 박막의 습식식각 공정 후 표면 단차 측정기를 이용하여 웨이퍼 다음 위치의 식각 단차를 측정한다.

〈표 11-7〉 위치별 알루미늄 박막의 식각 단차

측정위치	x 좌표	y 좌표	식각 단차
1			
2			
3			
4			
5			
6			
7			
8			
9			
minimum			
maximum			
average			
uniformity			

❷ 습식 식각 시간을 고려하여 식각속도을 계산 후 아래 그림에 y축 눈금 및 식각속도의 단위를 기재하고 측정 위치별 식각속도를 표시하고 선으로 연결한다.

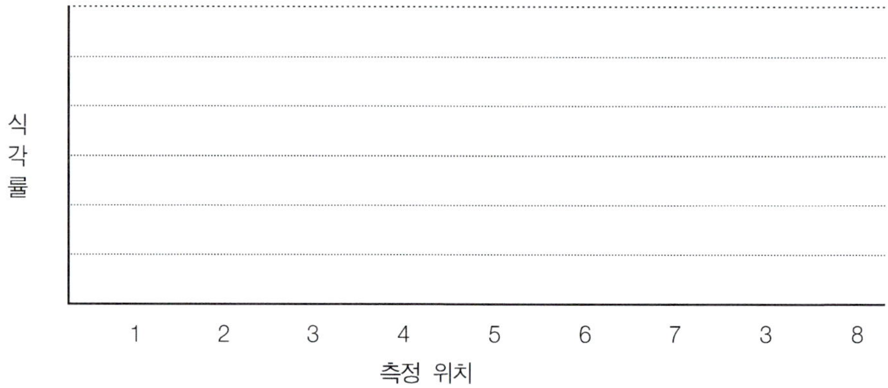

[그림 11-8] 웨이퍼 위치별 식각속도

6 반도체 건식 식각 공정 실습

❶ 실리콘 산화막 건식 식각 공정 후 표면 단차 측정기를 이용하여 웨이퍼 다음 위치의 식각 단차를 측정한다.

〈표 11-8〉 위치별 산화막의 식각 단차

측정위치	x 좌표	y 좌표	식각 단차
1			
2			
3			
4			
5			
6			
7			
8			
9			
minimum			
maximum			
average			
uniformity			

❷ 건식 식각 시간을 고려하여 아래 그림에 y축 눈금 및 식각속도의 단위를 기재하고 측정 위치별 식각률을 표시하고 선으로 연결한다.

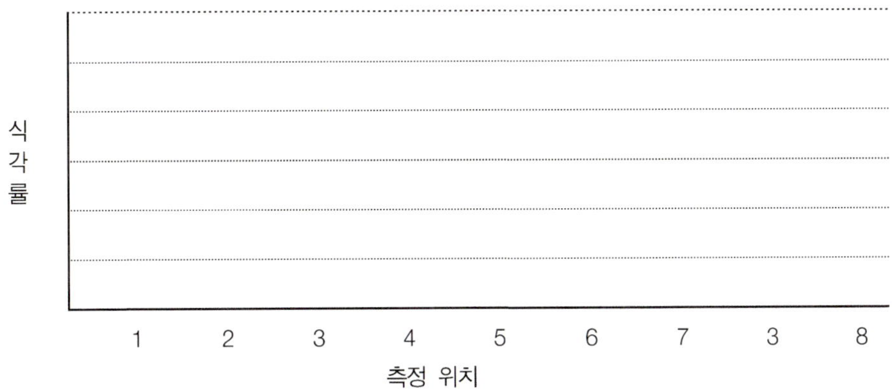

[그림 11-9] 웨이퍼 위치별 식각속도

❹ 알루미늄 박막의 건식 식각 공정 후 표면단차 측정기를 이용하여 웨이퍼 다음 위치의 식각 단차를 측정한다.

〈표 11-9〉 위치별 알루미늄 박막의 식각 단차

측정위치	x 좌표	y 좌표	식각 단차
1			
2			
3			
4			
5			
6			
7			
8			
9			
minimum			
maximum			
average			
uniformity			

❺ 건식 식각 시간을 고려하여 식각속도를 계산 후 아래 그림에 y축 눈금 및 식각률의 단위를 기재하고 측정 위치별 식각률을 표시하고 선으로 연결한다.

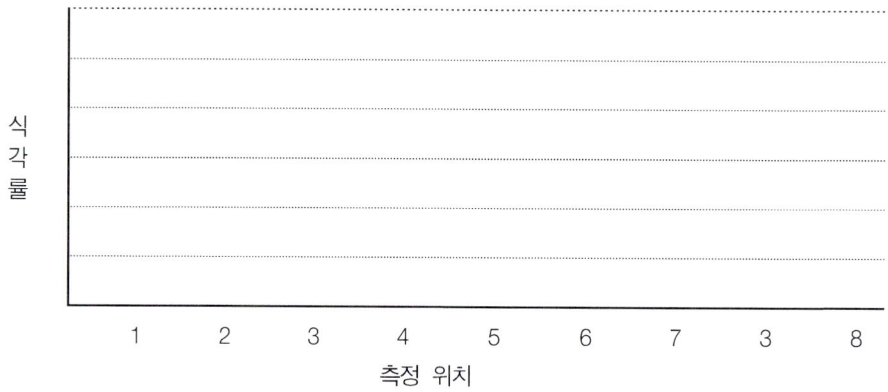

[그림 11-10] 웨이퍼 위치별 식각률

7 건식 식각 후 식각 프로파일을 분석 실습

❶ 표면 단차 측정기를 이용하여 식각속도 측정 시 측정 맵을 "ㄹ"형태로 구성하고 Contour Plot을 그린다. Contour Plot은 등고선을 말하며 다음 그림을 참고한다.

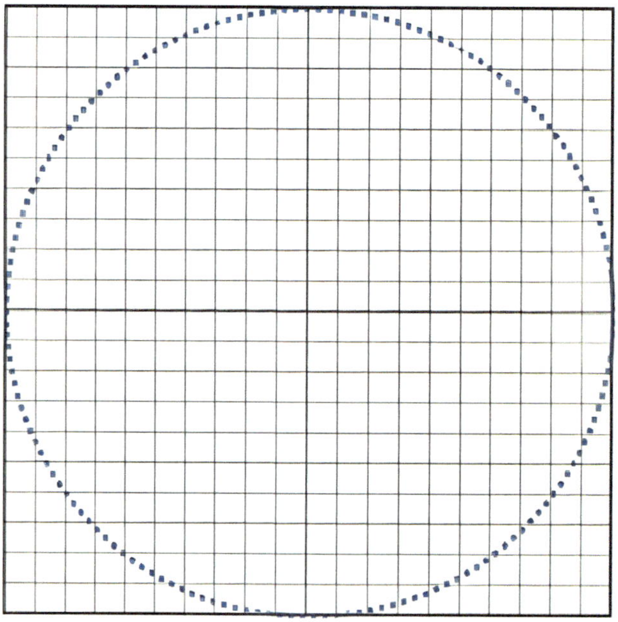

[그림 11-11] 산화막의 Contour Plot

❷ 조별로 측정자를 달리하여 동일한 시료, 장비, 레시피를 이용하여 반복 측정하고 다음 그래프에 박막 두께 및 오차 범위를 기록한다.

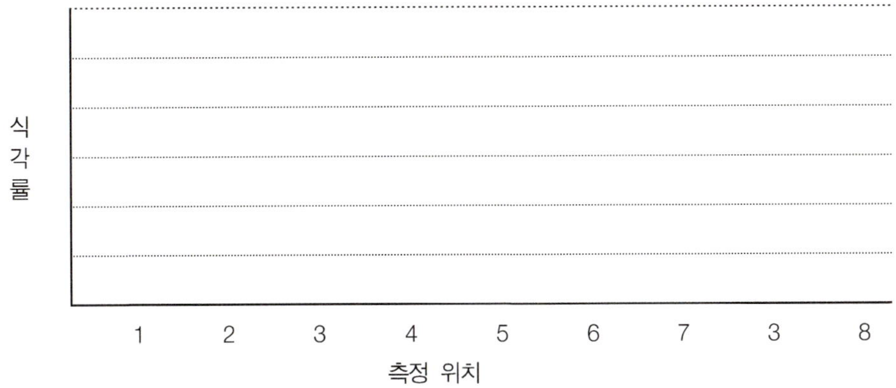

[그림 11-12] 웨이퍼 위치별 식각률

8 주사전자현미경을 이용하여 식각 프로파일을 분석

❶ SEM 장비를 이용하여 분석을 시행할 위치를 아래에 표시한다.

[그림 11-13] 식각 프로파일 분석 위치

❷ 분석된 SEM 이미지를 정리하여 엘립소미터 또는 4-point probe 장비로 측정된 결과와 비교한다.

〈표 11-10〉 위치별 식각 프로파일의 SEM 이미지

측정위치	산화막 SEM 이미지	금속 박막 SEM 이미지
1		
2		
3		

11.2 집적 공정실습

1 반도체 공정 실습

반도체 제조공정기술 교재를 참조하여 진행하도록 한다.

1. 실험 준비물 및 안전 사항

(1) 재료 · 자료

- 웨이퍼(Wafer), Teflon 캐리어, 웨이퍼 Tweezer, 보호용 테프론 장갑 및 앞치마, 보안경, 마스크, 세정 공정용 화학약품, N_2, DIW

(2) 기기(장비 · 공구)

- Wet station, Spin rinse dryer, Sputtering system, Spin coater, Hot plate, Exposure system, Dry etcher, Gas cabinet, Scrubber, 측정 장비(표면 단차 측정기, 면저항 측정기, 두께측정기 등), 검사/분석 장비(광학현미경, 주사전자현미경 등)

(3) 안전 · 유의 사항

- 세정 공정실습 시에는 보안경, Poly grove 등을 착용하고 진행한다.
- 산성의 화학약품을 이용한 실험에서는 내식성이 강한 테프론 재질의 비이커, Tweezers 및 웨이퍼 캐리어를 사용하여 안전에 유의하여 실습한다.

2 반도체 집적에 필요한 공정 흐름도와 Run-Sheet를 작성

SEQ	PROCESS	P.CODE	WAFER INSTRUCTN	TARGET & MEASURE
0				
1				
2				
3				
Photo Mask, First Print, Filename :				
4				
5				
6				
7				
8				
9				
10				

11				
12				
13				
Photo Mask, Align to KEY, Filename:				
14				
15				
16				
17				
18				
19				
20				
21				
22				
Photo Mask, Align to KEY, Filename:				
23				
24				
25				
26				
27				
28				
29				
30				
31				
Photo Mask, Align to KEY, Filename:				

3 세정 공정 진행 후 현미경 또는 기타 장비를 통해 표면 불순물을 검사

4 증착 공정을 진행 후 산화막일 경우 엘립소미터를 이용하여, 금속 박막일 경우 4-Point Probe를 이용하여 두께를 측정

1. 증착 물질 :
2. 측정 장비 :

〈표 11-11〉 위치별 박막의 증착 두께

측정위치	x 좌표	y 좌표	증착 두께
1			
2			
3			
4			
5			
6			
7			
8			
9			
minimum			
maximum			
average			
uniformity			

4 사진 공정 중 Spin coater & Soft bake를 공정 진행 후 엘립소미터를 이용하여 감광막의 두께를 측정

1. 감광제 :
2. 측정 장비 및 레시피 :

〈표 11-12〉 위치별 감광막의 코팅 두께

측정위치	x 좌표	y 좌표	코팅 두께
1			
2			
3			
4			
5			
6			
7			
8			
9			
minimum			
maximum			
average			
uniformity			

5 사진 공정 중 Exposure & Develop을 진행하고 패턴 두께 및 CD를 측정하여 아래 테이블에 기록

1. 측정 장비 및 레시피 :

〈표 11-13〉 위치별 감광막의 패턴 두께 및 CD

측정위치	x 좌표	y 좌표	패턴 두께	패턴 CD
1				
2				
3				
4				
5				
6				
7				
8				
9				
minimum				
maximum				
average				
uniformity				

6 식각 공정(습식 식각 또는 건식 식각) 진행 후 식각속도를 측정하여 아래 테이블에 기록

1. 식각 방법 :
2. 측정 장비 및 레시피 :

〈표 11-14〉 위치별 식각량 및 패턴 CD

측정위치	x 좌표	y 좌표	식각량	패턴 CD
1				
2				
3				
4				
5				
6				
7				
8				
9				
minimum				
maximum				
average				
uniformity				

7 주사전자현미경을 이용하여 패턴 프로파일을 분석

부록
APPENDIX

A.1 반도체 용어

▸ **Abrasive** : 성형 완료된 PKG나 리드프레임에 잔존하는 수지 피막을 제거하기 위해 사용된 연마제.

▸ **Accel Mode** : 이온 주입시 가속에너지를 가해준 상태에서 주입하는 형태(에너지 범위 32-200 KeV).

▸ **AC Characteristic** : Device가 동작 시 갖고 있는 특성 중 입출력 파형의 Timing과 관련한 여러 가지 특성들을 말함.

▸ **Access** : 메모리 Device에 Data를 저장하거나, 저장된 Data를 읽어내기 위하여 Device의 외부에서 미리 약속된 방식으로 Signal을 가하여 메모리의 특정 번지를 찾아가는 행위.

▸ **Access Time** : 1) 반도체 소자에서 기준 입력 신호로부터 출력 Data가 나오는 시간까지를 말하며 기준신호에 따라 tRAC(Access Time From/RAS) tCAC(Access Time From/CAS) tCAA (Access Time From Column Address) 등으로 나눌 수 있으며, 이는 High Speed System을 설계하는데 중요한 Parameter임. 2) Memory 제품에 Read Signal을 인가한 시각부터 그 제품의 출력 단자에 유효출력이 나타날 때까지 걸리는 시간 ACI(After Cleaning Inspection) : 식각공정 중 건식, 습식 및 감광액 제거 후 현미경 및 측정 장치 등을 이용해 식각의 정확성, 이물질의 잔존, CD(Critical Dimension : 임계치수) 등을 검사하는 작업.

▸ A/D Converter(Analog to Digital Converter) : 연속 계량적 변화하는 신호를 계수형 신호인 "1"과 "0"으로 바꾸는 장치, 흔히 ADC라고도 함.

▸ ADI(After Development Inspection) : 사진 공정 중 현상이 끝난 후의 형성된 감광액, Pattern의 정확성, CD등을 검사.

▸ AGV(Automatic Guided Vehicle) : 자동 반송 시스템. intra-bay내에서 cassette를 반송하는 6축 이동 로봇임. LCD 공정에서 다량의 기판 유리를 제조 시 lot의 중량 및 결점발생을 고려하여 공정 단계별로 기판 유리를 이동시킬 때 자동으로 운송시켜주는 시스템.

▸ AHU(Air Handling Unit) : 공조기. 공기를 일정온도, 습도로 조절하고, 공기 중 Particle를 제거하여 실내에 그 정화된 공기를 공급하는 기계.

▸ Air Shower : FAB Line 출입 시 방진복, 방진화에 부착된 먼지나 이물질을 제거하기 위한 장치로서 밀폐된 Box에 깨끗하고 강한 공기를 불어서 먼지를 제거함.

▸ Aligner : Photo mask의 pattern들을 wafer에 전사하는 장비. 크게 Contact, Proximity, Projection, Stepper type으로 나뉘며, wafer의 Flat zone 및 Notch를 찾아 정렬하는 장치를 말함.

▸ Alignment : 사진공정 중 전 단계에서 Wafer에 형성된 회로에 새로 형성할 Mask의 회로를 정립시키는 작업. 이러한 작업을 위한 장비를 Aligner (정렬노광기)라고 함.

▸ Alloy : Si와 Al의 접촉을 잘 되게 위해 합금시키는 것을 말하며 확산로를 이용함.

▸ ALPG(Algorithmic Pattern Generator) : 메모리 Device시험에 사용되는 Data의 읽기, 쓰기를 시험하기 위한 instruction을 Coding하는 장치.

▸ Ambient : 확산 또는 침적 공정을 진행할 때 주위의 Carrier Gas 종류를 말함(N_2, O_2, H_2O 등). Room Temperature

▸ Analog : 연속적인 숫자나 값을 나타내는 것.

▸ Analog IC : 디지털 IC에 반대되는 말로서 아날로그 신호를 취급하는 집적회로를 말함.

▸ Analog Memory : 아날로그 량을 기억하는 메모리.

▸ **Angstrom( )** : 파장을 재는 단위로 1 = 1×10^{-8}cm의 길이.
$H^{+}= 0.0592\times10^{-8}$

▸ **Anisotropic Etching** : 이방성 식각. 식각반응이 한쪽방향(수직)으로만 진행되는 식각형태 Isotropic Etching(등방성 식각).

▸ **Antimony** : Wafer 제조 공정에 사용되는 불순물로써, N-형 불순물에 해당하며, 기호는 Sb임.

▸ **APCVD** : Atmospheric Pressure CVD(Chemical Vapor Deposition) 화학적 기상도금 또는 화학증착이라고 하는 고순도, 고품질의 박막을 형성하는 기술로 저온에서 기화한 휘발성의 금속염(Vapor)과 고온에 가열된 도금할 고체와의 접촉으로 고온 분해, 고온반응하고 여기에 광에너지를 조사시켜 저온에서 물체표면에 금속 또는 금속 화합물 층을 석출시키는 방법으로 화학 Gas들의 화학적 반응방법을 이용하여 막을 증착시키는데 이때 Chamber 상태가 대기압 조건에서 이루어지는 증착.

▸ **Array Logic** : FILP-FLOP, NAND, NOR, Diode 등의 Logic Circuit을 Array 모양으로 배열한 것으로 반복구조에 의해서 논리(함수)를 실현하는 Device.

▸ **ASER TEST(Accelerated Soft Error Rate Test)** : Hole de cap된 device에 alpha source를 얹어 alpha 분자를 강제적으로 방사시킴으로써 device가 동작 중에 soft error를 유발하게 하는 시험.

▸ **Asher** : 플라즈마에 의한 손상을 방지할 수 있는 wafer PR 제거장치. PR을 입힌 Wafer에 회로를 형성시킨 후 필요 없는 PR을 Wafer에서 제거함.

▸ **Ashing** : 건식식각, 습식식각이나 이온 주입 등에 의해 굳어진 감광액의 건식 제거(Dry Strip) 또는 습식제거 작업.

▸ **ASIC(Application Specific IC)** : 특정용도 집적회로. 전자 제품의 경박단소 추세에 따라 범용성이 높은 표준 IC와는 달리 고객이나 사용자가 요구하는 특정한 기능을 갖도록 설계, 제작된 IC를 말함.

▸ **ASIC Memory** : 특정용도에 적합한 사양을 가진 Memory. 컴퓨터 분야에서는 Multi-port Video RAM(VRAM), Data Cache Memory, Dark Memory 등의 제품이 있음. 민생분야에서는 Frame Memory나 Line Memory 제품이 있음.

▸ **ASP(Average Selling Price)** : 평균 판매가격

▸ **Assembly 실장품** : 부품들이나 보조 실장품들이 조합을 이루어 결합 되어 있는 것.

▸ **Assembly Instruction** : Wafer를 가공하여 package형태로 만드는 제반 해당 device별로 발행되는 작업지침서

▸ **Associate FAB** : 실제로 wafer를 이용하여 작업하는 지역 외에 장비를 두거나 작업을 할 수 있도록 준비하는 장소로 청정도 유지가 상대적으로 덜 중요한 지역

▸ **ASSP(Application Specific Standard Product)** : 특정용도의 전용 표준 품 IC. 반도체업체가 각 응용제품에 특화시켜 개발하여 다수의 user를 대상으로 판매하는 IC로서, 통신용, 전탁용 IC나 복사기, Printer 등 각종 전자기기의 controller가 포함됨.

▸ **ATE(Automatic Test Equipment)** : 전자 소자들을 소프트웨어를 이용하여 Test할 수 있는 장비를 일컬음.

▸ **Audio RAM** : 정상적인 DRAM에 비하여 불량 BIT 수가 규정 갯수 이내로 존재하는 제품을 나타내는 것으로, Audio RAM을 활용하는 시스템은 일반적으로 자동응답 전화기 및 HDD 대용으로 사용되고 있음.

▸ **Audio–Doping** : 불순물이 높게 주입되어 있는 상태에서 다른 공정을 진행할 때 진행공정의 목적과 함께 또는 별개로 불순물이 다른 지역으로 확산되는 것을 말함.

▸ **Auto Loader** : 반도체 제조(FAB, TEST, ASS'Y) 어떤 공정에서든 공정이 진행될 때 시작되는 것이 자동적으로 진행되는 것을 말함.

▸ **Automatic Loading System** : Carrier에 담긴 Wafer를 한 개씩 주입할 수 있는 곳까지 운반하는 장치.

▸ **Auto Transfer** : Wafer를 Boat에서 기계로 Loading 또는 Unloading하는 기구로써 제조공정에서 사용함.

▸ **Auto Transport System** : 자동반송 시스템. 자동화 공장에서 물량 반송을 Computer System의 제어 하에 자동으로 목적지까지 행하는 총괄적인 System.

▸ **Bake** : Wafer를 열을 이용하여 굽는 것으로 Pre-Bake, Hard-Bake, Soft-Bake가 있음.

1) Pre-Bake : Wafer에 Resist를 도포하기 전에 Wafer 표면의 습기를 제거하여 150±10의 Oven에서 Wafer를 굽는 것.
2) Hard-Bake : Etch전 Wafer 표면의 Resist를 굽는 것.
3) Soft-Bake : 적외선을 이용하여 Photo-Resist를 굳혀 주는 것.

▸ **B/B Ratio(Book to Bill Ratio)** : 수주 대 출하 비율. 최근 3개월 평균 수주액을 3개월 평균 출하액으로 나눈 값. 일반적으로 WSTS (세계반도체 무역통계)의 통계 Data를 기본으로 한 반도체 수급상황을 나타내는 지표를 가리킴.

▸ **BGA(Ball Grid Array)** : 외부단자가 전부 Ball로 형성되어 있으며, 2차원적으로 배치된 표면 실장형 P.K.G 총칭.(a family of packages for surface mounting)

▸ **Bipolar** : 전자(Electron)와 정공(Hole) 두 종류의 전기매개체가 동원되어 동작되는 형태(또는 이것에 의해 동작되는 Transistor를 말함).

▸ **Bi-MOS** : 바이폴라와 MOS를 조합하여 하나의 Chip위에 만든 회로.

▸ **BiCMOS(Bipolar-CMOS)** : Bipolar Transistor와 CMOS Transistor를 조합시켜 동일 chip상에 동작시킨 IC. Bipolar Transistor의 고속성, 고전류 구동능력과 CMOS의 저소비전력 우수성을 동시에 만족시키는 것이 가능함.

▸ **Binary Number System** : 2진법. 한자리를 0과 1의 두 수만으로 나타내는 수의 표시방법.

▸ **Binary** : 우리가 흔히 사용하는 10을 기준으로 한 10진법과 달리 2를 기준으로 한 2진법 숫자로 "1"과 "0"으로 숫자나 문자를 나타내는 것.

▸ **Bit** : 정보량의 단위. 2진수인 "1"또는"0"의 하나를 1 bit라 함. 또한 byte라는 단위도 많이 사용되는데 보통 1byte=8bit임. 4bit 1chip micro computer의 예를 보면 micro computer에 부여되는 bit수는 병렬처리 할 수 있는 bit수를 나타냄. 4bit micron에서 처리할 수 있는 data 종류는 2^{16}=65,536이 되어 약 4,100배로 증대됨. 2진수의 자리수의 단위로서, 즉 2진법의 1011은 4자리 4Bit임.

▸ **Bonding** : 주로 wire bonding이라고 일컬어지며 반도체 제품의 조립 시 chip의 PAD와 외부단자를 도선으로 연결하는 작업임.

▸ **Bubbler** : 순수한 물(DI Water)이 흘러나와 넘치면서 질소가 바닥으로부터 분출되어 Wafer 표면을 헹구어 주는 장치.

▸ **Bubble Memory** : 합금, 석류석 등에 자계를 걸어 주어 여러 개의 거품 같은 모양을 만들어 놓은 기억소자.

▸ **Buffer Memory** : 2개의 장치 사이에서 동작속도가 다를 때 그 중간에 마련하여 양자의 속도, 시간의 조정 등을 하는 메모리를 말함.

▸ Bum in : 제품의 잠재적인 불량을 초기에 발견하기 위하여 제품에 고온(85~125)으로 Device에 열적 Stress를 가하여 Test하는 것이며, IC가 실제 사용할 때 사용가능 하도록 신뢰성(Reliability)을 높여주기 위해 실제 사용상태보다 높은 전압, 전류 등의 Parameter를 가하여 장시간 Over Stress를 행하는 Test.

▸ Byte : 보통 8개의 Bit를 1 Byte라 하며 Computer에서 한 개의 숫자나 문자 또는 부호를 나타내는데 쓰이며 Word의 한 단위로 사용됨. (1Byte : 8Bit)

▸ Cache DRAM : Cache(은밀한 장소의 의미로써 긴밀하게 이용하는 data를 일시적으로 대피시키는 buffer의 역할)로 사용되는 SRAM과 Register를 내장한 DRAM을 말하며, DRAM의 대용량과 SRAM의 고속성을 겸비하고 있음. Main Memory와 CPU 사이에 마련된 고속의 기억장치

▸ Cache Memory : 중앙처리장치의 빠른 처리속도와 주기억장치의 느린 응답속도 사이의 효율적인 동작을 위해서 두 장치 사이에 설치되는 처리속도가 빠른 메모리 반도체

▸ CAD(Computer Aided Design) : 컴퓨터에 기억되어 있는 설계 정보를 그래픽 디스플레이 장치로 출력하여 화면을 보면서 설계하는 것(컴퓨터를 이용하여 설계를 하고 도면을 그려내는 것). IC, 특히 LSI나 초 LSI의 최적설비를 Computer지원에 의해 효율을 보다 향상시킨 기술을 말하며, 논리 Simulation, 회로해석, Device 해석, 배치 · 배선설계, Mask pattern 작성, Test pattern 작성 등의 각 Step에서 CAD를 사용함. 설계전자동화의 방향으로 기술개발이 발전하고 있음.

▸ CAGR(Compound Annual Growth Rate) : 연평균성장률

▸ Capacitance : 전하를 축적할 수 있는 용량.

▸ Capacitor : 전하를 저장할 수 있는 제품(콘덴서).

▸ Captive Producer : 전적으로 자사의 소비용도로 생산하는 반도체 생산업체. Merchant Producer와 반대되는 말

▸ Carrier : 전류를 구성하는 기본적인 주체(전자, 전공).

▸ Carrier : Wafer를 담는 용기로 1, 5, 20~25장 등을 담을 수 있는 홈이 있음. 종류로는 청색 캐리어(Blue Carrier), 흑색 캐리어(Black Carrier), 백색 캐리어(White Carrier), 금속 캐리어(Metal Carrier)가 있음.

1) Blue Carrier : Poly Propylene 재질로 되어 있으며, 색은 청색임. 화공약품에는 강하나 열에 약함.

2) White Carrier : Teflon 재질로 되어 있으며, 색은 백색임. 화공약품과 열에 모두 강하며 가격이 비싸고 무거움.

▸ **Carrier Handler** : Carrier를 취급하는 도구.

▸ **CAPA** : Capacity의 약자로 한 장비 또는 설비가 일정기간 동안 생산해낼 수 있는 능력

▸ **Capability** : 공정이 충분히 표준화되고 이상 원인이 제거되어 공정이 안정 상태로 유지되었을 때에 어느 정도의 품질이 실현되는가를 표시하는 것.

▸ **CCD(Charge Coupled Device)** : 전하결합소자. 미국 벨연구소가 개발한 새로운 반도체 소자임. 종래의 트랜지스터 소자와 달리 신호를 축적(기억)하고 전송하는 2가지 기능을 동시에 갖추고 있음. 사람의 눈 역할을 하는 전자 눈으로도 각광을 받고 있음. (에너지를 전환하여 저장하는 반도체소자)

▸ **Cell** : RAM이나 ROM 등 IC의 가장 작은 기억소자를 말하며 보통 Transistor, Capacitor, Resistor 등으로 구성되어 있고 1Bit의 정보를 저장할 수 있음.

▸ **Cell Library** : 고유의 function을 갖는 primitive cell인 NAND, NOR, XOR 등을 지칭하는 것으로서 각각의 Cell에는 Logic Symbol, Electrical data와 Layout이 한 조로 구성되어 있음.

▸ **Charge** : 전하

▸ **Chemical** :

1) Wafer 표면에 부착된 유기물이나 무기물 등의 particle을 제거하거나 ETCH시 사용되는 H_2SO_4(황산), HF(불산), NH_4OH(암모니아) 등의 부식성이 강한 화공약품들을 통틀어 Chemical이라고 함.
2) Line에서 사용되는 화공약품의 총칭.

▸ **Chemical Analyzer** : Chemical 농도를 monitoring하는 장치로 wet sink에 장착되어 있음.

▸ **Chemical Filter** : Filter의 공기 청정기 원리는 chemical filter 내부에 존재하는 $KMnO_4$, H_3PO_4 등의 화학 물질에 의해 흡착된 기체 분자를 산화, 중화반응 시켜 NO_X, SO_X, NH_4, H_2, S, 아세트알데히드 등의 악취 및 유해물질을 제거하는 filter, chemical 원액에 포함된 particle 및 불순물을 걸러주는 장치로 filter membrane의 portside는 0.1㎛을 많이 사용함.

▸ **Chiller** : 냉동기. 반응실의 온도를 일정하게 유지, 제어시키는 장치

▸ Chip : 전기로 속에서 가공된 전자회로가 들어있는 작은(한변 길이 0.5~10mm 정도) 포장되기 직전의 얇고 네모난 반도체 조각(Die와 같다). 수동소자, 능동소자, 또는 집적회로가 만들어진 반도체.

▸ Chip Select : 많은 LSI 칩 중에서 특정의 칩 하나를 선택하는데 사용되는 LSI의 입력단자나 신호.

▸ Chip-Set : System을 구성하는 다수의 component(TTL, Controller, PLL 등)를 여러 개 혹은 하나의 chip으로 구현한 것. 따라서 Chip set은 그에 맞는 다수의 system solution 및 software와 함께 제공되어짐.

▸ Chrome Mask : Mask의 한 종류로 유리 원판 위에 chrome(금속) 박막으로 회로가 인쇄된 Mask.

▸ CIM(Computer Integrated Manufacturing) : 제조업체 있어서 기술, 생산, 판매의 제 기능을 경영 전략 하에서 통합하는 정보 시스템임. 다품종 소량생산에도 대응할 수 있는 전자동 기술. 정보 처리계, 제어계, 반송계 등을 포함한 Computer지원에 의한 종합적 자동화 기술

▸ Class : 1Ft^{3}에 존재하는 Particle의 수.

▸ Class(Number) : 1입방피트(Ft^3)당 그 size가 0.5㎛^{2} 이상인 particle 개수.

▸ Class 10 : 1입방피트(Ft^3)당 size가 0.5㎛^{2} 이상인 particle의 개수가 10개 이하인 청정도 level.

▸ Class 100 : 1입방피트(Ft^3)당 size가 0.5㎛^{2} 이상인 particle의 개수가 100개 이하인 청정도 level.

▸ Clean Class : 청정도. 청정실내에 공급되는 공기 중의 Particle 관리정도에 따라 등급을 정한 것. 1M DRAM의 청정실은 0.1㎛의 Particle을 기준으로 결정. 통상 0.5㎛^{2} 말함. 이상의 공중입자가 1Ft^3 체적 내에 있는 Particle의 수를

▸ Cleanness : 청정도. 먼지나 오염물질의 오염 정도를 표시하는 기준.

▸ Cleaning : Wafer나 Carrier 등을 화공약품 및 순수한 물(DI Water)을 이용하여 깨끗하게 하는 것을 말함.

▸ Clean Room : 청정실. 공기의 온도, 습도 및 Particle이 작업공정에 적합하게 인위적으로 조절 관리되는 실내 공간.

▸ CMOS(Complementary Metal Oxide Semiconductor) : N Channel, P Channel의 두 MOS

Transistor가 합해서 기능을 발하는 복합체로서 낮은 전력소모와 높은 Noise Margin 기타 신뢰성에 이점이 있음.

▸ CMOS 표준 Logic : TTL과 동일하게 품종이 풍부하여 넓게 사용되고 있는 CMOS Logic IC의 Family 범용 Family에는 NAND나 NOR의 Gate, Flip-Flop 등의 품종이 있으며, 최근에는 Bipolar 고속 Logic IC에 필적하는 고속 CMOS 표준 Logic이 상품화 되고 있음.

▸ CMP(Chemical Mechanical Polish/Planarization) :
1) Slurry 화합물을 사용하여 wafer를 기판으로 사용하기 전에 그 표면을 미세하게 polish(연마) 하는 것.
2) slurry 화합물을 사용하여 device layer를 평탄화하거나 단차를 줄이는 것.

▸ Coating : 감광막, 절연막 또는 금속막을 Wafer 표면에 균일하게 증착하는(바르는) 과정.

▸ Complementary Circuit : 상보형 회로. 바이폴라 또는 유니폴라로서 극성이 반대인 TR을 접속하여 하나의 기능을 갖게 하는 회로를 말함.

▸ Compound Semiconductor : 화합물 반도체. 주기율표상의 III-V족 원소들의 화합물을 이용한 반도체 제품. 대표적으로 갈륨비소(GaAs)반도체가 있음. 실리콘반도체와는 달리 빛을 내고 동작속도가 매우 빠르기 때문에 전광판이나 전자제품의 전원램프에 사용되는 발광소자와 정보 전달속도가 매우 빠른 고속소자로 사용되고 있음.

▸ Component : 개개의 부품을 뜻함. 혹은 함께 결합되어지면 일정한 기능을 수행할 수 있는 부품들의 조화된 상태를 말함. (예, TR, diode, capacitor)

▸ Compound Device : 하나의 케이스 속에 2개 이상의 회로소자를 포함하는 것을 복합 부품이라고 함.

▸ Contaminant : Wafer 표면에 육안으로 보이는 광범위한 이물질의 종류이며, 대부분의 경우 무수질소 gas의 분사나 세제에 의한 세척 또는 화학작용으로 제거가 가능함. Mark, dirt, particulate, solvent residue, wax residue, smudge, spot, stain 등이 있음.

▸ Contamination :
1) Air Born Particle 및 이물질(MCOIL, Chemical류)에 의해 Wafer가 오염된 상태. 반도체공정 중 원하지 않는 물질로 오염된 것.
2) Reticle Defect의한 형태로 Chemical Stain, Wafer Spot 등으로 오염된 상태.

▸ **Conventional Memory** : DOS에 의해 인식되고 관리될 수 있는 Memory 영역을 말하며 640KB로 제한되며 Base Memory라고도 함. 그 이상의 영역은 Expanded Memory와 Extended Memory를 동시에 사용할 수 있음.

▸ **COO(Cost of Ownership)** : 반도체공장에 있어서 단위제조 Cost를 나타내는 지표. (COO=CEO+CYL)

▸ **Core** : Embedded IC에서 Micro-operation과 ALU 등의 CPU 기능을 하는 핵심 Block을 주변회로(Peripherals)에 대응하여 Core라 함.

▸ **CPU(Central Processing Unit)** : Computer의 일부분으로서 명령을 수행하기 위한 지시나 제어, 연산기능을 갖고 있는 부분으로 인간의 두뇌에 해당하는 부분.

▸ **CPU Core** : LSI설계에 사용되는 Micro processor나 micro controller 회로. Standard cell과 SOG형 Gate Array library로써 등록시키고, User는 필요로 하는 System을 용이하게 ASIC Micro으로 1 chip화 시키는 것이 가능함.

▸ **Custom IC** : 고객(Custom IC)의 주문에 의한 사양으로 작성되는 IC.

▸ **CV(Cleaning Vacuum)** : 청소용 진공으로서 라인 내 청소 시 사용됨.

▸ **CVD(Chemical Vapor Deposition)** : APCVD 상압증착, LPCVD 저압증착방식 등으로 분자 기체를 반응시켜 Wafer 표면 위에 Poly나 Nitride, PSG, BPSG, LTO 등의 막질을 형성시키는 공정. Silicon wafer 등의 반도체 기판 상에 박막형성 공정으로 기체를 열분해하여 화학반응을 일으키게 하여 depositing하는 방법.

▸ **Cycle Time** : 주기적으로 일어나는 연속동작의 최소시간 간격을 말한다.

▸ **D-A(Digital to Analog Converter)** : 디지털 신호를 입력으로 하여 Analog 신호를 출력으로 꺼내는 회로를 말함.

▸ **DA(Die Attach)** : Die를 Lead Frame에 접착시키는 공정

▸ **DAC(Digital to Analog Converter)** : Digital 신호를 Analog 신호로 변환하는 변환기. Hi-Ai 음악용 CD player에도 16bit D/A convertor가 사용되고 있음.

▸ **Data Retention Mode** : 휘발성 메모리(DRAM/CRAM)에 데이터를 저장하는 형태로 일반적으로 시스템 power-off 직후 battery back-up circuit에 의해 데이터가 메모리 제품에 기억될 수 있도록 하는 최소한의 입력 조건의 상황.

▸ **CDR(Double Data Rate)** : 차세대 고속 DRAM 규격으로 기존 싱크로너스 생산설비를 그대로 활용하는 싱크로너스형의 연장선상에 있으며 데이터 전송량을 2배로 늘려 고속화할 수 있는 기술 규격을 말함.

▸ **DDR SD 램(Double Data Rate Synchronous DRAM)** : 클럭 신호(명령이 들어가거나 데이터가 나올 때 기준이 되는 신호) 1회에 데이터를 2번 전송할 수 있어, 클럭 신호 1회에 데이터를 1번 보내거나 받은 SD 램보다(클럭 주파수가 같을 경우) 속도가 2배 이상 빠름.

▸ **Debug** : 불량품, 불합격품을 제거하는 작업. Debugging, Screening, BURN-IN 이라고도 함.

▸ **Decoder** : 2진법의 수를 해독(Decoder)하여 특정의 출력(10진법의 수)을 선택 해내는 회로를 2진 - 10진 Decoder이라 함. ↔ Encoder.

▸ **Defect** : 결함. product나 service에 목적한 사용가능을 만족시키지 못하는 심각한 원인이 발생하여 제품의 특성이 목적한 수준이나 상태에서 벗어남. defect는 심각한 정도에 따라 다음과 같이 분류함.

1) Class 1 매우 심각 : 매우 심한 손상이나 대단히 큰 경제적 손실을 직접 초래.
2) Class 2 심각 : 중대한 손실이나 경제적 손해를 직접 초래.
3) Class 3 중요결함 : 사용목적을 고려할 때 주요문제점들과 관련된 결함.
4) Class 4 미세결함 : 사용목적을 고려할 때 하찮은 결함.

▸ **Demo** : 미보유 장비에 대한 공정특성을 분석하기 위해 장비가 있는 곳으로 wafer를 반송하여 공정을 진행한 후, 반입하여 공정특성을 분석하는 행위.

▸ **Density** : Wafer당 Bit의 용량

▸ **Depletion Layer** : 공핍층. PN접합에 역방향 전압을 걸면 P측에 있는 Hole과 N측에 있는 전자는 접합부분에서 멀어진다. 그리고 접합부근에는 캐리어가 매우 적은 부분이 생기는데 이것을 공핍층이라고 함.

▸ **Deposition** : 상압 또는 저압상태에서 주로 CVD 방법에 의해, Si 기관 위에 Film(막) (Oxide, Nitride 등)을 성장시키는 것.

▸ Design Rule : 반도체의 설계과정에서 공정능력과 설정된 제조방법의 한계성을 고려하여 반드시 지켜져야만 하는 설계규칙으로서 각 기능 부위 및 기능부위 간의 물리적 거리가 그 내용으로 포함됨.

▸ Develop : Mask를 Align한 후 자외선에 expose 했을 때 Pattern 모양에 따라 노광된 부분과 노광되지 않은 부분으로 화학반응이 일어난 것을 이용해 화공약품으로 현상하는 것.

▸ Development : 현상, 사진 공정에서 감광액 도포 및 노광 후 필요한 Pattern만을 남기고 불필요한 부분의 감광액을 제거하는 작업.

▸ Device : 품명(품종) (제품).

▸ Dicing : 편도 절단이라고도 하며, Wafer 절단방식의 하나로 단일 방향으로 절단하는 방식(왼쪽에서 오른쪽으로만 절단)

▸ Dicing Saw : Wafer를 절단하여 Die(Chip)를 분리하는 Diamond Wheel.

▸ Die : 개별 반도체 디바이스가 형성된 상태에서 Wafer의 조그만 부분(Wafer에서 절단된 단일 IC 또는 칩)

▸ Die Bonder : 다이는 칩(Chip)을 말하며, 트랜지스터나 IC를 제조할 때 칩을 스템 또는 리드프레임에 붙이는 것을 다이본드 또는 본딩이라 하며 이에 쓰이는 기계를 다이 본더라고 함.

▸ Die Bonding : IC를 제조할 때 Chip을 스템 또는 리드프레임에 붙이는 것을 다이 본딩이라고 한다. 펠렛 마운트, 마운트라고도 함.

▸ Die Coating : Die위에 보호막을 씌우는 작업.

▸ Die Sawing : Wafer의 각 Chip을 조립하기 위하여 톱으로 자르는 작업.

▸ Dielectric Constant : 유전 상수. 유전 분극의 강한 정도를 나타내는 계수로서 유전율이 이방성을 표시하면 전기장에 평행하려고 하는 유전율이 수직하려고 하는 유전율보다 클수록 액정입자가 일어서는 속도가 빠르다.

▸ Die Sorting : 웨이퍼의 다이를 분리시킨 상태에서 양, 불량(Ink Die Non Ink Die)을 구분하여 이중 양호한 다이만을 1개씩 픽업(Pick-up)하여 트레이(Tray)에 재배열하는 것.

▸ **Diffusion** : 농도 차에 따라 액체나 기체가 고농도에서 저농도 쪽으로 이동함을 말하는 것으로 확산로 속에서 반도체 소자(Wafer)에 높은 온도를 가해 불순물 B(붕소), P(인) 등을 확산시키는 것을 말하며 반도체 특성을 결정하기 위한 것임.

▸ **Diffusion Furnace** : 확산 또는 산화에 필요한 고온의 확산로.

▸ **Digital IC** : 전압의 높고 낮음을 “1”과 “0”으로 대응하여 digital 신호로 처리하는 IC로서, MOS IC와 Bipolar digital IC가 있으며, 다시 Logic IC와 Memory IC로 각각 나누어 짐. 연산 · 제어 · 기억 기능이 주류임.

▸ **Digital Memory** : 디지털 량을 기억하는 메모리 · 보통 메모리라고 하는 경우는 이 Digital Memory를 가리킴.

▸ **Digitizing** : Mask를 만들기 위해 설계된 도형의 좌표를 결정해 주는 것.

▸ **Dimension** : 치수.

▸ **DIMM(Dual In-Line Memory Module)** : PC에 사용되는 Memory module의 종류로 PCB 前面과 後面의 pin수는 같으나 pin들이 기능을 달리하는 제품을 말함.

▸ **Diode** : Dielectric을 따서 만든 단어로 2극 소자를 말함. 진공관에서도 2극관을 다이오드라 하며 검파, 정류작용은 가지나, 증폭 작용은 없으며, 따라서 수동소자로 분류함.

▸ **DIP(Dual Inline Package)** : 가장 보편적인 IC 포장의 한 형태로 직사각형 모형이며, 내부 회로(Chip)와의 연결도 선이 옆면에 수직으로 붙어 있는 포장 형태.

▸ **Discrete** : 집적회로(IC)에 반대되는 말로서 개별 전자부품을 가리킨다. TR, Diode, 저항, 콘덴서 등의 부품은 각각 개별부품으로서의 기능밖에 가지고 있지 않으므로 이들은 모두 Discrete 부품이 됨.

▸ **Discrete Device** : 단순한 개별소자로서 저항, Transistor 또는 Diode 같은 것.

▸ **Discrete Product** : 개별소자는 Diode, Transistor, 정류기(Rectifier), 트라이스터(Thyristor) 등을 일컬으며, 이러한 소자들의 결합으로 구성된 집적회로에 대응하는 말.

▸ **DI Water(De Ionized Water Semiconductor grade Water)** : 초순수. 이온이 함유되지 않은 물이란 뜻으로, 불순물을 제거시킨 순수(純水), Wafer 세정 및 절단 시용수로 사용됨.

▸ **D-MOS(Double Diffusion-Metal Oxide Semiconductor)** : 연속적으로 확산공정을 두 번 진행함으로써 channel length를 짧게 하고 이에 의해 고전압, 고전류를 인가하는데 장점을 갖는 MOS를 일컬음.

▸ **Dopant** : Dope시 주입되는 불순물을 Dopant라 함.

▸ **Dope** : 반도체 속에 불순물을 주입(확산, Ion Implantation 등에 의해서)하는 것을 dope라고 함.

▸ **Doping** : 반도체 재료(Wafer)에 불순물을 주입하여 P-type 또는 N-type의 반도체 특성을 만드는 것으로 박막이나 실리콘 기판에 불순물을 주입시켜 전도특성을 향상시킬 때 사용함.

▸ **DRAM(Dynamic Random Access Memory)** : Capacitor의 정전용량을 이용한 Cell 모양의 Device로써 읽기와 쓰기가 자유로우며 CAP에 Charge를 시켜주기 위해 Refresh Cycle이 필요함. Refresh 동작을 필요로 하는 RAM으로 정보의 기억을 용량(capacitor)의 전하 유무에 따라 행하는 Memory로써 기억하고 있는 정보가 용량의 leak 전류에 의해 시간의 경과에 따라 소멸되기 때문에 일정 시간까지는 정보를 읽고 출력시키며, 재차 기재하는 것을 할 필요가 있으며, 이것을 Refresh 동작이라 함. DRAM은 SRAM에 비해서 memory cell의 면적이 적기 때문에 대용량에서 경제적인 memory를 얻을 수 있음.

▸ **Dry Etch** : 건식 식각. 용액성 화학물질을 사용치 않고 활성화 된 Gas(Plasma)를 이용하는 식각 방법.

▸ **DSP(Digital Signal Processor)** : 계산기를 내장하여 연산 기능을 가진 Digital 신호처리 전용 1 chip micro-processor. 부동 소수점 연산이 가능한 DSP도 있으며, 음성 digital 신호처리나 화상처리 등에 적합함.

▸ **Dummy Wafer(희생 wafer)** : 생산용 run wafer와 함께 투입되어 run wafer의 제품 특성의 균일성을 위해 공정 취약부분에서 run wafer를 대신하여 사용되는 wafer로서, 공정 진행시 공정 안정화를 위한 장비 warming-up과 공정간 공정 취약부위에 run wafer를 대신하여 위치함으로서 run wafer에 대한 공정 균일성을 확보하기 위해 사용됨. 특히 후자의 경우에서 wafer가 furnace내 boat 좌우 또는 상하에 위치하는 wafer는 side dummy로, run wafer의 빈 slot을 채워주는 경우는 fill-up 혹은 extra dummy라 지칭함.

▸ **DW(Diffused Wafer)** : 확산 웨이퍼.

▸ **EDO(Extended Data Output)** : DRAM의 data access 방법 중 fast page mode의 개선을 위하여 나타난 것으로 일반적인 동작방법은 /CAS signal이 inactive high로 전환 시 valid data가 다음 /CAS signal의 low active 전까지 data가 출력되도록 설계되었음. 이러한 동작특성은 fast page mode의

전체적인 tPC(fast page mode cycle)를 줄일 수 있으므로 speed 개선효과를 얻을 수 있음. 일반적으로 비디오 카드 성능개선에 적용되고 있음.

▶ **EDRAM** : Enhanced DRAM(Trademark of Enhanced Memory Systems, Inc)

▶ **EEPROM(Electrically Erasable PROM)** : 전기적으로 소거와 쓰기가 가능하며 전원 전압이 OFF되어도 Data가 보존됨. Parallel로 Data를 주고받는 Intel Type과 Serial로 Data를 주고받는 NEC Type으로 나뉨. Tunneling을 이용하여 전기적으로 Erase와 Programming이 가능하기 때문에 사용자가 In-System에서 정보 변경이 가능함. 그러나 2개의 Transistor로서 1 cell을 구성해야 하기 때문에 EPROM에 비하여 면적이 크고 고가임.

▶ **Electron Beam Exposure System** : 전자 Beam을 사용하여 mask 등에 pattern을 그리는 system. 종래, mask의 제작에는 광학적으로 pattern을 발생하는 pattern generator가 사용되었으나, 미세화가 진전된 현재, 모든 묘화기에서 실행할 수 있음. LSI의 pattern data는 묘화기의 algorithm에 의해 변환되며, EBMT(묘화기용 자기 tape)가 되어 주사하는 전자 Beam을 on/off하거나, aperture를 변화시켜 pattern을 그림. 최근에는 ASIC의 보급으로, 소량의 sample을 단기간에 만드는 needs가 높아지고 있음. 따라서 일일이 Mask를 만들지 않고 직접 Wafer상에Beam으로 그리는 방식이 실용화되고 있음.

▶ **Element** : 소자. 부품 또는 장치를 하나의 기능체로서 본 경우 그 기능체를 구성하는 단위를 말함.

▶ **Embedded Processor** : 제품의 기능을 통제하는 컴퓨터 칩

▶ **Epi(Epitaxial Layer)** : 반도체 소자 제조 시 기판 위에 단일결정의 반도체 박막을 형성한 것. Bipolar Transistor는 보통 Epitaxial Layer내에 형성됨.

▶ **Epitaxial** : Epi-Taxial을 연결해서 만든 말로써 "결정축을 따라서"라는 뜻임. Substrate위에 가스 상태로부터 반도체 결정을 석출시키면 Substrate의 결정축을 따라서 결정이 성장 석출되는 현상을 말함.

▶ **Epitaxial-Growth** : 에피 성장. 적절한 결정구조를 가진 동형의 혹은 다른 유형의 Substrate위에 단결정 층을 성장시키는 방법.

▶ **Epoxy** : Chip을 Lead Frame에 접착시키기 위한 전도성 수지.

▶ **Epoxy Dispenser** : 일정한 공기압력으로 Epoxy를 내보내는 장치.

▸ **EPROM(Erasable Programmable Read Only Memory)** : ROM의 일종으로서 사용자가 기억장치 속에 저장된 정보의 내용을 지우거나 다시 넣을 수 있는 기억장치. 기억내용을 전기적으로 기입하는 것이 가능하고, 자외선을 조사함으로써 소거가 가능한 programmable ROM. Program소거는 IC Package의 석영 glass 창을 통하여 외부에서 자외선을 조사하여 제거한다. 이런 이유로 기억정보소거는 전체 bit를 일괄처리 한다.

▸ **Equip(Equipment)** : 기계장비.

▸ **Erase** : EPROM이나 EEPROM에서 Floating Gate에 Tunneling을 통하여 주입된 전자의 존재유무 상태에 따라 해당 Bit의 저장 상태를 구분하는 상태이다. EPROM에서는 Floating Gate로부터 전자가 discharge된 상태를 말하며 EEPROM에서는 반대로 Floating Gate로 전자가 주입된 상태를 말한다.

▸ **ESD(Electro Static Discharge)** : 정전기 수준을 나타내는 말로써 정전기에 대해 어느 정도까지 견딜 수 있는지의 정도를 나타냄.

▸ **Etch** : 침상에서 패턴된 형을 정하기(defive) 위해 선택된 재료의 부분을 제거하는 것.

▸ **Etch Back** : 홀의 내벽으로부터 일정 깊이의 비금속부분을 제거하는 공정이며, 이것은 레진의 스메어를 제거하고 적절한 정도로 내부회로를 노출시킨다.

▸ **Etching** : 식각. Silicon Wafer에 필요한 부분만을 남겨놓고 불필요한 부분을 chemical 또는 Gas로 녹여 내는 제작과정.

▸ **Exposure** : 노광, 감광액을 도포한 Wafer 표면에 회로가 구성되어 있는 Mask를 정렬시켜 자외선 등을 쬐는 작업. 이후 현상작업에 의해 Mask의 pattern이 형성됨.

▸ **FAB(Fabrication)** : 웨이퍼(Wafer)의 가공을 의미함.

▸ **Fabless** : 일괄 공정(wafer fabrication)의 능력이 없는 반도체 업체.

▸ **Fast Page Mode** : 컴퓨터 시스템이 데이터를 Access하는 방법으로 가장 보편적으로 활용되고 있는 /CAS signal의 toggling에 따라 데이터가 Access되는 방식.

▸ **FET(電界效果 Transistor : Field Effect Transistor)** : 전기전도에 기여하는 Carrier의 역할을 전자 또는 정공의 어느 하나가 담당하는 Transistor. 전자도 정공도 Carrier의 역할을 하는 Bipolar에 대하여 Unipolar Transistor라고 불림.

▸ **Final Test (조립/Class Test)** : 조립(Package)된 제품에 대해 제품 출하 전 마지막으로 전기적 특성을 검사하는 것.

▸ **Flip Chip Bonding** : 페이스다운 본딩(Facedown Bonding)과 같이 반도체 칩상의 표면전극을 절연기판 또는 패키지의 배선용 전극에 직접 접속하는 방법.

▸ **Forming Die** : Forming IC Lead-frame의 lead를 요구하는 현상 즉, curl, Z form 등이 있으며, Die Punch를 요구형상으로 제작하여 그 사이에 lead frame을 위치시켜 곡선을 따라 꺾는 작업을 말하며 이와 같은 금형을 펴온 다이라고 함.

▸ **Foundry** : ASIC설계업체와 고객들이 자신들이 갖고 있는 공정에 적합한 Tool을 사용하여 완성된 설계의 레이아웃을 제조하기 위하여 이용할 수 있는 반도체 제조설비.

▸ **Flash EEPROM** : 한 개의 트랜지스터로 이루어져 셀 면적이 작은 EPROM과 전기적 소거가 가능한 EEPROM의 장점을 조합하여 EPROM의 프로그램 방법과 EEPROM의 소거방법을 수행토록 만든 소자로서, EPROM, EEPROM과 유사한 설계와 공정을 거쳐 생산됨. 외부에서 고전압을 가해 데이터를 기입하며 전기적인 소거도 Memory Device 전체 또는 Block별로 가능함. 이 Flash Memory는 NOR형, NAND형으로 구별되며 NOR형 EEPROM은 Hot Electron을 주입하는 기입방식을 적용하고, NAND형은 터널현상과 페이지 동작회로 기술을 조합하며 프로그램 속도가 빠름. 기억된 정보는 전원이 꺼지더라도 없어지지 않아 비휘발성 메모리라 불림. 최근 Memory 시장에서 hard disk를 대체할 소자로 기대되고 있음.

▸ **Flip Chip** : 칩의 밑면에서 혹 모양의 납(Solder Bump)을 만들어 보드에 직접 붙이는 방법. 플립칩은 리드프레임이 없어 칩 사이즈가 곧 패키지 사이즈가 되어 세트의 소형, 경량화에 유리하며 칩 밑면에 입·출력 단자가 있어 전송속도도 기존선이 있는 패키지에 비해 20~30배 정도 빠르게 할 수 있음. 특히 기존 와이어 방식의 패키지 경우 고속으로 동작하는 마이크로프로세서에 적용키 어려웠던데 반해 플립 접촉법은 우수한 전기적 특성을 요구하는 대용량의 D램, 속도가 빠른 S램 칩은 이런 단점을 모두 보완해 1,000핀 이상의 입·출력 단자를 갖는 반도체 칩에도 쉽게 적용이 가능하여 1기가급 이상의 D램 패키지로 적합함.

▸ **Front-End(Fe)** : 반도체 전공정

▸ **FPGA(Field Programmable Gate Array)** : 미리 program 할 수 있도록 제작된 chip에 사용자가 CAD를 이용하여 로직을 구현할 수 있도록 한 제품.

▸ **FRAM(Ferroelectric RAM)** : 강유전체 불휘발성 메모리로서, 강유전체는 전계를 가하더라도 전하가

남아 있기 때문에 이런 원리를 이용하여 memory cell에 강유전체를 사용한 불휘발성 RAM으로써 SRAM이나 DRAM과의 차이점은 전원을 끊더라도 data내용을 가지고 있음. 또한 EEPROM과 비교하여 data기재시간은 훨씬 짧고 기재가능 횟수도 많은 점 등의 이점을 갖고 있음.

▸ **Full Custom 제품** : 자동화된 tool을 사용하지 않고 원하는 chip의 특성에 맞게 설계하는 IC 설계방법. 회로설계 시 MOS transistor level부터 시작해서 회로구성, simulation, optimization을 실시한 후 chip 전체의 area를 최적화하기 위해 수작업으로 layout하여 완성된 반도체 제품.

▸ **Furnace(확산로 = tube)** : 확산실에서 Deposition, Drive-In, Oxidation 혹은 Alloy를 하는데 사용되며 긴 원형의 QZ를 이용하여 450℃에서 1250℃까지의 온도 공정을 진행할 수 있으며 횡형과 종형이 있음.

▸ **GaAs(Gallium Arsenide)** : 화합물 반도체로서 초고속 장치에 사용되며, 고주파에서의 이득과 대역폭 특성이 양호하여 차세대에 Silicon 대신 많이 이용되는 물질. Ⅲ-Ⅴ족 화합물 반도체의 대표적인 재료로 Si에 비해서 결정내의 전자이동이 5~6배 빨라 초고속 · 초고주파 device에 적합함. UHF나 SHF의 GaAs FET, micro파 analog IC, 적외선 발광 Diode, 반도체 laser, Hall 소자, 태양전지 등에 이용되고 있음.

▸ **GaAs IC** : GaAs를 이용한 초고속 IC. SPAR Computer 나 통신 분야에 기대되는 IC로써 현재 Memory와 Gate Array를 중심으로 고집적화 개발이 진행되고 있음. 또한, GaAs 광 IC의 연구도 활발하게 진행되고 있음.

▸ **Gas Cabinet** : Gas 공급기. 반도체 공정에 필요한 각 Gas를 장비로 공급하는 장치.

▸ **Gas Scrubber** : 공기나 Gas중의 불순물 또는 분진을 물의 분사나 수막에 의하여 씻어 내리는 장치.

▸ **Gate** :

1) 논리회로에서 몇 개의 Transistor를 조립하여 만든 계수형 회로를 말하며, 2진 정보가 입력의 조합에 의해 형성되는 논리 회로.
2) 반도체 장치에서 MOS Transistor에 입력을 가하기 위한 단자로서 Bipolar Transistor의 Base에 해당하는 단자.

▸ **Gate Array** : 논리소자인 NOT-Gate, AND-Gate, OR-Gate, NAND-Gate 등의 구성이 되어 있거나. 구성할 수 있도록 Transistor가 필요한 양만큼 만들어져 있는 Logic 소자로서 주문형 소자로 많이 사용됨. 개발기간과 비용을 절감하여 다품종 소량의 수요에도 대응할 수 있는 Semi-Custom의 Digital IC. 기본 Cell을 가지고 배선 전 단계까지 처리된 Master Wafer에 User의 논리 회로도와 timing chart를

접수받은 data를 CAD기술에 의해 배선을 연결시켜 단기간 내에 공급할 수 있음. 종래는 배선영역과 Gate영역이 분리 고정된 type이었으나, 최근에는 chip전면에 Gate를 배치시키기 때문에 자유로 이 배선영역과 Gate영역을 설정할 수 있는 SOG(Sea of Gate)형 G/A가 주류로 될 것임.

▸ **Germanium** : 게르마늄. 잘 알려진 반도체 재료 중의 한 가지.

▸ **Gold Wire** : 와이어 본딩 공정에서 사용하는 얇은 금으로 된 금속선으로 순도 99.9% 이상임.

▸ **Good Device** : 양품. 결함을 포함하고 있지 않은 제품(Bad Device)

▸ **Handler** : Package화된 다량의 소자를 동시에 Test를 위해 소자와 Test System과 연결시켜 주는 장비.

▸ **HCT(High Speed C-MOS TTL)** : 고속의 C-MOS TTL이며 기존의 LSTTL 제품이 지니는 단점(고소비 전력)을 보완한 것으로서, Computer 및 Computer 기술을 필요로 하는 각 전자부품내의 CPU, Memory, 주변기기 주요 IC들과 함께 내장되어 각 기능을 상호 연결시켜 주는 역할을 수행하는 제품.

▸ **HDD(Hard Disk Drive).**

▸ **H/D(Handler)** : 조립(Package)된 제품을 검사하기 위해 Tester와 연결되는 설비.

▸ **HEMT(High Electron Mobility Transistor)** : 고전자 이동도 Transistor라 부르며, GaAs를 응용한 초고속 저소비 전력의 FET 반절연성 GaAs기판 상에 undoped GaAs층, 그 위에 N형 AlGaAs층을 성장시킨 구조로써, AlGaAs층에서 공급된 전자는 Undoped GaAs층과의 접합부의 얇은 영역으로 이동하여 전류 channel을 형성시켜 고전자 이동도를 실현하고 있음. HEMT는 위성방송수신 System용으로 수요가 확대되고 있음.

▸ **High Power Inspection** : wafer 가공 상 생긴 die 표면과 각 회로상의 불량을 고배율 현미경을 사용하여 검사하는 작업.

▸ **Hybrid-Circuit** : 한 기판 위에 여러 종류의 능동소자, 수동소자 또는 집적회로 등을 부착시킨 전자회로를 말하며, 혼성집적회로라고도 함.

▸ **Hybrid IC** : 반도체 기술과 박막(Thin Film) 또는 후막(Thick Film) 기술의 양쪽을 혼성하여 만들어지는 IC를 말하며 반도체 기술에 의해 다이오드나 트랜지스터 등을 만든 기판 위에 다시 절연층을 만든 후 박막기술 및 후막기술에 의해 배선이나 저항, 콘덴서 부분 등을 만들어 내는 혼성형 IC를

말함. 반도체 IC로써는 곤란한 고정밀도, 고주파수, 고내압, 대전력을 요구하는 분야에 이용됨.

▶ IC(Integrated Circuit) : 집적회로라 부르며, 2가지 이상의 회로소자를 기판 내에 집적하여 상호 배선을 연결시킨 회로로써 설계부터 제조, 시험, 운용에 이르기까지 하나의 단위로써 취급되는 것으로 정의함.

▶ IC Memory : 종래의 자성체 대신에 바이폴라 TR이나 MOS TR로 F-F를 구성하여 기본 Memory(Cell)를 만든 IC 회로.

▶ IC Tester(Integrated Circuit Tester) : 집적회로 검사장치. 출하직전 IC의 전압이나 저항 등의 전기적 특성을 검사하고 불량품을 제거하는 장치. 불량품과 양품을 자동적으로 구별하는 ATE (Automatic Test Equipment = 전자동검사장치)가 주류를 이루고 있음.

▶ IDM(Integrated Device Manufacturing) : 일반적으로 자사 Brand로 제품을 판매하는 종합 반도체 업체.

▶ IGBT(Insulated Gate Bipolar Transistor) : MOSFET나 Power Tr를 복합화한 스위칭 Device : 고주파화, 저경음화.

▶ IGFET(Insulated-Gate-Field-Effect-Transistor) : MOSFET의 다른 명칭.

▶ Implanter : 이온 주입기. 불순물을 강제로 Wafer에 주입시키는 장치로써 고전류, 중전류, 저전류 이온 주입기 등 3 종류가 있다.

▶ Implanting : 이온 주입. Wafer 내부로 B(붕소)나 P(인) 등을 Implanter를 이용해 주입시키는 것을 말함.

▶ Ingot : 일반적으로 용융된 상태에서 응고된 고체덩어리. 실리콘(Silicon)의 경우, 실리콘 용융액으로부터 성장시킨 단결정을 실리콘 잉고트라고 부름.

▶ Injection : 주입. PN 접합면에 있어서 각 영역의 다수 캐리어가 반대쪽 영역으로 소수 캐리어로 되어 흘러 들어가는 현상.

▶ Inspection(Normal) : 보통검사. 공정이 합격품질 수준 또는 그보다 다소 나은 상태에서 진행되었을 때, sampling법에 의해 적용되는 검사를 말함.

▸ **Inspection(100 Percent)** : 전수검사. Lot 혹은 Batch 내의 모든 단위체를 검사함.

▸ **Inspection(Rectifying)** : 선별형 검사. 불합격 판정된 Lot이나 Batch에서 특정수 또는 모든 단위체에 대한 검사를 실시하는 동안 불량품의 교체 및 제거하는 검사를 말함.

▸ **Inspection(Tightened)** : 까다로운 검사. 정규(보통)검사에서 적용했던 기준보다 더 엄격한 합격판정 기준을 사용하는 sampling 검사방법을 말함. 까다로운 검사(Tightened Inspection)는 제시된 품질수준이 상당히 나쁠 때, 불합격 Lot의 확률을 증가시키기 위한 보호수단으로 사용됨.

▸ **I/O(Input Output)** : 정보를 전달하거나 수신하는 곳 또는 입출력 장치를 말함.

▸ **Ion Beam Lithography** : 기존의 Optic, X-ray, electron beam을 이용하는 방법보다 더 발전된 형태의 Lithography 방식으로서 보다 정밀한 해상도를 얻을 수 있음.

▸ **Ion Implanter** : 회로패턴과 연결된 부분에 불순물 원자 Ion을 미세한 gas입자 형태로 가속해 wafer의 내부에 침투시켜 전자소자의 특성을 만들어주는 장비로 beam 전류의 강도에 따라 여러 종류로 나뉨.

▸ **Ionizer** : 이온, 이온을 순차적으로 발생시켜 대기중에 발생된 정전기를 제거하는 장치(대전물에 존재하극의 이온을 중화시킴).

▸ **Ion Implantation** : 반도체 소자가 원하는 전기적 특성을 가지도록 반도체 기판 위에 필요한 부분에만 고전압으로 가속된 이온을 물리적으로 주입하는 것.

▸ **Ion Injection** : Silicon 등에 확산법에 의해 불순물을 넣어 주는 것이 아니라 Ion을 쏘아서 원하는 깊이, 원하는 개수만큼의 불순물을 주입하는 것.

▸ **ISDN(Integrated Service Digital Network)** : 전기통신망의 장래 형태로서 전기, Facsimile, 화상, Data, 전보, Telex 등 복수 서비스를 제공할 수 있는 종합적인 Digital 교통망을 ISDN(=Digital 종합통신망)이라고 부름.

▸ **Isolation** : 반도체 집적회로는 한 Chip속에 TR, Diode, 저항 등의 회로소자를 조립해 넣으므로 이들 소자를 먼저 각각 분리하여 고립된 상태를 만들어 놓는데 이를 Isolation이라 함.

▸ **Isolation in IC** : 반도체 집적회로에서 소자끼리 전기적으로 영향을 받지 않도록 하는 것.

▸ **KGD(Known Good Die)** : 멀티칩 모듈 내에 Bonding 준비가 돼 있는 완전히 테스트된 칩

▸ **Laser Test** : 수율(Yield) 향상을 위해 Fuse를 Laser로 끊어내는 작업.

▸ **LCD(Liquid Crystal Display)** : 액정(liquid crystal)을 이용한 문자나 숫자 표시판으로 두 개의 유리판 사이에 액정을 넣고 전압에 의하여 원하는 문자를 표시하도록 한 장치.

▸ **Lead Frame** : TR, diode, IC 등의 반도체 제품을 조립시 Sawing된 Die를 Attach 시키는 머리빗 모양으로 정형된 얇은 금속판. 재질별로 Alloy 42, Copper, Kovar, Steel 등으로 구분되며 형태별로는 IDF와 TTT형이 있음.

▸ **LED(Light Emission Diode)** : 반도체 소자로서 전류가 통과할 때만 빛을 발산하는 Diode(PN 접합형 반도체). 발광 다이오드

▸ **LCD Driver IC** : 액정을 이용한 평면디스플레이 장치(액정 Panel)를 구동 또는 제어하기 위해 필수적인 IC로서, 소형 Panel용 문자형 IC와 대형 Panel용 문자형 Graphic IC로 구분됨.

▸ **Library** : Gate Array와 Standard Cell 방식으로 제품을 설계 시 배치 배선의 효율성을 높이기 위해 미리 준비된 각종 논리 블록의 집합체.

▸ **Linear IC** : 제반신호의 표현, 처리를 연속적인 신호변환에 의해 인식하는 Analog IC를 말하며 가정용의 Audio/Video IC, 통신용 IC, 신호변환기용 IC 등이 이에 속함.

▸ **Lithography** : IC, LSI 등의 Micro Fabrication에 쓰이는 기본적인 기술로서 석판 인쇄술이라고 함.

▸ **Load** :

1) 카드리더나 디스크 장치 등의 주변장치로부터 Program이나 Data를 중앙처리장치 내의 내부 Memory에 기억시키거나, 내부 Memory에 기억되어 있는 명령 Code나 Data를 중앙처리장치 내의 Resistor에 기억시키는 것.
2) 구동소자의 출력에 존재하는 저항이나 커패시턴스

▸ **Loading** : Wafer를 Carrier 혹은 Boat에 Tweezer 또는 기계를 사용하여 담는 것을 말함.

▸ **Logic Circuit(논리회로)** : 취급신호를 전압이 높은 상태와 낮은 상태만으로 하여 이것을 2진수로 대응시켜 논리연산, 기억, 전송, 변환 등의 조작을 하는 것.

▸ **LOC(Lead On Chip)** : DRAM(Dynamic Random Access Memory) 용량이 증가됨에 따라 die size의 shrink 한계를 극복하기 위한 packaging 방법으로 소개되어 현재 널리 사용되고 있음. 전통적인

package structure 경우 lead frame에 die를 접착하기 위한 paddle을 형성함으로써 die size에 대한 제약을 받았으나, LOC의 경우 paddle을 제거하고 bonding될 lead figure 밑면에 tape를 붙여 lead 바로 아래에 die를 부착함으로써 동일한 package내에 die 점유 면적을 넓힐 수 있도록 고안된 것.

▸ **Lot** :

1) Sampling 목적으로 균일한 조건하에서 누적되는 재료나 제품의 정의된 량.

2) Wafer의 한 묶음.

▸ **LPCVD(Low Pressure CVD)** : 상압보다 낮은 압력에서 Wafer 위에 필요 물질을 Deposition하는 공정에서 사용 반응 Gas들의 화학적 반응방법을 이용하여 막을 증착시키는 방법으로서 확산공정에서 사용.

▸ **LS(Large Scale Integration)** : 논리 회로의 기본 소자인 Transistor 100개 이상으로 형성된 집적 회로.

▸ **Macro Cell** : 기본적인 논리회로를 금속배선을 구현한 Library로서 회로의 내부에 사용되는 Core Macro cell과 외부와의 Interface에 사용되는 Input/Output Macro cell로 구분됨. (Inverter, NAND, NOR, TTL Input buffer)

▸ **Magnetic Memory** : 자기 메모리. 자기 메모리는 자화가 비교적 용이하고 또한 전류자기를 안정하게 유지할 수 있는 자성 재료를 써서 메모리를 구성시킨 것.

▸ **Mask** : 반도체 소자 혹은 집적회로의 구조를 크롬이 칠해진 유리판 위에 형성한 것으로, 사진술을 이용하여 유리판의 구조를 복사하여 반도체를 제조하기 위해 반도체 소자 회로가 인쇄된 유리원판.

▸ **Mask ROM** : 일반적으로 Memory는 user가 read/write하는데 사용하지만, 반도체 메이커가 미리 내용을 write하는 memory를 제조할 때 사용하는 Mask에 ROM 정보를 심어 넣어 제작하기 때문에, 이러한 이름이 붙었음. Mask를 특별히 제작하기 때문에 개발하는 데는 많은 비용이 들지만, 일반적으로는 제품을 대량으로 생산하기 때문에 1개당 가격은 낮아짐. 한자 ROM 등 범용성이 있는 대용량 ROM에 사용됨.

▸ **MCM(Multi Chip Module)** : 다중칩 모듈이라고도 불리고 있는 이 모듈은 각기 다른 기능을 가지고 있는 여러 개의 칩들이 한 개의 플라스틱 내에 패키지화된 것을 말함. MCM의 목적으로 시스템의 면적 축소, 가격절감과 스피드 개선을 위하여 만들어졌으나, 칩 동작시 발생되는 과도한 열 발생을 감소시키기 위한 노력이 시도되고 있음.

▸ **MCU(Micro Controller Unit)** : 특정 시스템을 제어하기 위한 전용 프로세서. 1 chip상에 micro-processor, RAM, ROM, I/O interface회로 등을 집적시킨 것으로써 micro-computer의 구동을 행함. "single chip micro computer"를 다른 말로 "micro-controller"라 부르며, 용도는 주로 조합형의 controller로써 다양한 전자기기에 내장되며, 최근에는 4 bit부터 32 bit까지 다양한 제품이 나오고 있음.

▸ **Memory** : 정보를 기억(저장)할 수 있도록 만든 반도체 IC. 읽고(Read) 쓸 수(Write) 있는 램(RAM) 제품과 읽기만 할 수 있는 롬(ROM) 제품 그리고 캠코더용 촬상소자인 CCD, 기타 스페셜메모리로 구분됨.

1) RAM → DRAM, SRAM, VIDEO RAM, SYNCHRONOUS DRAM
2) ROM → MASK ROM, EEPROM, FLASH MEMORY CCD

▸ **Memory Capacity** : RAM 또는 ROM의 메모리 총량은 bit 수로 표현되며 IC Memory가 대용량화됨에 따라 K bit, M bit, G bit로 부르는 단위가 사용되고 있음. 이런 경우 2진수가 기본이므로 1K bit = 210 bit = 1,024 bit가 되며, 1M bit에서는 총 bit수가 1,048,576 bit가 되어 정보량은 신문지 약 4장에 해당함.

▸ **Megabit** : Bit 정보를 저장할 수 있는 단위의 한 종류.

▸ **Memory Cell** : Memory IC에서 Data 정보를 축적한 부분. RAM에서는 SRAM, DRAM, SRAM Cell은 Latch로 구성되며, DRAM은 Capacitor에 의하여 구성됨. SRAM은 구조가 복잡하여 대용량 제품을 만드는데 어렵지만, 반대로 Access, 사용방법의 용이함 등의 장점을 가짐. DRAM은 Capacitor의 전하 유무를 Bit 정보로 하고 있으며, 구조가 간단하기 때문에 대용량화가 가능함. 전하가 Leak 등으로 방전되기 때문에, 수시로 Data를 읽어 내어 Rewrite하는 조작(Refresh)이 필요하며, 그것을 위한 회로가 필요함. ROM에서는 Transistor의 유무(MASK ROM), Transistor의 Threshold 전압의 고저, Bit Line으로서의 접속유무로 정보를 기억함.

▸ **Metalization** : 반도체 소자와 소자를 전기적으로 상호 연결시켜 주는 것.

▸ **Merchant Producer** : 주로 시장판매(Open Market)를 목적으로 반도체를 생산하는 업체. Captive producer와 반대되는 말.

▸ **Micro Component** : 마이크로컴퓨터를 구성하기 위한 핵심적인 부품으로 MPU(Micro Processor Unit), MCU(Micro Controller Unit), DSP (Digital Signal Processor), Chip set, Graphic IC를 총칭함.

▸ **Memory Module** : 단일 memory를 여러 개 조합한 보다 큰 memory 제품을 말함. PC의 memory

확장용으로 1byte 혹은 4byte를 구성하기 위하여 낱개의 DRAM(1bit 혹은 4bit로 이루어짐)을 여러 개로 묶어 한 개의 PCB위에 재구성한 제품. 일반적으로 PC의 bus 폭에 따라 byte의 크기가 변하고 있음.

▸ **Micom** : 마이컴은 작은 컴퓨터로서 마이크로프로세서를 CPU(중앙처리장치)로 하면서 정보를 저장하는 메모리부분과 외부와의 정보창구인 입출력부분으로 구성되어 있음. 따라서 마이컴은 외부에서 들어온 정보를 마이크로프로세서로 처리한 후 이를 메모리부분에 저장하거나 외부로 내보내는 기능을 함. 최근에는 이러한 마이컴 장치를 하나의 반도체 IC로 만들 수 있게 되었는데 이를 원칩 마이컴(One-chip Micom)이라고 함.

▸ **Micro IC** : 마이크로파 영역에서 동작하도록 설계된 집적 회로.

▸ **Micron** : Micrometer 길이의 단위로 1/1,000,000 meter를 의미함.

▸ **Microprocessor** : Computer의 CPU에 해당하는 기능을 수행하는 1개의 집적회로(Chip)

▸ **Microcontroller** : 다른 보조회로 칩이 전자 시스템 내에서 컴퓨터의 기능을 이행하고 stand-alone dence로서 메모리 기능을 내장하고 있으며 TV, VCR, MWO, 자동화 엔진 등에 사용됨.

▸ **Mil** : 길이의 단위 1/1,000 Inch. 약 25.4㎛.

▸ **Mixed Signal IC** : Digital과 Analog회로를 하나로 합친 (Combine) IC

▸ **MIPS(Million Instructions Per Second)** : 컴퓨터가 1 초간에 몇 백만 개의 명령을 실행할 수 있는가의 처리속도를 나타내는 단위.

▸ **MMIC(Monolithic Microwave Integrated Circuit)** : 마이크로파 대역의 회로를 wafer상에 집적시킨 IC로서 기판 상에 Inductor, Capacitor, 저항, Transistor 등을 만들어 마이크로파용 배선으로 상호 연결하여 제작함.

▸ **Module** : 규칙성과 분리성을 가진 몇 개의 부품 또는 소자로 구성되며 어떤 정해진 기능을 다하는 단일 부품 단위로 간주되는 조립회로.

▸ **Molding Compound** : Wire Bonding된 반제품을 성형하는 성형재료로서 고분자 화합물인 수지에 각종 배합제를 가하여 쉽게 만든 열경화성 수지.

▸ **Molding Die** : 규격치 모형에 형을 만들어 놓고 열경화성 합성수지를 압입시켜 경화된 형 모형에 제품을 만들어 내는 틀.

▸ **Monitoring** : 공정 흐름을 감시 및 점검하는 업무.

▸ **Monolithic IC** : 1개의 반도체 결정 편으로 된 회로를 가리킴.

▸ **Moore's Law** : 1965년 Intel의 공동 창업자인 Gordon Moore는 칩에 내장된 TR의 숫자가 매 18개월마다 2배로 증가할 것으로 예측함. 그의 예측은 매우 정확했음이 입증되어 이를 "무어의 법칙"으로 부르고 있음.

▸ **MOS(Metal Oxide Semiconductor)** : Silicon 기판 등의 반도체 표면에 산화막을 입히고 그 위에 금속을 부착시킨 구조의 device. MOS 구조를 그대로 Capacitor로써 사용하는 경우도 있으며, MOC IC의 기본 Transistor로서 중요함. 보통 MOS라 하면 MOS IC를 가리키는 경우가 대부분이며, NMOS와 PMOS 등이 있음.

▸ **MOSFET(MOS Field Effect Transistor)** : MOS형 전계효과 Transistor라 부름. Source, Drain, Gate 3개의 전극을 갖고 있으며, gate전극에 가해진 전압에 따라 source와 drain간의 channel전류를 제어함. MOS FET에는 NMOS FET와 PMOS FET 2종류가 있으며 Bipolar Transistor에 비해 Chip내 device 점유면적이 적고 제조공정이 단순하여 고집적화에 적합함.

▸ **MOS IC** : MOS FET를 사용한 IC.

▸ **MOS TR** : Metal Oxide Semiconductor로 구성되어 있으며, Oxide 절연체를 통해 전압을 인가해줌으로써 Channel전류를 억제하는 Transistor.

▸ **MPR(Micro Peripheral)** : 주변 LSI라 부르며, microcomputer 주변장치(Keyboard, display, printer, disk 등)나 memory와 microprocessor를 접속하는데 필요한 LSI를 말함. MMU(Memory Management Unit), FDC(Floppy Disk Controller), PIO(Parallel Input Output) 등의 제품이 있음.

▸ **MSI(Medium Scale Integration)** : 100개 이하 또는 10개 이상의 논리 Transistor로 구성된 집적회로.

▸ **Multi-bit DRAM** : 입출력이 1개인 DRAM은 16M Word × 1bit(16M DRAM의 경우)의 Word구성과 예비, 통상 ×1 구성으로 되어 있음. 한편 Multi-bit 구성으로 입출력 단자가 복수인 DRAM이 있으며, 예를 들면 4개의 경우, 4M Word ×4 bit로써 ×4 구성으로 됨. 유사한 형태로 현재 가장 많아 사용되고 있는 것은 ×8, ×9, ×16, ×18 구성이 있으며 조만간 ×32, ×36의 구성도 나올 것임.

▸ **Multi-Bit Test Capability** : 고집적화된 Memory의 각 Cell의 이상 유무를 파악이 장시간이 소요되는 것을 해결하기 위해 여러 개의 Cell들을 Parallel로 Test하여 Cell의 이상 유무를 파악할 수 있는 특별 기능.

▸ **Multi-Chip** : 복합소자나 집적회로(IC)를 만들 때 2개 이상의 Chip을 사용한 것을 Multi-Chip이라 함.

▸ **Multi-Processing** : 여러 개의 마이크로프로세서가 한 개의 시스템에 장착되어 각각 서로 다른 일을 독립적으로 시행하는 상태를 말함.

▸ **Multiple Diode** : 하나의 케이스 속에 2개 이상의 Diode를 포함한 것.

▸ **Nano** : 단위(109). Nanometer 10억분의 1미터

▸ **NMOS(Negative-channel Metal Oxide Semiconductor)** : NMOS는 70년대와 80년대 초에 반도체 칩을 만드는데 있어서 주도적인 기술로 선호되었음.

▸ **Non-Volatile Memory** : 비휘발성 메모리. 전원을 끊어도 지워지지 않는 Memory. 반도체의 Memory에 기억했던 data는 일반적으로 전원을 끊으면 지워져버림. 그렇기 때문에 data를 지우지 않기 위해서는 hard disk나 floppy disk 등의 다른 media로 옮기든가 반도체의 memory를 battery로 back up 해두어야 함. 그러나 특수한 구조(NMOS)로 하면 전원을 끊더라도 지워지지 않는 Memory가 가능함. 그것을 非비휘발성 Memory라고 함. NMOS Transistor에서는 두 가지 level의 threshold 전압 VTH을 갖고 있어서 전원을 끊더라도 VTH는 변화하지 않기 때문에, "1", "0"을 두 개의 VTH에 대응시켜 기억함.

▸ **N TYPE(Semiconductor)** : 주기율표상의 5족 원소를 소량 넣어주면 전자가 남는 상태, 즉 잉여전자가 생김. 이 상태에서 실리콘에 전압을 걸어 주면 제자리를 못 찾는 이 잉여전자가 자유전자가 되며 전류가 흐르게 됨. 이를 N-Type 반도체 또는 N-type 실리콘이라고 함.

▸ **NVM(Non Volatile Memory)** : 비휘발성 기억소자.

▸ **OEM** : 주문생산(Original Equipment Manufacturing)

▸ **One Chip CPU** : 마이크로프로세서의 가장 간단한 것으로 문자 그대로 프로세서 기능이 1개 Chip상에 LSI화된 것을 말함.

▶ **Optoelectronics** : 광소자. 빛 파장을 발산 또는 수정하는 디바이스로서 LED, Optical Coupler, Laser Diode, Photo detector 등이 그 예임

▶ **Oxide** : 산화막 (예, SiO_2)

▶ **Oxide Film** : 산화막. 불순물 확산의 마스크로서도 사용되며 반도체 표면의 보호막으로도 사용될 수 있는 산화막으로 SiO_2가 가장 많이 사용되고 있음.

▶ **P-Type Silicon(Positive Type Silicon)** : Major Carrier가 Hole인 Si를 말함. 3가 원소들이 Si에 주입되면 여분의 Hole이 존재하게 됨.

▶ **Package Test Board** : Package를 Test하는데 사용되는 Board로서 Test 장비의 Test Head에 장착됨.

▶ **Package** : TR, Diode, IC 등의 반도체 소자의 용기로서 Package는 재료 중에서 mold(수지) type, ceramic type, cam(금속) type 등이 있음. 또한 형상 중에서 면실장 type과 pin삽입 type이 있음.

▶ **Particle** : Line 내의 Wafer나 공기 중에 발생하는 먼지. 크기가 작은(100~0.01㎛) 미세한 먼지나 이물질을 말함.

▶ **Particle Inspection** : 수입검사 대상 자재들에 대한

▶ Particle 오염 정도를 검사함.

▶ **PAL** : Programmable Array Logic.

▶ **PCB(Printed Circuit Board)** : 인쇄회로기판, 인쇄 배선판위에 저항, 콘덴서, 코일, TR, IC, LSI, 스위치 등의 부품을 장치하고 납땜하여 회로기능을 완성시킨 것.

▶ **PECVD(Plasma Enhanced Chemical Vapor Deposition)** : 강한 전압으로 야기된 plasma를 이용하여 반응물질을 활성화시켜서 기상으로 증착시키는 방법 또는 장치. TFT-LCD에서는 insulator층과 a-Si 증착에 사용함. 반응 Chamber가 Plasma 상태 하에서 GAS들의 화학적 반응에 의해 film을 증착하는 방법으로 Plasma에 의해 reactants들이 energy를 얻음으로 낮은 온도에서 증착이 가능함.

▶ **Pellicle** : Particle 또는 외부적인 defect로부터 감광원판(MASK)을 보호할 목적으로 감광원판의 가장자리 부분의 형상이 없는 곳에 부착하는 물질.

▸ **Peripheral LSI** : Test System에 CPU를 지원하는 LSI 군. microcomputer system을 설계하는 경우 필요로 하는 기능을 CPU 한 개에 집적시키면 처리속도가 저하되고 software 설계 량이 증대되는 문제점이 발생하게 됨으로 각 CPU에 주변 LSI를 사용하여 시스템을 설계하는 것.

▸ **PGA(Pin Grid Array)** : Lead가 Package의 아래쪽에 길게 나와 있는 정사각형의 반도체 제품.

▸ **Photo** : Wafer에 Pattern을 형성하는 공정.

▸ **Photo Conductive Effect** : 광전효과. 반도체에 빛을 조사함으로서 일어나는 전기 전도도의 변화나 기전력의 발생현상을 총칭하여 광전효과라고 함.

▸ **Photo Coupler** : 전기/빛 변환소자(발광소자)와 빛/전기 변환소자(수광소자)를 하나로 조합한 것임.

▸ **Photo Chemical** : 반도체 제조 공정 중 Photo 공정에서 사용되는 Chemical 종류로서 Photo Resist, Developer, Stripper, Thinner, HMDS 등의 Organic Chemical임.

▸ **Photo Diode** : 반도체의 PN 접합에 역 바이어스를 가하고 접합면에 빛을 조사하면 PN 접합에 흐르고 있는 역방향 전류가 증가하는 현상을 이용한 것.

▸ **Photo Etching** : 사진 식각법. 에칭재료에 대해서 내성이 있는 재료, 즉 Photo Resist를 마스크로 사용하여 반도체의 산화피막, 금속 등을 부분적으로 Etching 하는 방법.

▸ **Photo mask** : 일괄공정 중 wafer 위에 이미지를 전가시키는데 이용되는 매개체(Medium)로서 유리와 크롬으로 만들어짐.

▸ **Photo Resist** : 사진 식각 공정을 위하여 사용되는 점액성 액체를 말하며, 빛이 닿는 유무에 따라 상태가 변하는 감광액으로서 Positive와 Negative 2종류가 있음.

▸ **Photo-Resist or Resist** : 감광물질로 Positive와 Negative의 두 종류가 있음.

▸ **Photosensitive Semiconductors** : Input 또는 Output로서 전기적 특성 대신해 빛을 사용하는 반도체 디바이스 할 수 있는 논리조작 회로.

▸ **Planar Transistor** : Silicon 기판 위에 튀어나오는 것이 없어 평평한 형태로 만든 Transistor.

▸ **Plasma** : 거의 같은 수의 양이온과 전자를 띤 가스.

▸ **Plasma Etcher** : Wafer의 Passivation, BPSG Layer, SiO_2, Al, TI/TIN, TEOS 등을 Plasma 상태의 CF_4, O_2, Cl_2 등의 gas를 이용하여 Etch하는 장비.

▸ **Plasma Etching** : 고주파가 사용하는 반응실 내부로 Gas를 주입하면 높은 Energy 상태로 활성화되어 이온, 전자, 원자, 라디칼(Radical)등이 생성되는데, 이것을 사용하여 식각을 하는 일반적인 건식 식각 (Dry Etch). 좁은 의미로는 화학적인 반응에 의한 건식 식각 방법.

▸ **PLC(Product Life Cycle)** : 제품수명주기. 신제품이나 개량 제품이 시장에 소개된 이후 시간의 경과에 따른 판매액이나 이익의 변화 추이를 나타낸 개념. 도입기, 성장기, 성숙기, 쇠퇴기로 구분하여 각 시기마다 적합한 마케터 믹스를 필요로 함.

▸ **PLCC(Plastic Leaded Chip Carrier)** : Package의 일종으로 lead가 4 방향으로 난 표면 실장형 반도체 제품(Package의 한 형태)

▸ **PLD(Programmable Logic Device)** : 프로그램이 가능한 어드레스를 가진 ROM으로 시스템 설계 수단으로서 개발된 것. PLD와 ROM과의 차이는 ROM은 입력의 모든 조합에 대해서 출력이 나오지만, PLD는 입력의 몇 개 조합은 무효이고, 또 조합의 몇 개 그룹은 구별할 수 없다는 점임.

▸ **P-MOS** : 양전하 즉, 정공에 의해 Channel 전류가 형성되는 MOS Transistor. 기판은 N형으로 구성되고, Source와 Drain부가 P형으로 작동되는 MOS device. Source와 Drain간의 Channel 전류가 정공에 의해 흐르므로 NMOS에 비해 느리지만, 고출력전압이 필요한 경우 등의 특수한 용도에 사용됨.

▸ **Poly-Si** : 장 범위에서는 결정성이 없지만, 단 범위에서는 결정성을 가지고 있는 실리콘 물질. 결정 r경계로 구분되어 있고 결정 경계 내부는 단결정이며 이러한 결정이 다수 존재함. 다결정 실리콘 트랜지스터는 좋은 신뢰성과 안정성으로 인해 프로젝션용 혹은 소형 Viewfinder에 이용됨.

▸ **Power IC** : 전원전력시스템에 적용되는 스위치용 소자 및 Control 핵심부품으로 Power Tr, Power MOSFET, PWM IC 등을 총칭함. 응용분야로는 SMPS, Ballast, UPS, Inverter, AC-DC Converter 등 모든 전원분야에 사용됨.

▸ **Probe Card** : Wafer내의 Chip의 전기적 동작 상태를 검사하기 위해 Probe Tip을 일정한 규격의 회로 기판에 부착한 카드.

▸ **Prober** : Test 장비와 전기적 신호를 주고받을 수 있도록 연결되어 있으며 Wafer를 X, Y, Z축으로

움직여 각 칩을 ROOM/HOT 온도 상태에서 Wafer내의 지정된 Point(pad)에 탐침을 접촉시켜 Test하는데 사용되는 장비임.

▸ **Probing** : 측정을 위하여 만들어 놓은 PAD에 Probe Tip을 정확하게 Contact시키는 것.

▸ **Process** : 반도체 제조기술에 있어서 재료에서 제품까지의 단계의 기술을 총칭하여 Process라고 함.

▸ **PROM(Programmable Read Only Memory)** : ROM의 일종으로 제조된 후 사용자가 임의로 Program을 하여 원하는 정보를 넣을 수 있는 기억장치.

▸ **PSRAM(Pseudo SRAM)** : DRAM의 장점인 동일면적에 있어서 기억용량의 극대화와 SRAM의 장점인 Refresh 불필요성을 결합시킨 것으로 DRAM의 장점과 SRAM의 장점을 결합시킨 기억소자.

▸ **P-type semiconductor** : P형 반도체에서 전기 전도에 기여하는 캐리어가 정공이 주체가 되는 반도체를 P형 반도체라고 함.

▸ **QFP(Quad Flat Package)** : 반도체 완제품의 한 형태로 외부단자 즉, Lead가 package 4면에 1.0 mm~0.4 mm 의 간격으로 배열되어 갈매기 날개형태로 구부린 모양을 갖는 표면 실장형 반도체 제품.

▸ **RAM(Random Access Memory)** : 원하는 정보를 꺼내어 쓸 수 있는 반도체 기억장치로 Computer의 기본 기억 장치이며 명령에 의해 정보를 꺼내어 쓰거나 넣을 수 있음. 정기적으로 Refresh동작이 필요한 DRAM과 전원을 끊어도 기억정보가 유지되는 SRAM 등이 있음.

▸ **Rambus DRAM** : Rambus 사에서 제작한 고속 DRAM. Data 전송주파수를 500㎒ 정도의 초고속으로 실현시켜 Data bus폭의 증대를 억제시켰음. 연속된 Data를 일괄처리 할 수 있으며, 통상의 CPU에서는 관련 ASIC을 매개로하여 동작됨.

▸ **Rectifier** : 주로 Diode와 같은 반도체 소자를 이용하여 교류를 직류로 바꾸는 전기적 장치.

▸ **Refresh** : DRAM에서 MOSFET의 게이트 용량에 축적된 전하에 의해서 WRITE-IN된 기억을 유지하는데, 이전하는 수 mm 초 내에 방전하여 없어지므로 항상 기억을 재생하여야 하며 이 재생하는 것을 Refresh라 함.

▸ **Reliability** : 반도체 제조를 위한 어떤 장치가 얼마만큼 고장 없이 주어진 기능을 수행할 수 있는가를 또는 제품이 나타내는 것.

▸ **Resin** : 수지. Weak cation tower, mixed bed polisher 장치 안에 수지가 들어 있어 물속의 ion을 제거해 주는 역할을 함. 물속에 녹아 있는 ion들의 극성을 이용하여 제거하는 수지로서 양이온, 음이온, 수지가 있으며 일정시간 경과 후 ion 교환이 이루어지면 Chemical로 재생하여 사용.

▸ **Repair 장비** : Laser repair program을 이용하여 Repair data에 따라 Redundancy circuit의 fuse를 절단하는 장비임.

▸ **Resistor Reticle** : 가장 기본이 되는 모판 Mask로서, 보통 실제 반도체 Chip의 10배 크기인 기본 Mask로 Master Mask를 제작하는데 사용.

▸ **Reticle** : Mask와 동일한 의미로 쓰임. (Stepper에 사용되는 mask) wafer에 반도체 회로설계 pattern을 정착(가공)시키기 위해 사용되는 노광용 원판(유리판)으로 한 장의 wafer에 여러 번 나누어 노광함.

▸ **RF(Radio Frequency)** : 고주파를 말하며, 건식 식각 공정에서 반응 Gas를 활성화시키는데 이 고주파 전압을 사용하며, 고주파를 발생하는 장치를 RF Generator라고 함.

▸ **ROM(Read Only Memory)** : 반도체 기억장치의 일종으로, 정보를 한 번 저장하면 바꿀 수 없고 항상 꺼내어 쓸 수만 있는 기억장치. 읽기 전용 불휘발성 메모리로써 전원을 끊어도 기억된 정보가 소멸되지 않음. microprogram, 문자 pattern, 정수 등의 내용이 변화하지 않는 정보를 기억하는데 사용되며, user가 정보를 자유로이 기재할 수 있는 Programmable ROM(PROM)과 제조공정에서 기재 내용이 고정되는 Mask ROM으로 대별됨.

▸ **Run** : Wafer를 Process를 위하여 일련의 묶음 (보통 25장)을 1 Lot로 구성하여 제조공정에 투입되어 마칠 때까지 여러 공정을 차례로 마치, 물이 흘러가듯이 흐른다는 의미에서 쓰이는 말.

▸ **Screening** :

1) DEBUG, BURN-IN.
2) 불량품이 들어있는 Lot에서 불량품을 걸러 내는 각종 방법을 총칭함.

▸ **Scribe** : 반도체 Wafer에서 Chip을 떼어낼 때 금을 그어서 작은 조각들을 잘라내는 방법을 말함.

▸ **Scribe Line** : Die Sawing을 할 때 주변의 소자에 영향을 주지 않고 나눌 수 있게 적당한 폭의 공간이 필요한데 이를 지칭하는 말로 이곳에 반도체 공정을 적절히 진행하기 위한 각종의 고려가 되어 있음.

▸ Scribing : 왕복 절단이라고도 하며, Wafer 절단방식의 하나로 양방향으로 절단하는 방식 (왼쪽에서 오른쪽으로, 오른쪽에서 왼쪽으로 절단).

▸ Scrubber : Wafer 위의 이물질이나 거친 면을 깨끗이 하거나 고르게 하여 주는 장비(고압의 DI Water 또는 DI Water+Brush를 사용함)

▸ SDRAM(Synchronous DRAM) : 고속의 System Clock과 동시에 Data를 입/출력할 수 있도록 10 ns내외에 Access Time을 실현한 고속의 DRAM임.

▸ Self Refresh : DRAM의 refresh 방법 중의 하나로 다른 refresh mode는 DRAM 외부의 회로에 동작되어지나, self refresh는 DRAM 내부의 refresh timer에 의해 정해진 시간 내에 자동적으로 refresh가 이루어지는 형태임.

▸ Self-Alignment : MOD 구조의 Gate용 Al은 Melting Point가 낮으므로 Al Dep. 후에 높은 온도의 Thermal Cycle은 어려움. 그러므로 Al Dep. 전 Source 및 Drain의 Drive-In이 완결되어야 함. S/D의 Drive-In 후의 Gate Define은 Alignment Tolerance 등을 고려할 때 Overlap Region이 넓을 수밖에 없으므로 S/D의 Parasitic Overlap Capacitance 및 Minimum Size에 악영향을 미칠 수밖에 없음. Poly-silicon의 경우에는 Melting Point가 Si Substrate의 온도와 비슷하여 S/D Formation前에 Deposition이 가능하고 S/D Formation 및 Drive-In은 Gate를 Define한 후 Implantation에 의해 이루어지므로 Perfect한 Align이 가능함. 이러한 Self-Alignment 방법은 제작 공정을 단순화시키고 Packing Density를 늘려주며, Source/Drain간의 Parasitic Capacitance를 감소시킬 수 있는 장점을 가지고 있기도 함.

▸ Semi Custom IC : Maker에 의해 표준화되고 준비되어 있는 cell 혹은 mask를 user가 선택하여 희망하는 IC/LSI로 제작된 IC. 설계시간 단축을 위해서 이미 설계된 Cell Library를 사용함.

▸ Semiconductor : 반도체는 도체(전기가 금속과 같이 잘 통하는 물질)와 부도체(전기가 통하지 않는 물질)의 중간물질을 말함.

▸ Shrink : 설계된 Chip을 공정 조건에 따라 일정비율로 축소시키는 작업.

▸ Silicon : 원소기호 4가인 비철 금속으로서 반도체 재료로 제일 많이 사용되는 물질.

▸ Silicon Gate : Gate에 금속 대신 다결정규소 피막을 사용한 것이며, 고속 및 고밀도 집적회로를 제조하기 위한 MOS 기법으로 이용됨.

▸ **Si Gate MOS** : MOS FET의 Gate전극으로 금속 대신에 Poly-Silicon을 이용한 MOS Device. Al 금속 Gate의 MOS에 비해서 Gate 전극을 기준으로 한 자기 정합법으로 제조할 수 있기 때문에 전극의 무게가 작고 문턱전압도 낮아 MOS Device의 주류도 되고 있음.

▸ **Silicon Nitride** : 반도체 표면의 보호막 또는 Fab 공정 중 산화, 이온 주입 Mask로 사용되는 Si3N4로 구성된 막.

▸ **SIMM(Single In line Memory Module)** : Edge connector 방식에 사용.

▸ **Slice** : Wafer와 같은 말. 반도체 재료인 Silicon을 얇고 둥글게 자른 판으로 그 위에 집적회로를 가공하기 위한 것.

▸ **Slicer** : 파형을 정형하는 회로 중에서 진폭측상의 일정한 Level보다 위를 잘라내는 회로를 클리퍼, 아래로 잘라내는 회로를 Limiter라고 하는데 두 Level 사이의 좁은 부분만을 잘라내는 조작을 Slicer라 함.

▸ **Sludge** : 수중의 고형물이 액체에서 분리되어 침전한 응집물질.

▸ **Small Signal TR** : 저전압의 전기신호를 다루는데 사용되는 Transistor

▸ **Smart Power IC** : 부하를 구동하기 위한 고전력 트랜지스터와 부하구동을 정밀하게 제어할 수 있는 Control 회로 및 보호회로가 동일 칩으로 구현된 IC를 말함.

▸ **SMT(Surface Mount Technology)** : "표면실장기술"이라 부르며, 전자기기의 소형 · 경량 · 박형화에 대응하며 package의 lead를 기판에 삽입하는데 면실장으로 할 수 있도록 한 부품을 면실장 부품(SMD : Surface Mount Device)라 부름.

▸ **SO(Small Outline)** : IC의 원가절감을 위한 새로운 제품으로서 그 크기를 기존 제품보다 훨씬 축소시킨 제품.

▸ **SOI(Silicon on Insulator)** : 사파이어 표면에 실리콘 단결정을 기상 성장시킨 SOS(Silicon on Sapphire)가 최초의 시도로써 SOI의 대표적인 예임. Silicon 산화막 등의 절연막 위에 User광선이나 전자선을 응용하여 Silicon 단결정층을 성장시킨 IC나 LSI를 활용한 SOI 소자가 3차원 회로소자의 유용한 기술임.

▸ **SOJ(Small Outline J-form Package)** : Device의 옆면에서 시작하여 밑면으로 향한 "J"자 모양으로 구부러진 Lead 형태의 PKG로 PCB의 표면에 부착하여 사용함.

▸ **Sorting** : Wafer를 제조공정에 투입 전에 항목, 조건별로 분류시켜 주는 작업.

▸ **SOT(Small Outline Transistor)** : 외형이 축소된 Transistor.

▸ **SPC** : Statistical Process Control.

▸ **Spin Dryer** : Wafer를 빠른 속도로 회전시켜 주면서 Hot N_2를 불어넣어 건조시키는 장비.

▸ **Sputtering** : 고전압에 의해 이온화된 Ar Gas를 사용하여 Target으로부터 금속 입자를 떼어내어 금속 박막을 Wafer에 입히는 방법.

▸ **SRAM(Static RAM)** : Dynamic RAM에 비해 소비전력이 적고 주기적으로 재충전을 해주지 않아도 기억이 유지 됨. 전원이 끊어지면 기억했던 내용이 없어짐〈휘발성〉. refresh 동작이 필요 없는 RAM. 또한, memory cell이 DRAM 구조로 refresh용의 보조회로를 내장한 의사 SRAM(Pseudo SRAM)이 있음.

▸ **SSI(Small Scale Integration)** : 10개 이하 정도의 논리 Gate로 구성된 집적회로.

▸ **Static Memory** : MOS FET의 게이트 용량에 총집합 전압으로 기억을 유지하는 방식을 Static Memory 라고 함.

▸ **SSOP** :

1) Shrink Small Outline Package. 반도체와 완제품 형태의 한 종류로 외부단자 즉, lead pitch가 SOP(SOIC) PKG의 절반인 0.025로 shrink됨으로서 같은 I/O수를 가지면서도 크기를 줄일 수 있는 특징을 가진 package임.

2) SHRINK SOP. LEAD PITCH 1.0/0.8/0.65/0.5 mm인 SOP 8-80 PIN.

▸ **Standard Cell** : Standard cell은 미리 설계되어 표준화되어 있는 기능 cell을 조합하여 배치 · 배선에 의해 chip 전체를 설계하는 Semi -custom LSI의 한 종류로써 Gate Array보다 Custom색이 강함.

▸ **Stepper** : 정렬 노광기의 일종으로 Wafer 1매에 몇 개의 Chip 단위로 전후좌우로 이동하면서 각 단위 Chip마다 정렬 및 노광을 실시하는 장비. 따라서 Wafer 1매를 한 번에 정렬 노광하는 장비보다 정교한 현상화가 가능함.

▶ Substrate : 반도체 재료 박판(기판)을 말하며, 일반적으로 최초 공정이전의 Wafer를 말함.

▶ Suprem : 반도체 제조공정의 Diffusion, Thin Film, Photo, Etch의 공정진행 조건을 Computer Program에 입력하여 가상적인 결과를 1차원적인 방법으로 도출하는 Tool.

▶ Surface Mounting : 표면실장. 부품들을 이용하지 않고 부품을 전기적으로 접속시키는 것.

▶ Synchronous DRAM : 외부로부터 Master clock을 입력하면 이것에 동기화되어 동작하는 것이 유래. 연속된 serial data를 Read/Write하는 burst Mode를 가지며 JEDEC 표준화에 의거 차세대 표준 DRAM으로써 기대된다.

▶ System On Chip(SOC/System LSI) : 시스템의 요구에 부응하여 고속화, 고신뢰성, 저소비, 전력화를 추구하기 위하여 하나의 칩에 Micro-proccssor, Memory, I/O Interface 등을 집적화하여 한 개의 시스템을 구성하는 반도체 소자(Device).

▶ TAM(Total Available Market)

▶ Taping : Wafer를 Tape에 접착하는 행위(완전 절단하기 위해 하는 것임.)

▶ Target : Sputtering 방법으로 Wafer 표면에 금속박막을 입힐 때 사용되는 금속 원재료.

▶ TC Bonder(Thermo Compression Bonder) : 열압착 본딩을 하는데 쓰이는 장치

▶ TEOS(Tetra Ethyl Ortho Silicate) : 산화막 증착시 Si Source로 사용하는 물질

▶ Tester : 제품의 양품과 불량을 판별하기 위해 사용되는 Computer가 내장된 전기특성 검사 장비.

▶ Test : Test Program을 이용하여 각 제품의 pass/fail 구분 및 전기적 특성 검사를 수행하는 장비.

▶ TFT(Thin Film Transistor) : 절연성 기체에 증착 등으로 반도체 박막을 형성하여 능동소자를 만든 것으로 일반적으로 FET임.

▶ Test Handler : 연속된 모듈을 각기 전기적 시험 등의 이유로 도금을 위한 도선을 절단하고 전기적 도통 및 각종 TEST를 위한 장치

▸ Thick Film IC : 후막 집적회로. 절연물의 기판 위에 얇은 막 모양의 회로소자를 만들고 그들을 서로 배선하여 하나의 회로기능을 갖게 한 것을 막 집적회로라고 하며 이중 막의 두께가 5 마이크론 정도보다 두꺼운 것을 후막 집적회로라고 함.

1) Ceramic 또는 기타 기판 위에 Silk-Screen 인쇄
2) 방법으로 두께 0.5~1 mm정도의 도체, 부도체 또는 저항성분을 가진 물질(니크롬, 알루미늄 등)을 입혀 저항, 콘덴서 또는 도선을 형성하는 방법. 이 기술을 이용하여 저항, 콘덴서 또는 혼성 집적회로를 만듦.
3) 일반적으로 FAB 공정에서 다루는 막중 1000Å이상의 막을 말함.

▸ Thin Film : Thick Film과는 달리 진공증착 등의 방법으로 기판 위에 얇은 두께의 박판(두께 약 5 micron 이하)을 형성하는 것으로, 저항콘덴서 등의 소자나 혼성 집적회로를 형성하기 위한 것.

▸ Thyristor : PN 접합을 3개 이상 내장하고 주 전류 전압 특성의 적어도 하나의 상한에 있어서 ON/OFF의 2개 상태를 가지며 OFF 상태에서 ON 상태로의 전환 또는 그 반대의 전환을 할 수 있는 반도체 소자를 말함.

▸ 3D Circuit Device : 평면적인 LSI를 입체적으로 적층ㆍ중첩시킨 구조의 초고집적 전자 Device로써 최하층에 먼저 LSI를 만들고 그 상부에 절연층을 두고 그 위에 Silicon 단결정을 성장시키며 그 결정층에 다음의 LSI를 형성함. 이러한 행위를 반복하여 각 층간의 배선을 연결하면 3차원 회로가 구성됨. 초대용량 기억회로, 초소형 Sensor 등을 목표로 하여 3차원 CMOS 등의 기초연구가 진행되고 있음.

▸ Transistor : Emitter와 Collector사이 Base에 불순물의 농도에 차이를 두어 Base속에서 Carrier를 가속시키는 전계를 두어 고주파 특성이 좋아지게 만든 반도체소자. 기본적인 반도체소자로서 Unipolar Transistor와 Bipolar Transistor로 나누어지며 증폭, 발진, 검파 또는 스위치 작용을 함.

▸ Trim : 절단. Molding 완료된 자재는 compound의 over flow를 방지하기 위해 설치된 댐 역할을 하는 dambar 로 각각의 lead가 연결되어 있어 전기적으로 short되어있음. 이를 전기적으로 open시키기 위해 dambar를 잘라내는 assembly의 일련공정임.

▸ Trim/Form : Package의 각각의 lead를 분리하고 절곡하여 IC 원형을 만드는 공정.

▸ Trim Lines : 절단선. 기판의 외각을 한정하는 선.

▸ Trimming : Lead frame을 이용한 type에서 molding한 후 낱개의 unit로 분리하기 위해 자르는 작업. Deflating plastic molding된 자재에 붙어있는 불필요한 부문 또는 엷은 열경화성 수지피막을 flash라 하고 이것을 제거하는 것.

▶ **Trimming Lead** : Lead frame에 molding을 한 다음 resin 수지가 채워진 부분인 deflash와 dambar을 자르는 작업을 말하며 이와 같은 금형을 "트림다이"라고 함.

▶ **TSOP(Thin Small Outline Package)** : Package 두께가 1.0 mm이하인 SOP(SOIC) 반도체 제품으로 PDIP에 비하여 Package가 얇고 크기도 작아져 소형의 System에 널리 사용되고 있음.

▶ **TSSOP(Thin Shrink Small Outline Package)**

▶ **TTL(Transistor Transistor Logic)** : 논리 회로의 한 종류로 Transistor와 Transistor를 직접 연결하여 구성하는 논리 회로 방식

▶ **Utilisation** : 반도체 생산관련 공장가동율

▶ **Vacuum Tube** : Transistor라는 반도체 장치가 발명되기 이전에 쓰이던 전구모양의 전자부품으로 증폭, 검파, 정류, 스위치 등의 기본 전자기능을 하는 것으로, 외형이 크고 전력소모가 많아 현재는 Transistor나 IC로 거의 전부 대치되어 사용되지 않고 있음.

▶ **VGA(Video Graphics Array)** : VGA는 PS/2계열 기종들을 위한 IBM사의 주요한 표준, 컬러모니터 혹은 흑백 그레이 스케일 모니터와 함께 동작함. 최대 해상도는 640*480 픽셀이며 이 해상도에서 동시에 최대 16 컬러, 320*200 픽셀의 해상도에서는 동시에 256 컬러까지 디스플레이 할 수 있음.

▶ **VHSIC(Very High Scale IC).**

▶ **VHSIC(Very High Speed Silicon Integrated Circuit)** : 미국방성에서 개발하고 있는 초고속 공정기술에 의하여 제작될 새로운 집적회로 형태.

▶ **VRAM(Video RAM)** :

1) 전통적인 DRAM에 Serial Register형태의 SRAM을 동일 Chip 내에서 결합시킨 Memory로 DRAM 영역과 SRAM 영역 간에 Parallel Data 전송이 가능하고 SRAM 영역의 Data를 고속으로 입·출력할 수 있어 화상정보처리 시스템에 적합하도록 고안된 메모리.
2) 화상정보를 기억시켜 두는 전용 메모리로서 Video RAM에서 읽혀진 화상정보는 영상신호로 변환되어 CRT Display 됨.

▶ **Virtual Memory** : 가상 메모리. 이름 그대로 실체의 Memory가 아니라 가상의 Memory임. 자기코어, 반도체 IC 등으로 구성되는 메인 메모리의 용량부족은 저속이기는 하지만 비트당의 코스트가 낮고 대용량인 자기 드럼과 같은 보조메모리로 보관하고 또한 겉보기에 외부 대용량 메모리(보조메모리)와 같은 양의 메인 메모리가 있는 것처럼 보이게 하는 기술임.

▸ **Visual Inspection** : 선별된 Chip 또는 제품 출하 전 Device의 외관을 육안으로 검사하는 공정. 불량항목으로는

1) 긁힘
2) Metal 변색 : Metal이 산화되어 색을 띄는 현상
3) Side Chip : Wafer의 가장자리에 있어 Chip 모서리가 선명하지 않은 상태
4) Untest : Test 안됨
5) Chip Out : 절단 또는 외부영향으로 Chip의 가장자리가 깨짐
6) Crack(깨짐) : 보호막 또는 Chip내부에 금이 간 상태

▸ **VLSI(Very Large Scale Integration)** : 1000개 혹은 그 이상의 논리 Gate로 형성된 집적회로.

▸ **Wafer** : 규소박판으로 규소(Si)를 고순도로 정제하여 결정시킨 후 얇게 잘라낸 것으로 반도체 소자를 만드는데 사용함. (4, 5, 6, 8, 12, 15" wafer가 있음)

▸ **Wafer Carrier** : Wafer를 보관, 운반 또는 공정을 진행하기 위한 도구.

▸ **Wafer ID** : RUN 및 Wafer 식별을 위해 각 Wafer에 대한 표시.

▸ **Wafer Sort** : wafer level에서의 GO/NO-GO test라고 말할 수 있으며, 이 test시 wafer prober와 prober card가 있어야 test가 가능함. 이것의 목적은 Die assembly에 각 Die의 GOOD/NO-GOOD을 판정하여 good을 assembly하는데 목적이 있다.

▸ **Wet Station** : Chemical(H_2SO_4, FH, BOE, NH_4, OH 등) 또는 DI wafer를 사용하여 각 공정 전후에서 wafer를 cleaning하거나 불필요한 oxide film을 제거하는 공정 및 장비를 통틀어 wet station이라 함.

▸ **WIP(Work In Process)** : 공정부분품(재공제조).

▸ **Wire Bonder** : TR이나 IC를 제조할 때 외부로 끌어내는 리드와 칩 사이에는 통상 열압착이나 초음파에 의한 Wire Bonding으로 접속하는데 이 와이어 본딩을 하는 장치를 Wire Bonder라고 함.

▸ **Yield** : 반도체 제조공정에 있어서의 양품 율을 말하며, 투입된 Wafer수에 대하여 완성양품 Wafer수의 비율을 나타내는 공정수율과 1wafer당 chip수에 대해 Wafer test를 통해 남아 있는 양품수의 비율을 나타내는 chip 수율 등이 있다. 일반적으로 수율을 말할 때 chip 수율을 말하는 경우가 많다.

A.2 물질안전보건(MSDS) 및 주의사항

1. Chemical 취급시 주의사항

① 모든 화학물질을 담은 용기에는 성분 및 주의사항을 표시하여 놓아야 한다. 또한 같이 놓을 수 없는 물질(예 : 산과 중화제, 산과 유기용매 등과 같이 서로 격렬히 반응하는 물질)은 서로 분리 보관해야 한다.

② 화학물질 취급은 작업순서에 따라 안전보호구를 착용한 훈련된 사람이 해야 한다.

③ 신체에 Gas와 Chemical이 접촉됐을 때 즉시 다량의 물로 15분간 씻고 심하면 병원으로 후송한다.

④ Chemical이 누설되거나 엎질러졌을 때에는 즉시 담당자에게 연락한 후 가능하면 작업장 주위의 장비를 이동시키고 중화제 및 흡착시키는 물질을 사용하여 경험 있는 담당자가 제거토록 한다.

⑤ 모든 작업자들은 비상시에 대비해서 응급처리 장비들의 사용법을 알아 두어야 한다.

⑥ Chemical을 취급할시 에는 안전보호장구(보안경, 전면앞치마, 고무장갑, 기타)를 필히 착용해야 한다.

⑦ 유기용제나 Acid는 같이 버려서는 절대 안 되며 완전히 닫혀 있어야 한다.

⑧ Chemical이 든 용기나, 빈 용기의 마개는 항시 완전히 닫혀 있어야 한다.

⑨ 담당자의 지시 없이 함부로 어떠한 Chemical도 혼합하거나 버려서는 안 된다.

⑩ Chemical 취급 시는 작업종료 후에 반듯이 얼굴과 손을 필히 씻어야 한다.

2. 산과 염기

① 산과 염기는 반도체 제조공정에서 사용되는 반응성과 부식성이 가장 강한 화학물질에 속한다. 이들을 취급할 때에는 여기에 대해서 교육을 받은 사람이 조심스럽게 다루어야 한다.

② 소량의 Acid Bottle은 저항성이 강한 플라스틱이나 고무 Bucket으로 운반하고 다량의 Acid Bottle은 Side Rail이 부착된 Cart로 운반해야 한다.

③ Acid Bottle은 다른 Chemical과 격리시켜야 하고, 특히 Solvent Bottle은 Acid Bottle과 혼합시켜 보관해서는 절대 안되며, 액체혼합은 절대 금지한다.(폭발 우려)

④ Acid를 사용할 때는 Air Exhausted Hood 시설이 된 곳에서만 사용을 해야 하며 일반 대기 중에서는 사용을 일체 금한다.

⑤ Acid와 Solvent를 혼합하게 되면 급격한 반응을 일으켜 폭발하게 되므로 항상 격리시켜 저장하고 버릴 때에는 따로 지정된 용기에 버려야 한다.

⑥ 물과 산을 혼합할 때에는 필히 물이든 용기에 산을 조금씩 넣어야 한다.

⑦ 불산(Hydrofluoric Acid)은 유리를 침식으로 PLASTIC 용기에 보관해야 한다.

3. Solvent (유기용제)

① 크실렌, N-putyl Acetate, Methanol, Iso Propyl Alcohol(I.P.A), R-10, R-502 기타 Photo Resist 등 많은 유기용매가 사용되는데 이것을 흡입하거나 피부에 접촉하는 것은 매우 위험하다. 특히 유기용매의 증기는 대단한 가연성이므로 열 및 열원의 접근을 일체 피해야 한다.

② Solvent 용기는 6개 이상 작업장 한 곳에 보관은 피해야 한다.(1갈론 용기) 10개 이상 보관 시에는 인화성 용액을 저장할 수 있는 안전 Cabinet에 보관해야 한다.

③ 용매를 Beaker나 용기에 채울 때는 Air Exhaust Hood 내에서 작업해야 한다. 대기 중에서의 사용은 금해야 한다.

④ 유기용매(Solvent)는 산과 섞으면 안 된다. 용매 폐기물을 산 폐기물 배수구에 부으면 격렬히 반응하므로 폐기 저장소에서 폐기하여야 한다.

⑤ 유기용매는 인화성이 강하므로 열, Spark 또는 불꽃 등을 가까이 해서는 안 된다.

⑥ 유기용매는 금속용기는 정전기 발생을 방지하도록 Grounding해야 한다.

<table>
<tr><th colspan="6">아세톤(Acetone)</th></tr>
<tr><td>인화점</td><td>-18℃</td><td>증기밀도(Air=1)</td><td>2.0</td><td>비중(물=1)</td><td>0.7899</td></tr>
<tr><td>색상</td><td>무채색</td><td>냄새</td><td>달콤한 냄새</td><td>허용농도</td><td>750ppm</td></tr>
<tr><td>위험 · 유해성</td><td colspan="5">1. 주요한 건강위협성 : 호흡기도 , 피부, 눈 자극, 중추 신경 계통 억제
2. 물리적 위험: 가연성 액체 및 증기, 증기는 증발 연소를 야기할 수도 있음.</td></tr>
<tr><td>응급처치 요령</td><td colspan="5">1. 흡입: 부작용이 발생하면, 오염되지 않은 지역으로 이동시킬 것. 호흡하지 않을 경우 인공호흡을 할 것. 즉시 의사의 치료를 받을 것.
2. 피부 접촉: 오염된 피복 및 신발을 벗고, 적어도 15분 동안 비누와 물로 씻을 것. 필요시 의사의 치료를 받도록 할 것.
3. 눈 접촉: 많은 양의 물을 사용하여 적어도 15분 동안 눈을 세척할 것. 필요시 의사의 치료를 받도록 할 것.
4. 섭취: 소방서(응급구조) 또는 의사에게 즉시 연락할 것. 의식불명의 사람에게 토하게 하거나 음료수를 마시지 않도록 할 것. 구토를 하면, 구토물이 기도를 막는 것을 방지하기 위하여 머리를 둔부보다 낮추도록 할 것. 만약 의식불명이면 머리를 옆으로 돌리게 하고 즉시 의사의 치료를 받게 할 것.</td></tr>
<tr><td rowspan="4">보호장비</td><td colspan="2">환기 / 배기</td><td colspan="3">허용기준 준수하기 위한 공정 밀폐 배기시설 설치할 것. 국소배기장치 등을 설치하고, 적절한 제어 풍속이 되도록 유지관리, 물질이 폭발농도의 위험에 있는 경우 방폭 설비로 할 것,</td></tr>
<tr><td colspan="2">호흡기</td><td colspan="3">취급 시 공기호흡기를 착용할 것.</td></tr>
<tr><td colspan="2">눈</td><td colspan="3">보안경, 가까운 곳에 세안설비와 비상세척설비(샤워식)를 설치할 것.</td></tr>
<tr><td colspan="2">피부</td><td colspan="3">내화학성 보호의, 내화학성 장갑</td></tr>
</table>

<table>
<tr><th colspan="6">인산(Phosphoric, Liquid)</th></tr>
<tr><td>인화점</td><td>해당없음</td><td>증기밀도(Air=1)</td><td>3.4</td><td>비중(물=1)</td><td>1.71</td></tr>
<tr><td>색상</td><td>무채색</td><td>냄새</td><td>무취</td><td>허용농도</td><td>1ppm</td></tr>
<tr><td>위험 · 유해성</td><td colspan="5">1.주요한 건강위험성 : 호흡기도 , 피부, 눈 자극, 중추 신경 계통 억제
2.물리적 위험: 가연성 액체 및 증기, 증기는 증발 연소를 야기할 수도 있음.</td></tr>
<tr><td>응급처치 요령</td><td colspan="5">1. 흡입 : 부작용이 발생하면, 오염되지 않은 지역으로 이동시킬 것. 호흡하지 않을 경우 인공호흡을 할 것. 즉시 의사의 치료를 받을 것.
2. 피부 접촉 : 오염된 피복 및 신발을 벗고, 적어도 15분 동안 비누와 물로 씻을 것. 필요시 의사의 치료를 받도록 할 것.
3. 눈 접촉 : 많은 양의 물을 사용하여 적어도 15분 동안 눈을 세척할 것. 필요시 의사의 치료를 받도록 할 것.
4. 섭취 : 소방서(응급구조) 또는 의사에게 즉시 연락할 것. 의식불명의 사람에게 토하게 하거나 음료수를 마시지 않도록 할 것. 구토를 하면, 구토물이 기도를 막는 것을 방지하기 위하여 머리를 둔부보다 낮추도록 할 것. 만약 의식불명이면 머리를 옆으로 돌리게 하고 즉시 의사의 치료를 받게 할 것.</td></tr>
<tr><td rowspan="4">보호장비</td><td colspan="2">환기 / 배기</td><td colspan="3">허용기준 준수하기 위한 공정 밀폐 배기시설 설치할 것. 국소 배기장치를 설치할 것.</td></tr>
<tr><td colspan="2">호흡기</td><td colspan="3">취급 시 공기호흡기를 착용할 것.</td></tr>
<tr><td colspan="2">눈</td><td colspan="3">보안경, 가까운 곳에 세안설비와 비상세척설비(샤워식)를 설치할 것.</td></tr>
<tr><td colspan="2">피부</td><td colspan="3">내화학성 보호의, 내화학성 장갑</td></tr>
</table>

<table>
<tr><th colspan="6">과산화수소,30%(Hydroperoxide Solution)</th></tr>
<tr><td>인화점</td><td>해당없음</td><td>증기밀도(Air=1)</td><td>1.17</td><td>비중(물=1)</td><td>1.4067</td></tr>
<tr><td>색상</td><td>무채색</td><td>냄새</td><td>약한 냄새</td><td>허용농도</td><td>3ppm</td></tr>
<tr><td>위험 · 유해성</td><td colspan="5">1. 주요한 건강위험성 : 흡입시 치명적일 수 있음. 호흡기도/피부/눈 화상
2. 물리적 위험: 충격, 마찰 또는 열에 노출되면 폭발할 수 있음. 가연성 물질을 점화할 수 있음.</td></tr>
<tr><td>응급처치 요령</td><td colspan="5">1. 흡입: 부작용이 발생하면, 오염되지 않은 지역으로 이동시킬 것. 호흡하지 않을 경우 인공호흡을 할 것. 즉시 의사의 치료를 받을 것.
2. 피부 접촉: 오염된 피복 및 신발을 벗고, 적어도 15분 동안 비누와 물로 씻을 것. 필요시 의사의 치료를 받도록 할 것.
3. 눈 접촉: 많은 양의 물을 사용하여 적어도 15분 동안 눈을 세척할 것. 필요시 의사의 치료를 받도록 할 것.
4. 섭취: 소방서(응급구조) 또는 의사에게 즉시 연락할 것. 의식불명의 사람에게 토하게 하거나 음료수를 마시지 않도록 할 것. 구토를 하면, 구토물이 기도를 막는 것을 방지하기 위하여 머리를 둔부보다 낮추도록 할 것. 만약 의식불명이면 머리를 옆으로 돌리게 하고 즉시 의사의 치료를 받게 할 것.</td></tr>
<tr><td rowspan="4">보호장비</td><td>환기 / 배기</td><td colspan="4">허용기준 준수하기 위한 공정 밀폐 배기시설 설치할 것. 국소배기장치를 설치할 것.</td></tr>
<tr><td>호흡기</td><td colspan="4">취급시 공기호흡기를 착용할 것.</td></tr>
<tr><td>눈</td><td colspan="4">보안경, 가까운 곳에 세안설비와 비상세척설비(샤워식)를 설치할 것.</td></tr>
<tr><td>피부</td><td colspan="4">내화학성 보호의, 내화학성 장갑</td></tr>
</table>

<table>
<tr><th colspan="6">황산(Sulfuric Solution)</th></tr>
<tr><td>인화점</td><td>해당없음</td><td>증기밀도(Air=1)</td><td>3.4</td><td>비중(물=1)</td><td>1.84</td></tr>
<tr><td>색상</td><td>무채색-갈색</td><td>냄새</td><td>무취</td><td>허용농도</td><td>1ppm</td></tr>
<tr><td>위험 · 유해성</td><td colspan="5">1. 주요한 건강위험성 : 흡입시 치명적일 수 있음. 호흡기도/피부/눈 화상
2. 물리적 위험: 가연성 물질을 점화할 수 있음. 물과 접촉시 반응할 수 있음.</td></tr>
<tr><td>응급처치 요령</td><td colspan="5">1. 흡입: 부작용이 발생하면, 오염되지 않은 지역으로 이동시킬 것. 호흡하지 않을 경우 인공호흡을 할 것. 즉시 의사의 치료를 받을 것.
2. 피부 접촉: 오염된 피복 및 신발을 벗고, 적어도 15분 동안 비누와 물로 씻을 것. 필요시 의사의 치료를 받도록 할 것.
3. 눈 접촉: 많은 양의 물을 사용하여 적어도 15분 동안 눈을 세척할 것. 필요시 의사의 치료를 받도록 할 것.
4. 섭취: 소방서(응급구조) 또는 의사에게 즉시 연락할 것. 의식불명의 사람에게 토하게 하거나 음료수를 마시지 않도록 할 것. 구토를 하면, 구토물이 기도를 막는 것을 방지하기 위하여 머리를 둔부보다 낮추도록 할 것. 만약 의식불명이면 머리를 옆으로 돌리게 하고 즉시 의사의 치료를 받게 할 것.</td></tr>
<tr><td rowspan="4">보호장비</td><td>환기 / 배기</td><td colspan="4">허용기준 준수하기 위한 공정 밀폐 배기시설 설치할 것. 국소배기장치를 설치할 것.</td></tr>
<tr><td>호흡기</td><td colspan="4">취급시 공기호흡기를 착용할 것.</td></tr>
<tr><td>눈</td><td colspan="4">보안경, 가까운 곳에 세안설비와 비상세척설비(샤워식)를 설치할 것.</td></tr>
<tr><td>피부</td><td colspan="4">내화학성 보호의, 내화학성 장갑</td></tr>
</table>

<table>
<tr><th colspan="6">염산(Hydrochloric Acid)</th></tr>
<tr><td>인화점</td><td>해당없음</td><td>증기밀도(Air=1)</td><td>없음</td><td>비중(물=1)</td><td>없음</td></tr>
<tr><td>색상</td><td>무채색</td><td>냄새</td><td>없음</td><td>허용농도</td><td>5ppm</td></tr>
<tr><td>위험 · 유해성</td><td colspan="5">주요한 건강위험성 : 호흡기도 화상, 눈 화상, 피부 화상, 점막 화상</td></tr>
<tr><td>응급처치 요령</td><td colspan="5">1. 흡입: 부작용이 발생하면, 오염되지 않은 지역으로 이동시킬 것. 호흡하지 않을 경우 인공호흡을 할 것. 즉시 의사의 치료를 받을 것.
2. 피부 접촉: 오염된 피복 및 신발을 벗고, 적어도 15분 동안 비누와 물로 씻을 것. 필요시 의사의 치료를 받도록 할 것.
3. 눈 접촉: 많은 양의 물을 사용하여 적어도 15분 동안 눈을 세척할 것. 필요시 의사의 치료를 받도록 할 것.
4. 섭취: 소방서(응급구조) 또는 의사에게 즉시 연락할 것. 의식불명의 사람에게 토하게 하거나 음료수를 마시지 않도록 할 것. 구토를 하면, 구토물이 기도를 막는 것을 방지하기 위하여 머리를 둔부보다 낮추도록 할 것. 만약 의식불명이면 머리를 옆으로 돌리게 하고 즉시 의사의 치료를 받게 할 것.</td></tr>
<tr><td rowspan="4">보호장비</td><td>환기 / 배기</td><td colspan="4">허용기준 준수하기 위한 공정 밀폐 배기시설 설치할 것. 국소배기장치를 설치할 것.</td></tr>
<tr><td>호흡기</td><td colspan="4">취급시 공기호흡기를 착용할 것.</td></tr>
<tr><td>눈</td><td colspan="4">보안경, 가까운 곳에 세안설비와 비상세척설비(샤워식)를 설치할 것.</td></tr>
<tr><td>피부</td><td colspan="4">내화학성 보호의, 내화학성 장갑</td></tr>
</table>

<table>
<tr><th colspan="6">불화수소(Hydrogen Fluoride)</th></tr>
<tr><td>인화점</td><td>해당없음</td><td>증기밀도(Air=1)</td><td>0.7</td><td>비중(물=1)</td><td>1.192</td></tr>
<tr><td>색상</td><td>무채색</td><td>냄새</td><td>없음</td><td>허용농도</td><td>3ppm</td></tr>
<tr><td>위험 · 유해성</td><td colspan="5">1. 주요한 건강위험성 : 호흡기도 화상, 눈 화상, 피부 화상, 점막 화상
2. 물리적 위험: 중합될 수도 있음. 물과 접촉시 반응할 수도 있음. 독성, 부식성, 인화성 또는 폭발성 가스를 발생함.</td></tr>
<tr><td>응급처치 요령</td><td colspan="5">1. 흡입: 부작용이 발생하면, 오염되지 않은 지역으로 이동시킬 것. 호흡하지 않을 경우 인공호흡을 할 것. 즉시 의사의 치료를 받을 것.
2. 피부 접촉: 오염된 피복 및 신발을 벗고, 적어도 15분 동안 비누와 물로 씻을 것. 필요시 의사의 치료를 받도록 할 것.
3. 눈 접촉: 많은 양의 물을 사용하여 적어도 15분 동안 눈을 세척할 것. 필요시 의사의 치료를 받도록 할 것.
4. 섭취: 소방서(응급구조) 또는 의사에게 즉시 연락할 것. 의식불명의 사람에게 토하게 하거나 음료수를 마시지 않도록 할 것. 구토를 하면, 구토물이 기도를 막는 것을 방지하기 위하여 머리를 둔부보다 낮추도록 할 것. 만약 의식불명이면 머리를 옆으로 돌리게 하고 즉시 의사의 치료를 받게 할 것.</td></tr>
<tr><td rowspan="4">보호장비</td><td colspan="2">환기 / 배기</td><td colspan="3">허용기준 준수하기 위한 공정 밀폐 배기시설 설치할 것. 국소 배기장치를 설치할 것.</td></tr>
<tr><td colspan="2">호흡기</td><td colspan="3">취급시 공기호흡기를 착용할 것.</td></tr>
<tr><td colspan="2">눈</td><td colspan="3">보안경, 가까운 곳에 세안설비와 비상세척설비(샤워식)를 설치할 것.</td></tr>
<tr><td colspan="2">피부</td><td colspan="3">내화학성 보호의, 내화학성 장갑</td></tr>
</table>

<table>
<tr><th colspan="7">IPA (Isopropyl Alcohol)</th></tr>
<tr><td>인화점</td><td>12℃</td><td>증기밀도(Air=1)</td><td colspan="2">없음</td><td>비중(물=1)</td><td>0.79</td></tr>
<tr><td>색상</td><td>무채색</td><td>냄새</td><td colspan="2">없음</td><td>허용농도</td><td>400ppm</td></tr>
<tr><td>위험 · 유해성</td><td colspan="6">1. 주요한 건강위험성 : 호흡기도 자극, 눈 자극, 중추신경계통 억제
2. 물리적 위험: 가연성 액체 및 증기, 증기는 증발연소를 야기할 수도 있음.</td></tr>
<tr><td>응급처치 요령</td><td colspan="6">1. 흡입: 부작용이 발생하면, 오염되지 않은 지역으로 이동시킬 것. 호흡 하지 않을 경우 인공호흡을 할 것. 즉시 의사의 치료를 받을 것.
2. 피부 접촉: 오염된 피복 및 신발을 벗고, 적어도 15분 동안 비누와 물로 씻을 것. 필요시 의사의 치료를 받도록 할 것.
3. 눈 접촉: 많은 양의 물을 사용하여 적어도 15분 동안 눈을 세척할 것. 필요시 의사의 치료를 받도록 할 것.
4. 섭취: 소방서(응급구조) 또는 의사에게 즉시 연락할 것. 의식불명의 사람에게 토하게 하거나 음료수를 마시지 않도록 할 것. 구토를 하면, 구토물이 기도를 막는 것을 방지하기 위하여 머리를 둔부보다 낮추도록 할 것. 만약 의식불명이면 머리를 옆으로 돌리게 하고 즉시 의사의 치료를 받게 할 것.</td></tr>
<tr><td rowspan="4">보호장비</td><td colspan="2">환기 / 배기</td><td colspan="4">허용기준 준수하기 위한 공정 밀폐 배기시설 설치할 것. 국소배기장치를 설치할 것. (방폭설비)</td></tr>
<tr><td colspan="2">호흡기</td><td colspan="4">취급시 공기호흡기를 착용할 것.</td></tr>
<tr><td colspan="2">눈</td><td colspan="4">보안경, 가까운 곳에 세안설비와 비상세척설비(샤워식)를 설치할 것.</td></tr>
<tr><td colspan="2">피부</td><td colspan="4">내화학성 보호의, 내화학성 장갑</td></tr>
</table>

A.3 참고문헌

- 강성호, 김대정, 이승준, 이찬호 저 (2004). 『SoC 및 IP 설계기법』. 홍릉과학출판사.
- 공진홍, 김남영, 김동욱, 이재철 저 (1997). 『VLSI설계, 이론과실습』. 홍릉과학출판사.
- 김상용 외 5인 저 (2014). 『반도체 전공정장비2』. 북두출판사.
- 김상용 외 4인 저 (2014). 『반도체 생산공정관리』. 북두출판사.
- 염근영 저 (2012). 『플라즈마 식각 기술』. 도서출판 YOUNG.
- 윤영섭, 강성준 저 (2012). 『VLSI 공정기술』. 홍릉과학출판사.
- 황호정 저 (2003). 『반도체 공정기술』, 서울: 생능출판사
- David J. Elliot. 저 (1986). 『Microlithography Process Technology for IC Fabrication』. Mcgraw-Hill Book Company.
- Harry J. Levinson 저 (2004). 『Principles of Lithography(2nd ed)』.
- Gary S. May and Simon M. Sze 저 (2004). 『Fundamentals of Semiconductor Fabrication』. 교보문고.
- Gregory P, Grawford 저 (2008). 『플렉시블 평판 디스플레이』, 이신두 외2 역. 청범출판사.
- Michael Quirk, Julian Serda 저 (2013). 『반도체 소자 공정기술』, 최성재 역. 자유아카데미.
- S. Wolf, R.N. Tauber (20008). 『Silicon Processing for the VLSI Era』, 미국: Lattice Press

저 자 약 력

우종창

- 가톨릭대학교 반도체시스템공학 전공 공학사
- 중앙대학교 플라즈마응용 전공 공학석사
- 중앙대학교 반도체 및 신소재공학 전공 공학박사
- 한국전자통신연구원 나노센서연구실 선임연구원

- 現, 한국폴리텍대학 반도체융합캠퍼스 반도체공정장비과 교수

저자와의 협의에 의해 인지 생략

반도체제조공정 기술

1판 3쇄 2026년 3월 20일

저 자 우종창
발행인 송광헌
발행처 **복두(더)**
주 소 서울특별시 영등포구 경인로82길 3-4
센터플러스 807호 (우) 07371
전 화 02-2164-2580
FAX 02-2164-2584
등 록 1993. 11. 22. 제 10-902 호

정가 : 27,000원

ISBN : 979-11-6675-535-4 93560

한국과학기술출판협회 회원사